今すぐ使える
かんたんbiz

Access
効率UPスキル
大全

著
きたみあきこ

技術評論社

本書の使い方

セクションごとに機能を順番に解説しています。

セクション名は具体的な作業を示しています。

セクションの解説内容のまとめを表しています。

操作内容の見出しです。

SECTION
* * *
016

小文字で入力しても大文字に自動変換して保存する

[定型入力] プロパティを使用すると、フィールドに入力するデータの文字種や文字数の入力パターンを設定できます。ここでは [商品コード] フィールドに「AS156W」のようにアルファベットの大文字2桁＋数字3桁＋アルファベットの大文字1桁のデータが入力されるように設定します。末尾のアルファベットのみ省略可能とします。

□ [商品コード] フィールドに定型入力を設定する

T_受注明細

フィールド名	データ型
明細ID	オートナンバー型
受注ID	数値型
商品コード	短いテキスト
数量	数値型

標準　ルックアップ
フィールドサイズ　6
書式
定型入力　>LL000?
種類

>LL000?

T_受注明細

明細ID	受注ID	商品コード	数量	クリックして追加
1	1001	A		
(新規)				

T_受注明細

明細ID	受注ID	商品コード	数量	クリックして追加
1	1001	AS156W		
(新規)				

大文字に自動変換できた

① デザインビューで[商品コード] フィールドを選択して、

② [定型入力] 欄に入力パターンを設定します。冒頭に「>」を付けることで、小文字で入力しても大文字に自動変換できます。

③ 上書き保存してデータシートビューに切り替えます。

④ [商品コード] フィールドに1文字目を入力すると、残り5文字分の入力位置に「_」記号が表示されます。

⑤ 小文字で「as156w」と入力すると、「as」と「w」が大文字に自動変換されます。

MEMO **5文字未満だとエラー、5～6文字ならOK**

ここで設定した「>LL000?」では、5文字の入力が必須です。5文字に満たない入力で確定しようとすると、エラーメッセージが表示され、確定できません。6文字目の入力は必須でないので、5文字または6文字入力すれば確定できます。7文字目は入力できません。

40

読者が抱く小さな疑問を予測して解説しています。

番号付きの記述で操作の順番が一目瞭然です。

サンプルプログラ
ムのコードを表示
しています。

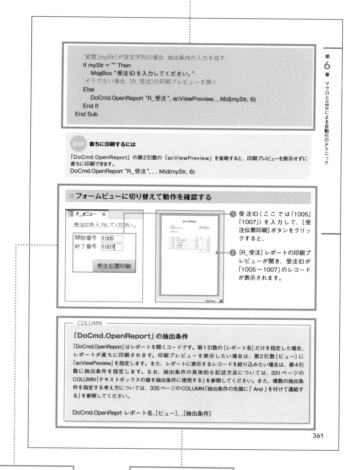

```
'変数[myStr]が空文字列の場合、抽出条件の入力を促す
If myStr = "" Then
    MsgBox "受注IDを入力してください。"
'そうでない場合、[R_受注]の印刷プレビューを開く
Else
    DoCmd.OpenReport "R_受注", acViewPreview, , Mid(myStr, 6)
End If
End Sub
```

MEMO 直ちに印刷するには

「DoCmd.OpenReport」の第2引数の「acViewPreview」を省略すると、印刷プレビューを表示せずに
直ちに印刷できます。
DoCmd.OpenReport "R_受注", , , Mid(myStr, 6)

□ フォームビューに切り替えて動作を確認する

受注IDを入力してください。

開始番号 1005
終了番号 1007

受注伝票印刷

❶ 受注ID（ここでは「1005」
「1007」）を入力して、[受
注伝票印刷]ボタンをクリッ
クすると、

❷ [R_受注]レポートの印刷プ
レビューが開き、受注IDが
「1005〜1007」のレコード
が表示されます。

COLUMN

「DoCmd.OpenReport」の抽出条件

「DoCmd.OpenReport」はレポートを開くコードです。第1引数の[レポート名]だけを指定した場合、
レポートが直ちに印刷されます。印刷プレビューを表示したい場合は、第2引数[ビュー]に
「acViewPreview」を指定します。また、レポートに表示するレコードを絞り込みたい場合は、第4引
数に抽出条件を指定します。なお、抽出条件の具体的な記述方法については、331ページの
COLUMN「テキストボックスの値を抽出条件に使用する」を参照してください。また、複数の抽出条
件を指定する考え方については、335ページのCOLUMN「抽出条件の先頭に「And」を付けて連結す
る」を参照してください。

DoCmd.OpenReprt レポート名,[ビュー],,[抽出条件]

361

プログラムの結果を実
行前と実行後の画面
で解説しています。

重要な補足説明を
解説しています。

■ サンプルファイルのダウンロード

本書の解説内で使用しているサンプルファイルは、以下のURLのサポートページから
ダウンロードできます。ダウンロードしたときは圧縮ファイルの状態なので、展開し
てからご利用ください。ここでは、Windows 11のMicrosoft Edgeを使ってダウンロー
ド・展開する手順を解説します。

https://gihyo.jp/book/2024/978-4-297-14105-9/support

手順解説

❶ Webブラウザー（画面は
Microsoft Edge）を起動し、
アドレス欄に上記のURLを
入力して、[Enter]キーを押
します。

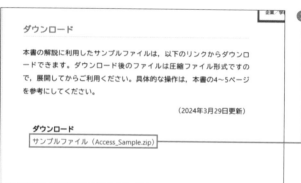

❷ ［ダウンロード］欄にある［サ
ンプルファイル］をクリッ
クします。

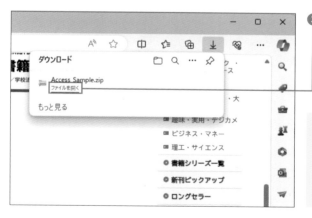

❸ ダウンロードが行われます。
ダウンロードが完了したら、
［ファイルを開く］をクリッ
クします。

MEMO ダウンロード画面

ダウンロードしたファイルが画面か
ら消えてしまったときは、…をクリッ
クして［ダウンロード］をクリックす
ると表示されます。

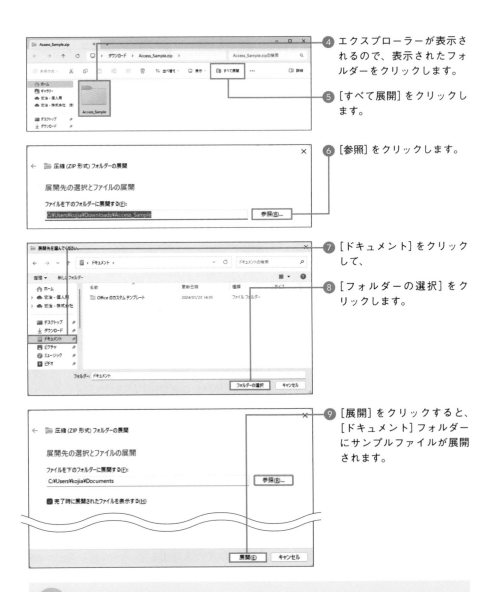

4 エクスプローラーが表示されるので、表示されたフォルダーをクリックします。

5 [すべて展開] をクリックします。

6 [参照] をクリックします。

7 [ドキュメント] をクリックして、

8 [フォルダーの選択] をクリックします。

9 [展開] をクリックすると、[ドキュメント] フォルダーにサンプルファイルが展開されます。

MEMO **サンプルファイルのファイル名**

サンプルファイルのファイル名には、Section番号が付いています。たとえば「Sample_217.accdb」というファイルを開くと、Sec.217の操作を開始する前の状態になっています。また、「Sample_217完成.accdb」のように「完成」が付いたファイルを開くと、操作を実行したあとの状態になっています。

■ 目次

第1章 テーブル作成とリレーションシップのテクニック

第 2 章

クエリによるデータ抽出と集計のテクニック

第 **3** 章
関数とサブクエリによる
データ加工のテクニック

第4章 フォーム作成とコントロール活用のテクニック

CONTENTS

第5章 レポートによるデータ印刷のテクニック

第 **7** 章　**Excelとの連携テクニック**

第 1 章

テーブル作成と
リレーションシップのテクニック

テーブル作成の基本を理解する

SECTION 001

Accessでは、データを保存する「テーブル」、データの抽出を行う「クエリ」、入力画面となる「フォーム」、印刷物となる「レポート」という4大オブジェクトが連携してデータベースを構成します。まずはデータベースのすべてのデータの保存場所となるテーブルの作成方法をさっとおさらいしておきましょう。

▫ テーブルの設計

　［作成］タブの［テーブルデザイン］をクリックすると、テーブルの設計画面であるデザインビューが表示され、新しいテーブルの設計を行えます。

テーブルのデザインビュー

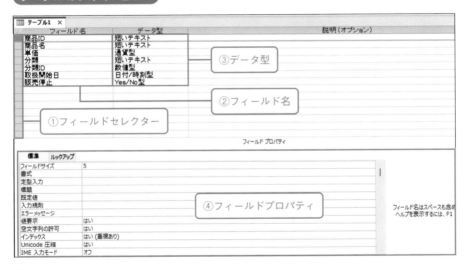

①フィールドセレクター

クリックするとフィールドを選択できます。

②フィールド名

フィールド名を設定する場所です。

③データ型

フィールドのデータ型を選択します。詳細は、20ページを参照してください。

④フィールドプロパティ

選択したフィールドの詳細設定をする場所です。

□ 主キーの設定

主キーは、レコードを特定するためのフィールドです。ほかのレコードと重複しない値を持つフィールドに主キーを設定します。そのようなフィールドが存在しない場合は、テーブルにオートナンバー型のフィールドを追加して、主キーにするとよいでしょう。

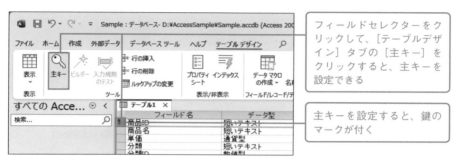

フィールドセレクターをクリックして、[テーブルデザイン] タブの [主キー] をクリックすると、主キーを設定できる

主キーを設定すると、鍵のマークが付く

> **MEMO 主キーの制約**
>
> 主キーフィールドには、「値が重複しない」「値を必ず入力しなければならない」という2つの制約がかかります。その結果、主キーの値によりレコードをただ1つに特定できる状態になります。

□ テーブルの保存

新規テーブルの作成後、クイックアクセスツールバーの[上書き保存]をクリックすると、名前を付けて保存できます。

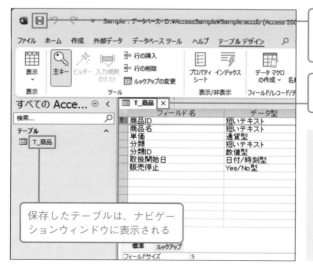

[上書保存] をクリックすると、テーブルを保存できる

[閉じる]をクリックすると、テーブルが閉じる

保存したテーブルは、ナビゲーションウィンドウに表示される

> **MEMO オブジェクト名**
>
> 同じファイル内にあるテーブルとクエリに、同じ名前を付けることはできません。「T_商品」「Q_商品」のように名前の冒頭にオブジェクトの種類を区別する記号を付けておくと、わかりやすく重複を避けられます。

データ型とフィールドサイズの基本を理解する

Accessではテーブルの作成時に「データ型」を指定して、フィールドに入力するデータを限定しておくのが決まりです。これにより、誤ったデータが入力されることを防げます。ここではデータ型の種類とフィールドサイズについて説明します。

□ データ型の種類

テーブルのデザインビューで［データ型］欄の一覧から選択できるデータ型には、下表の種類があります。初期値は［短いテキスト］です。

データの種類	保存するデータ	サイズ
短いテキスト	文字列（計算に使用しない数字データを含む）	最大 255 文字
長いテキスト	255 文字より長い文字列、書式を含む文字列、変更履歴を記録したいデータ	最大 1GB（コントロールに表示されるのは最初の 64,000 文字まで）
数値型	-2^{31} から 2^{31}-1 の範囲の数値	フィールドサイズによって 1、2、4、8、または 16 バイト
大きい数値	-2^{63} から 2^{63}-1 の範囲の数値（SQL Server の bigint データ型と互換性あり）	8 バイト
日付／時刻型	西暦 100 〜 9999 年の日付と時刻	8 バイト
拡張した日付 / 時刻	西暦 1 〜 9999 年の日付と時刻	42 バイトのエンコードされた文字列
通貨型	通貨データなど正確な計算が必要な数値（小数部 4 桁の精度で保存される）	8 バイト
オートナンバー型	新しいレコードごとに自動生成される固有の値（手動による編集不可）	長整数型は 4 バイト、レプリケーション ID は 16 バイト
Yes ／ No 型	True ／ False、Yes ／ No、On ／ Off のような二者択一データ（True は -1、False は 0 として扱われる）	1 バイト
OLE オブジェクト型	画像や Word ／ Excel ファイルなど（OLE 機能に対応したファイルのみを保存可）	最大 2GB
ハイパーリンク型	Web ページの URL、メールアドレス、ファイルパス	最大 8,192 文字（ハイパーリンク型の各部分に 2048 文字までを含められる）
添付ファイル	画像や Word ／ Excel ファイルなど（OLE オブジェクト型よりファイルサイズを節約できる、OLE 機能に対応していないファイルも保存可）	最大 2GB
集計	テーブル内のフィールドの値を使用して行う計算式	［結果の型］プロパティのデータ型に応じる

□ フィールドサイズの種類

　[短いテキスト][数値型][オートナンバー型]の3つのデータ型には、[フィールドサイズ]プロパティが用意されており、フィールドに入力するデータの種類やデータ量を設定できます。

標準	ルックアップ
フィールドサイズ	5
書式	
定型入力	
標題	
既定値	
入力規則	
エラーメッセージ	
値要求	はい

短いテキスト

フィールドサイズ	説明	サイズ
0 〜 255	フィールドに格納する文字列の最大文字数を設定（既定値は255）	文字数に応じたサイズ

数値型

フィールドサイズ	説明	サイズ
バイト型	0 〜 255 の整数を格納	1 バイト
整数型	-32,768 〜 32,767 の整数を格納	2 バイト
長整数型	-2,147,483,648 〜 2,147,483,647 の整数を格納（既定値）	4 バイト
単精度浮動小数点型	負数：-3.402823E38 〜 -1.401298E-45 正数：1.401298E-45 〜 3.402823E38 有効桁数は 7 桁 "	4 バイト
倍精度浮動小数点型	負数：-1.79769313486231E308 〜 -4.94065645841247E-324 正数：4.94065645841247E-324 〜 1.79769313486231E308 有効桁数は 15 桁	8 バイト
レプリケーション ID 型	レプリケーション ID 型のオートナンバー型フィールドとリレーションシップを設定するときに使用	16 バイト
十進型	-10^28-1 から 10^28-1 の数値	12 バイト

オートナンバー型

フィールドサイズ	説明	サイズ
長整数型	自動的に整数値が割り振られる（既定値）	4 バイト
レプリケーション ID 型	自動的にグローバル一意識別子 (GUID) が割り振られる	16 バイト

--- COLUMN ---

長整数型と倍精度浮動小数点型が基本

数値型のフィールドサイズでは、整数を扱う場合は長整数型、小数も扱うなら倍精度浮動小数点型を選ぶのが基本です。これらは扱える数値の範囲が大きいので安心して使えます。また最近のパソコンは容量が大きいので、節約のために小さいフィールドサイズを選択しなくてもよいでしょう。

ビューを切り替える

Accessのオブジェクトには、それぞれ複数の画面（ビュー）が用意されています。例えばテーブルには、設計画面となる「デザインビュー」とデータの入力・表示画面となる「データシートビュー」が用意されています。データベースの作成段階では、各オブジェクトのビューを切り替えながら、設計と確認作業を繰り返します。

◻ デザインビューからデータシートビューに切り替える

① ［ホーム］タブの［表示］の上側をクリックします。

> **MEMO 保存が必要**
>
> テーブルでは、デザインビューで行った設定を保存しないと、データシートビューに切り替えられません。ほかのオブジェクトでは、保存前でも設計画面から表示画面へのビューの切り替えが可能です。

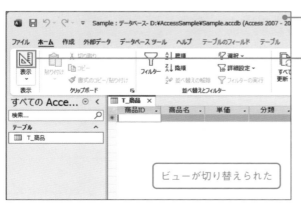

② データシートビューが表示されます。

③ ［ホーム］タブの［表示］の上側をクリックすると、デザインビューに戻ります。

> **MEMO ビューの切り替え**
>
> ビューの切り替え用の［表示］ボタンは、［テーブルデザイン］［テーブルのフィールド］タブなど複数のタブにあります。

> **MEMO テーブルを開く**
>
> ナビゲーションウィンドウでテーブル名をダブルクリックすると、テーブルのデータシートビューが開きます。デザインビューを開きたいときは、テーブル名を右クリックして一覧から［デザインビュー］を選択します。

SECTION 004

連結主キーを設定する

主キーを設定するフィールドには、ほかのレコードと重複しない一意の値を持つことが求められます。2つのフィールドを組み合わせることで一意となる場合、その2つのフィールドに「連結主キー」を設定できます。

□ 連結主キーを設定する

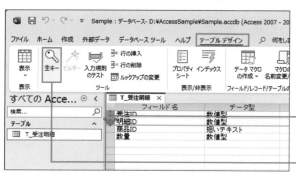

[受注ID] と [明細ID] に連結主キーを設定します。

1. [受注ID] のフィールドセレクターから [明細ID] のフィールドセレクターまでドラッグして、2つのフィールドを選択します。

2. [テーブルデザイン] タブの [主キー] をクリックします。

3. [受注ID] と [明細ID] のフィールドセレクターに主キーが設定されました。

4. 上書き保存してデータシートビューに切り替えます。

5. [受注ID] の「1001」や [明細ID] の「1」はそれぞれ複数入力できますが、「1001」「1」の組み合わせは1件しか入力できません。

> 連結主キーを設定できた

MEMO 主キーはテーブルに1つだけ

テーブルに設定できる主キー1つだけなので、[受注ID] に主キーを設定したあと [明細ID] に主キーを設定すると、[受注ID] の主キーが解除されてしまいます。連結主キーは同時に設定する必要があります。

インデックスを作成して検索や並べ替えの速度を向上させる

「インデックス」とは、検索や抽出、並べ替えの速度を向上させるための機能です。例えば[氏名カナ]フィールドにインデックスを作成すると、[氏名カナ]フィールドを検索したり、並べ替えたりするときの速度の向上を期待できます。

□ インデックスを設定する

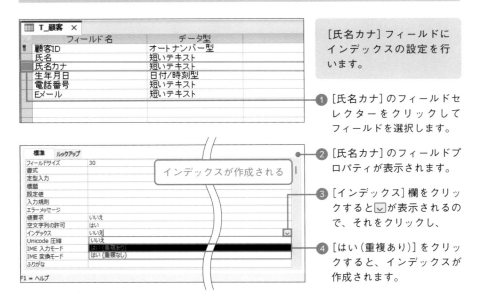

[氏名カナ]フィールドにインデックスの設定を行います。

❶ [氏名カナ]のフィールドセレクターをクリックしてフィールドを選択します。

❷ [氏名カナ]のフィールドプロパティが表示されます。

❸ [インデックス]欄をクリックすると▽が表示されるので、それをクリックし、

❹ [はい(重複あり)]をクリックすると、インデックスが作成されます。

--- COLUMN ---

氏名カナデータの「インデックス」が作成される

[氏名カナ]フィールドにインデックスを設定すると、データベースの内部にインデックス(氏名カナデータとレコードの位置の対応表のようなもの)が作成されます。例えば「ヤマダ　タロウ」のレコードを検索する場合、そのレコードがテーブルのどこにあるのか、インデックスから取得して高速に探せます。インデックスが作成されていないフィールドでは、テーブルをすべて見ていく全表走査が必要になるので検索に時間を要します。

ただし、インデックスをむやみに作成すると、レコードの追加／削除などでインデックスが頻繁に更新され、パフォーマンスが逆に落ちることもあります。検索や抽出、並べ替えをよく行うフィールドを厳選して設定するようにしましょう。

なお、インデックスの「重複あり」「重複なし」については次ページを参照してください。

SECTION 006

インデックスを設定して重複データの入力を防ぐ

[インデックス] プロパティの選択肢には、[いいえ] [はい (重複あり)] [はい (重複なし)] の3項目があります。この中から [はい (重複なし)] を選択すると、そのフィールドの重複入力を禁止できます。

□ 重複なしのインデックスを設定する

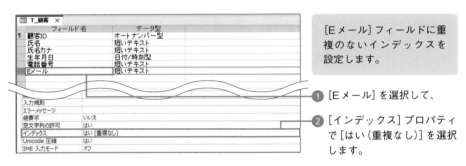

[Eメール] フィールドに重複のないインデックスを設定します。

❶ [Eメール] を選択して、

❷ [インデックス] プロパティで [はい (重複なし)] を選択します。

❸ 上書き保存してデータシートビューに切り替えます。

❹ [Eメール] フィールドにほかのレコードと同じデータを入力して確定すると、

❺ エラーメッセージが表示され、再入力または設定の変更を促されます。

重複入力を防げた

COLUMN

重複入力を禁止できる

[Eメール] フィールドの [インデックス] プロパティで [はい (重複なし)] を設定すると、[Eメール] フィールドにほかの人と同じメールアドレスを入力できなくなります。重複入力を禁止したいときに役立ちます。[はい (重複なし)] を設定して作成されるインデックスを「固有インデックス」と呼びます。ちなみに、主キーフィールドの [インデックス] プロパティには、自動的に [はい (重複なし)] が設定されます。

複数のフィールドを組み合わせて インデックスを設定する

インデックスの設定は、24ページの方法のほかに[インデックス]ダイアログボックスを使う方法もあります。単一フィールドに設定する場合はどちらの方法も使えますが、複数のフィールドの組み合わせに対して設定する場合は後者の方法を使用します。このダイアログボックスは、テーブル内のどのフィールドにインデックスを作成したのかを確認するのにも役立ちます。

□ 複数のフィールドにインデックスを設定する

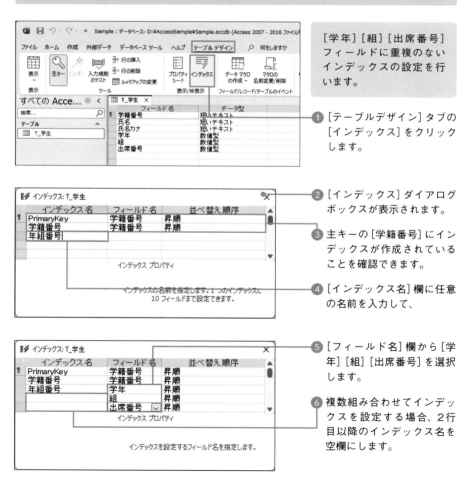

[学年][組][出席番号]フィールドに重複のないインデックスの設定を行います。

① [テーブルデザイン]タブの[インデックス]をクリックします。

② [インデックス]ダイアログボックスが表示されます。

③ 主キーの[学籍番号]にインデックスが作成されていることを確認できます。

④ [インデックス名]欄に任意の名前を入力して、

⑤ [フィールド名]欄から[学年][組][出席番号]を選択します。

⑥ 複数組み合わせてインデックスを設定する場合、2行目以降のインデックス名を空欄にします。

⑦ [年組番号] の欄をクリックして、

⑧ [固有] 欄から [はい] を選択します。

⑨ 画面右上の×をクリックしてダイアログボックスを閉じます。

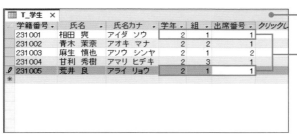

⑩ 上書き保存してデータシートビューに切り替えます。

⑪ [学年] [組] [出席番号] にほかのレコードと同じデータを入力すると、

⑫ エラーメッセージが表示され、再入力または設定の変更を促されます。

重複入力を防げた

--- COLUMN ---

インデックスを削除するには

[インデックス] ダイアログボックスでインデックスを削除するには、削除したい行内で右クリックして [行の削除] をクリックします。単一のフィールドに設定したインデックスはフィールドプロパティの [インデックス] プロパティと連動しており、[インデックス] ダイアログボックスでインデックスを削除すると、[インデックス] プロパティが自動で [いいえ] に変更されます。

--- COLUMN ---

インデックスが自動設定されるフィールド

主キーを設定したフィールドには、「PrimaryKey」という名前のインデックスが自動的に作成されます。また、Accessの既定の設定では、フィールド名に「ID」「キー」「コード」「番号」というキーワードを含むフィールドにもインデックスが自動作成されます。この設定を変更するには、[ファイル] タブの [オプション] をクリックして [Accessのオプション] ダイアログボックスを表示し、左側の一覧から [オブジェクトデザイナー] をクリックします。右側に表示される [インデックスを自動作成するフィールド] でキーワードを変更します。

集計フィールドを使用して
計算結果を表示する

Accessには計算機能を持つ[集計]データ型が用意されています。これを使用すれば、わざわざクエリを用意しなくても、テーブル内のフィールドを使用した計算をテーブル内で行えます。

□「販売価格×数量」を計算する[金額]フィールドを作成する

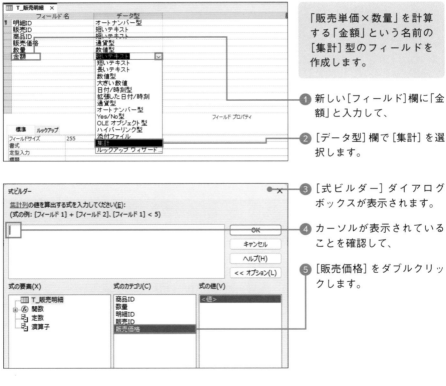

「販売単価×数量」を計算する「金額」という名前の[集計]型のフィールドを作成します。

❶ 新しい[フィールド]欄に「金額」と入力して、

❷ [データ型]欄で[集計]を選択します。

❸ [式ビルダー]ダイアログボックスが表示されます。

❹ カーソルが表示されていることを確認して、

❺ [販売価格]をダブルクリックします。

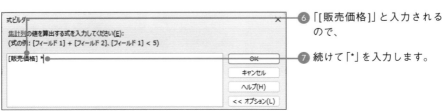

❻ 「[販売価格]」と入力されるので、

❼ 続けて「*」を入力します。

⑧ [数量] をダブルクリックすると、「[販売価格]*[数量]」という式になります。

⑨ [OK] をクリックします。

MEMO 手入力してもよい

ここでは [式のカテゴリ] 欄でフィールド名をダブルクリックして入力しましたが、手入力で「[販売価格]*[数量]」と入力してもかまいません。

⑩ [式] プロパティに式が設定されます。

⑪ [結果の型] プロパティで□をクリックして一覧から [通貨型] を選択します。

MEMO 式の修正

[式] 欄をクリックすると、右端に…が表示されます。これをクリックすると、[式ビルダー] で式を修正できます。[式] 欄で直接修正してもかまいません。

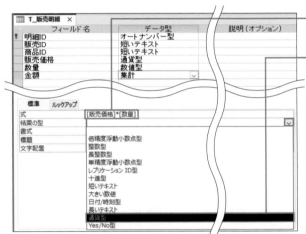

⑫ [結果の型] プロパティで選択したデータ型に応じて設定項目が変わります。ここではこのままテーブルを上書き保存して、

⑬ データシートビューに切り替えます。

⑭ [金額] フィールドに「販売価格×数量」の計算結果が表示されます。

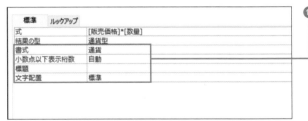

計算結果が表示された

29

一覧リストの選択肢から
データを入力できるようにする

フィールドに入力するデータがいくつかに限定される場合は、リストの選択肢から選んで入力できるようにしておくと入力が楽になります。また、入力ミスの防止にもつながります。ここでは [ルックアップウィザード] を使用して、選択肢の設定を行います。

□ ルックアップウィザードでリスト入力の設定をする

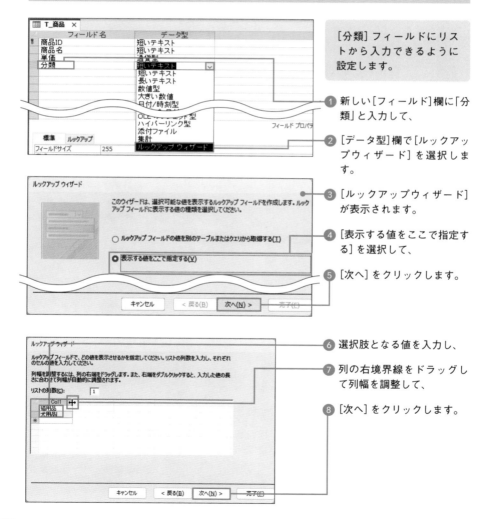

[分類] フィールドにリストから入力できるように設定します。

1 新しい [フィールド] 欄に「分類」と入力して、

2 [データ型] 欄で [ルックアップウィザード] を選択します。

3 [ルックアップウィザード] が表示されます。

4 [表示する値をここで指定する] を選択して、

5 [次へ] をクリックします。

6 選択肢となる値を入力し、

7 列の右境界線をドラッグして列幅を調整して、

8 [次へ] をクリックします。

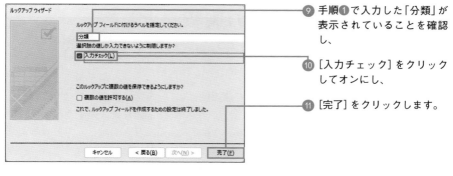

⑨ 手順①で入力した「分類」が表示されていることを確認し、

⑩ [入力チェック] をクリックしてオンにし、

⑪ [完了] をクリックします。

商品ID	商品名	単価	分類	クリックし
C-101	キャットフード3缶セット	￥600		
C-102	キャットフード12缶セット	￥2,200	猫用品	
C-103	ささみピューレ	￥800	犬用品	
C-201	キャットケージ	￥18,000		
C-202	キャットタワー	￥10,800		
C-203	キャットランド			
C-301	猫砂			
D-101	ドライフード5kg	￥4,200		

リストから入力できる

⑫ 上書き保存してデータシートビューに切り替えます。

⑬ [分類] フィールドでリストから入力できるようになります。

MEMO **[入力チェック] をオンにすると**

手順⑩で [入力チェック] をオンにすると、リスト内の項目しか入力できなくなります。[分類] フィールドにリスト以外の項目を手入力した場合、エラーメッセージが表示されます。

— COLUMN —

リスト入力の設定を変更/解除するには

ルックアップウィザードで行った設定は、フィールドプロパティの[ルックアップ]タブに反映されます。各プロパティを使うと、設定の変更や解除を行えます。なお、必要に応じて[標準]タブで[フィールドサイズ]プロパティなども設定してください。

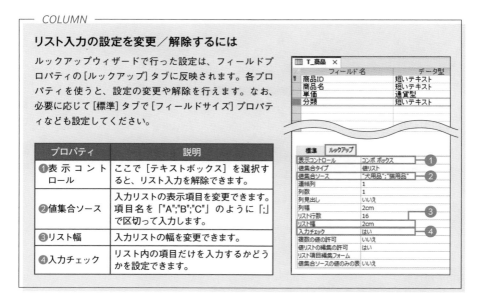

プロパティ	説明
❶表示コントロール	ここで [テキストボックス] を選択すると、リスト入力を解除できます。
❷値集合ソース	入力リストの表示項目を変更できます。項目名を「"A";"B";"C"」のように「;」で区切って入力します。
❸リスト幅	入力リストの幅を変更できます。
❹入力チェック	リスト内の項目だけを入力するかどうかを設定できます。

31

一覧リストの選択肢として
テーブルのデータを表示する

ほかのテーブルに入力されているデータを選択肢として一覧表示して、リスト入力を行うこともできます。ここでは [T_販売明細] テーブルに [商品ID] を入力するときに、[T_商品] テーブルの [商品ID] [商品名] [価格] の値を表示したリストから入力できるようにします。

▫ 選択肢の基になる [T_商品] テーブルを確認する

① [T_商品] テーブルを開き、[商品ID] [商品名] [価格] が、1、2、4列目にあることを確認し、閉じます。

▫ [T_販売明細] テーブルの [商品ID] フィールドにリスト入力を設定する

① [T_販売明細] テーブルのデザインビューを開き、

② [商品ID] フィールドを選択します。

③ [ルックアップ] タブをクリックして、

④ [表示コントロール] から [コンボボックス] を選択します。

⑤ リスト入力の設定用のプロパティが現れるので、次ページの表のように設定し、

⑥ 上書き保存してデータシートビューに切り替えます。

プロパティ	設定値	説明
表示コントロール	コンボボックス	［コンボボックス］を選択するとリスト入力の設定、［テキストボックス］を選択するとリスト入力の解除ができます。
値集合タイプ	テーブル／クエリ	［テーブル／クエリ］を選択するとテーブルの値を、［値リスト］を選択すると指定した値をリストに一覧表示できます。
値集合ソース	T_商品	［値集合タイプ］で［テーブル／クエリ］を選択した場合はテーブルまたはクエリ名を設定します。［値リスト］を選択した場合は、リストに表示する値を「;」で区切って指定します。
連結列	1	リストに表示する列の中で何列目の値をフィールドに保存するかを指定します。
列数	4	テーブルの左から何列分をリストに表示するかを指定します。
列幅	2cm;3cm;0cm;2cm	各列の幅を「;」で区切って cm 単位（「cm」は省略可）で指定します。表示しない列には「0」を指定します。確定すると各数値に小数点以下に端数が付く場合がありますが、気にする必要はありません。
リスト幅	7cm	入力リスト全体の幅を cm 単位（「cm」は省略可）で指定します。選択肢が多い場合は、スクロールバーの分の幅も計算に入れて設定します。
入力チェック	はい	リストの選択肢以外の値の入力を禁止するには［はい］、許可するには［いいえ］を設定します。
値リスト編集の許可	いいえ	データシートビューでリストの選択肢の編集をできるようにするには［はい］、できないようにするには［いいえ］を選択します。

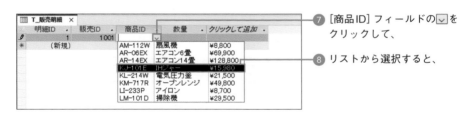

⑦ ［商品ID］フィールドの🔽をクリックして、

⑧ リストから選択すると、

⑨ 選択した行の1列目の値が入力されます。

リストから入力できた

MEMO **連結列と列数、列幅**

ここでは［列数］に4、列幅に「2cm;3cm;0cm;2cm」を指定したので、［T_商品］テーブルの左から4列分が2cm、4cm、0cm、2cmの幅で表示されます。実質的に3列目は非表示になります。［連結列］に1を指定したので、リストで選択した行のうち1列目の［商品ID］がフィールドに入力されます。

MEMO **ルックアップウィザードでも設定できる**

30ページで紹介したルックアップウィザードの最初の画面で［ルックアップフィールドの値を別のテーブルまたはクエリから取得する］を選択すると、テーブル名やフィールド名を指定してリスト入力の設定を行えます。ルックアップウィザードを使用した場合、2つのテーブルに自動でリレーションシップが設定されます。今回のようにフィールドプロパティで設定を行った場合は、リレーションシップは作成されません。

一覧リストの先頭にデータ削除用の空欄の選択肢を表示する

フィールドに入力したデータは通常は Delete キーで削除しますが、マウス操作でも削除できると便利です。ここではリストの先頭に空白行を追加して、これをクリックすることで既存のデータを削除できるようにします。

□ リストの先頭に空白行を追加してクリックでデータを削除できるようにする

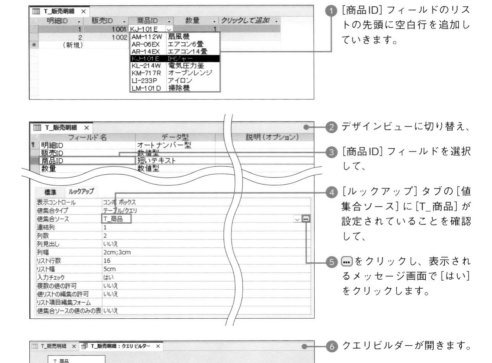

① [商品ID] フィールドのリストの先頭に空白行を追加していきます。

② デザインビューに切り替え、

③ [商品ID] フィールドを選択して、

④ [ルックアップ] タブの [値集合ソース] に [T_商品] が設定されていることを確認して、

⑤ ... をクリックし、表示されるメッセージ画面で [はい] をクリックします。

⑥ クエリビルダーが開きます。

⑦ [商品ID] と [商品名] をそれぞれ下部の [フィールド] 欄までドラッグします。

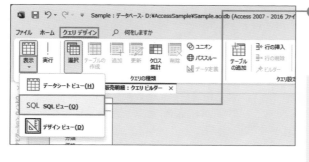

⑧ [クエリデザイン]タブの[表示]の下側をクックして、[SQLビュー]をクリックします。

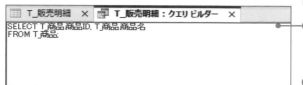

⑨ SQLステートメントが表示されます。

⑩ 表示されていたSQLステートメントの上に2行追加して、

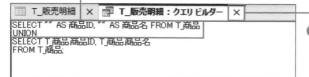

⑪ ×をクリックすると、「プロパティの設定を更新しますか?」と表示されるので[はい]をクリックします。

⑫ 上書き保存してデータシートビューに切り替えます。

```
SELECT "" AS 商品ID, "" AS 商品名 FROM T_商品
UNION
SELECT T_商品.商品ID, T_商品.商品名
FROM T_商品;
```

⑬ [商品ID]フィールドで⌄をクリックして、

⑭ 空白行をクリックすると、[商品ID]フィールドに入力されている「KJ-101E」の文字が削除されます。

空白行が
表示された

MEMO **空白行の追加**

手順⑩で入力した「SELECT "" AS 商品ID, "" AS 商品名 FROM T_商品」は、[商品ID]と[商品名]フィールドがともに空文字であるレコードを、[T_商品]テーブルのレコード数と同じだけ表示するSQLステートメントです。ユニオンクエリでは同じレコードが1レコードにまとめられるので、上記のSQLステートメントをユニオンクエリに組み込むことで空行が1行だけ追加されます。

通貨型の消費税率を
パーセント表示にする

通貨型では誤差のない計算が期待されるため、消費税率に通貨型を設定することがあります。ただし、通貨型を設定したフィールドには[通貨]書式が自動設定されるため、例えば「0.08」と入力すると「¥0」と表示されます。ここでは[書式]プロパティと[小数点以下表示桁数]プロパティを使用して、「8%」と表示されるようにします。

□ 消費税率を整数のパーセント表示にする

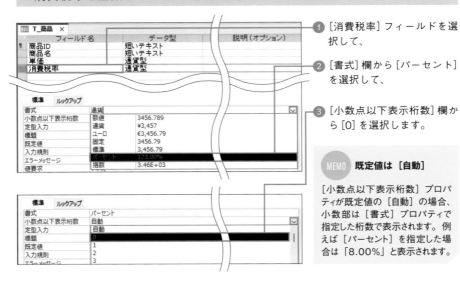

① [消費税率]フィールドを選択して、

② [書式]欄から[パーセント]を選択して、

③ [小数点以下表示桁数]欄から[0]を選択します。

MEMO **既定値は[自動]**

[小数点以下表示桁数]プロパティが既定値の[自動]の場合、小数部は[書式]プロパティで指定した桁数で表示されます。例えば[パーセント]を指定した場合は「8.00%」と表示されます。

④ 上書き保存してデータシートビューに切り替えます。

⑤ 消費税率が整数のパーセントで表示されます。

パーセントで
表示できた

COLUMN

[書式]プロパティと[小数点以下表示桁数]プロパティ

[書式]プロパティは、値はそのままデータの見た目を変える機能です。また[小数点以下表示桁数]プロパティは、小数部の桁数を指定する機能です。なお、[書式]プロパティが空白か[数値]の場合、[小数点以下表示桁数]で桁数を指定しても無効になります。

SECTION 013

数値の「1、2、3」に「0」を補完して「0001、0002、0003」と表示する

［書式］プロパティを使用すると、データの見た目を変更できます。組み込みの選択肢から書式を選ぶことも、「書式指定文字」（400ページの付録参照）を使用して書式を定義することもできます。ここでは数値が4桁で表示されるように定義します。

□ 書式指定文字を使用して数値を4桁で表示する

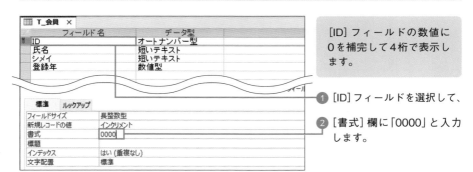

[ID] フィールドの数値に0を補完して4桁で表示します。

❶ [ID] フィールドを選択して、

❷ [書式] 欄に「0000」と入力します。

❸ 上書き保存してデータシートビューに切り替えます。

❹ 数値の先頭に「0」が補完され、4桁で表示されます。

数値が4桁で表示された

COLUMN

数値の書式指定文字の「0」と「#」

数値の桁を表す書式指定文字には「0」（ゼロ）と「#」（シャープ）があります。「0」は、桁の位置に数字がない場合に「0」を表示します。一方「#」は、桁の位置に数字がない場合に何も表示しません。数値の小数部の桁が「0」や「#」の数より多い場合、小数部が四捨五入されます。

数値	書式	表示
123	0000	0123
123	#,##0	123
12345	#,##0	12,345
12.345	0.00	12.35
0	0	0
0	#	（何も表示されない）

数値の正負やNull値かどうかによって異なる書式を設定する

数値に書式指定文字を使用して書式を設定するときは、必要に応じて正数、負数、0、Null値（何も入力されていないこと）の4種類の書式を指定できます。ここでは正数を青の「+1,234」形式で、負数を赤の「-1,234」形式で、Null値を「未定」と表示します。

□ 正、負、0、Null値によって書式を切り替える

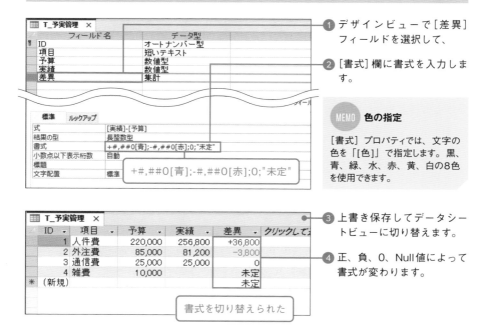

❶ デザインビューで［差異］フィールドを選択して、

❷ ［書式］欄に書式を入力します。

MEMO 色の指定

［書式］プロパティでは、文字の色を「[色]」で指定します。黒、青、緑、水、赤、黄、白の8色を使用できます。

❸ 上書き保存してデータシートビューに切り替えます。

❹ 正、負、0、Null値によって書式が変わります。

COLUMN

書式のセクション

数値型と通貨型では、以下のように最大4セクションの書式を「；」（セミコロン）で区切って指定できます。Null値の書式を省略した場合、Null値のフィールドは空白になります。

　　正数の書式；負数の書式；0の書式；Null値の書式

負数や0の書式を省略した場合は、正数の書式が適用されます。例えば、「0.00;;;"未定"」と設定した場合、1.234は「1.23」、-9.876は「-9.88」、0は「0.00」、Null値は「未定」と表示されます。

SECTION 015 日付を和暦や曜日入りで表示する

日付の書式指定文字（401ページの付録参照）を使用すると、和暦、月日のみ、曜日入りなど、日付をさまざまな形で表示できます。ここでは[お届け日]フィールドに入力された日付を「2024/9/1（日）」の形式で表示します。

□ 書式指定文字を使用して日付を曜日入りで表示する

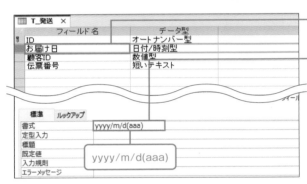

① デザインビューで[お届け日]フィールドを選択して、

② [書式]欄に書式を入力します。

> **MEMO フォームに継承**
>
> テーブルで設定した書式は、フォームやレポートに引き継がれます。別の書式で表示したい場合は、フォームやレポートで設定し直します。

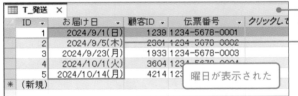

③ 上書き保存してデータシートビューに切り替えます。

④ 日付が曜日入りで表示されます。

COLUMN

日付の書式の設定例

右表は、日付の書式の設定例です。「"」で囲まれた文字は、そのまま表示されます。また書式中の「¥」は、その次の1文字をそのまま表示させる記号です。そのまま表示させる文字のことを「リテラル」と呼びます。なお、「¥」自体を表示するには、「¥¥」と入力します。

書式	「2024/7/8」の表示結果
m/d	7/8
mm/dd	07/08
yyyy/mm	2024/07
ggge¥年m¥月d¥日	令和6年7月8日
ge¥.m¥.d	R6.7.8
¥第q"四半期"	第3四半期

SECTION 016 小文字で入力しても大文字に 自動変換して保存する

[定型入力] プロパティを使用すると、フィールドに入力するデータの文字種や文字数の入力パターンを設定できます。ここでは [商品コード] フィールドに「AS156W」のようにアルファベットの大文字2桁＋数字3桁＋アルファベットの大文字1桁のデータが入力されるように設定します。末尾のアルファベットのみ省略可能とします。

□ [商品コード] フィールドに定型入力を設定する

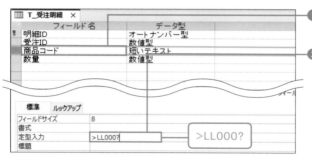

① デザインビューで [商品コード] フィールドを選択して、

② [定型入力] 欄に入力パターンを設定します。冒頭に「>」を付けることで、小文字で入力しても大文字に自動変換できます。

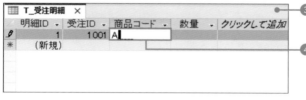

③ 上書き保存してデータシートビューに切り替えます。

④ [商品コード] フィールドに1文字目を入力すると、残り5文字分の入力位置に「_」記号が表示されます。

⑤ 小文字で「as156w」と入力すると、「as」と「w」が大文字に自動変換されます。

> 大文字に自動変換できた

MEMO 5文字未満だとエラー、5〜6文字ならOK

ここで設定した「>LL000?」では、5文字の入力が必須です。5文字に満たない入力で確定しようとすると、エラーメッセージが表示され、確定できません。6文字目の入力は必須でないので、5文字または6文字入力すれば確定できます。7文字目は入力できません。

— *COLUMN* —

定型入力文字を使用して入力パターンを定義する

[定型入力] プロパティでは、下表の定型入力文字を使用して入力パターンを定義します。ここで設定した「>LL000?」の「LL」の位置は2文字のアルファベット、「000」の位置は3文字の数字の入力が必須です。一方、「?」の位置のアルファベットは省略可能です。先頭に「>」が付いており、「LL」と「?」の位置は小文字で入力しても大文字に自動変換されます。例えば「as156w」と入力すると、フィールドに「AS156W」が表示・保存されます。

定型入力文字	説明	入力の省略
0	半角数字を入力させます。	省略不可
9	半角数字または半角スペースを入力させます。	省略可
#	半角数字、半角スペース、半角の符号（+、-）を入力させます。入力を省略した場合は半角スペースが入力されます。	省略可
L	半角アルファベットを入力させます。	省略不可
?	半角アルファベットを入力させます。	省略可
A	半角アルファベットまたは半角数字を入力させます。	省略不可
a	半角アルファベットまたは半角数字を入力させます。	省略可
&	あらゆる文字を入力させます。	省略不可
C	あらゆる文字を入力させます。	省略可
>	「>」の後のアルファベットをすべて大文字で入力させます。小文字で入力しても大文字に自動変換されます。	---
<	「<」の後のアルファベットをすべて小文字で入力させます。大文字で入力しても小文字に自動変換されます。	---
!	定型入力文字が省略可能な場合に文字を右詰めで表示させます。	---
パスワード	入力した文字をすべて「*」と表示させます。	---
¥	「¥」の次の文字をリテラル文字としてそのまま表示します。	---
" 文字列 "	「"」で囲んだ文字列をリテラル文字としてそのまま表示します。	---

— *COLUMN* —

セクションの設定

[定型入力] プロパティでは、必要に応じて以下のように「;」（セミコロン）で区切った3つのセクションを指定できます。具体例は42ページを参照してください。

入力パターン；リテラル文字の保存；代替文字

セクション	項目	説明
1	入力パターン	上表の定型入力文字を使用して指定します。
2	リテラル文字の保存	リテラル文字を保存する場合は「0」、保存しない場合は「1」を指定します。省略した場合は保存されません。
3	代替文字	文字の入力位置を示すための記号を指定します。省略した場合は「_」（アンダースコア）が表示されます。

郵便番号を「1234567」形式で
入力して「123-4567」と保存する

前のSECTIONで[定型入力]プロパティの入力パターンの指定方法を紹介しました。郵便番号の入力パターンを「000¥-0000」と指定すると、数字7桁を入力するだけで自動的に4文字目にリテラル文字の「-」を表示できます。定型入力の第2セクションに「0」を指定すると、入力した文字と一緒にリテラル文字をフィールドに保存できます。

□ [郵便番号]フィールドに定型入力を設定する

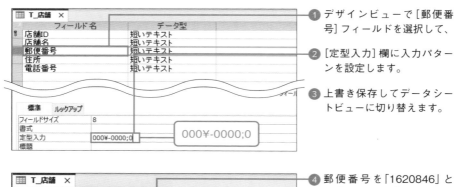

❶ デザインビューで[郵便番号]フィールドを選択して、

❷ [定型入力]欄に入力パターンを設定します。

❸ 上書き保存してデータシートビューに切り替えます。

❹ 郵便番号を「1620846」と入力すると、「162-0846」と表示・保存されます。

MEMO 抽出時に注意が必要

ここではリテラル文字を保存するように設定しましたが、保存しない場合は画面に「123-4567」と表示されていても実際の値は「1234567」となります。クエリで抽出する際の抽出条件は「1234567」となります。「123-4567」の条件では抽出されないので注意してください。

── COLUMN ──

大文字/小文字に関する定型入力と書式の違い

例えば[定型入力]プロパティに「>LLL」を設定すると、「abc」と入力したときに「ABC」が表示・保存されます。一方、[書式]プロパティに書式指定文字の「>」を設定した場合も「abc」を「ABC」と表示できますが、[書式]は見た目だけを変える機能なので、フィールドに保存される値は「abc」となります。

SECTION 018 新規レコードのフィールドに既定値が表示されるようにする

[既定値] プロパティを使用すると、新規レコードにあらかじめ入力しておく値を設定できます。入力される可能性が高い値を設定しておくと、入力の負担を軽減できます。ここでは [受注日] フィールドに本日の日付、[出荷状況] フィールドに「準備中」という文字が表示されるようにします。また、新規レコードの数値型のフィールドには通常「0」が表示されますが、これが表示されないように設定します。

□ 既定値を設定する

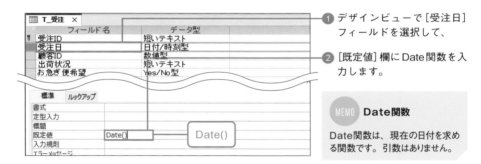

① デザインビューで [受注日] フィールドを選択して、

② [既定値] 欄に Date 関数を入力します。

MEMO Date関数

Date関数は、現在の日付を求める関数です。引数はありません。

フィールド	データ型	設定内容
受注日	日付／時刻型	「Date()」と入力する
顧客 ID	数値型	「0」を削除して空欄にする
出荷状況	短いテキスト	「" 準備中 "」と入力する
お急ぎ便希望	Yes ／ No 型	「No」のままでよい

③ 同様にほかのフィールドの [既定値] プロパティを左表のように設定します。

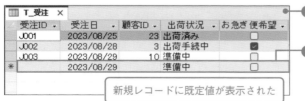

新規レコードに既定値が表示された

④ 上書き保存してデータシートビューに切り替えます。

⑤ 新規レコードの指定したフィールドに指定した既定値が表示されます。

MEMO Yes ／ No型の既定値

Yes ／ No 型の [既定値] プロパティの初期値は「No」なので、新規レコードのチェックボックスがオフの状態で表示されます。

43

[入力規則]を利用して入力できる数値の範囲を制限する

フィールドプロパティの［入力規則］を使用すると、指定した規則に違反するデータの入力を禁止できます。規則に違反するデータを入力するとAccessがエラーメッセージを出しますが、［エラーメッセージ］プロパティを使用して独自のエラーメッセージを表示させることも可能です。

□ [注文数]フィールドに10以上の数値しか入力できないようにする

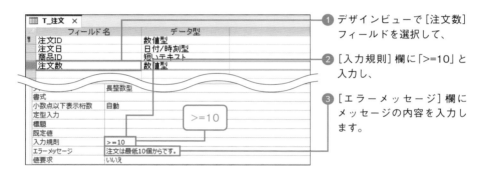

① デザインビューで［注文数］フィールドを選択して、

② ［入力規則］欄に「>=10」と入力し、

③ ［エラーメッセージ］欄にメッセージの内容を入力します。

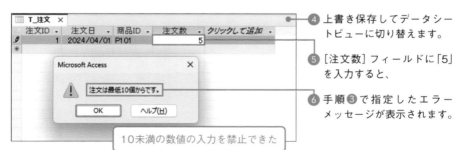

④ 上書き保存してデータシートビューに切り替えます。

⑤ ［注文数］フィールドに「5」を入力すると、

⑥ 手順③ で指定したエラーメッセージが表示されます。

10未満の数値の入力を禁止できた

COLUMN

入力規則の設定例

［入力規則］プロパティでは、フィールドに対してさまざまな入力規則を設定できます。

設定例	データ型	入力できる値
>=date()	日付／時刻型	本日以降の日付
Between 1 And 10	数値型	1 以上 10 以下の数値
Len([コメント])<=10	短いテキスト	10 文字以下の文字列

SECTION 020

[入力規則]を利用して 半角文字の入力を禁止する

フィールドに全角文字しか入力できないようにするには、StrConv関数を使用して文字コードを変換してから、LenB関数を使用してバイト数のチェックを行います。ここでは[住所]フィールドの住所や番地が必ず全角で入力されるようにします。

□ [住所]フィールドに全角文字しか入力できないようにする

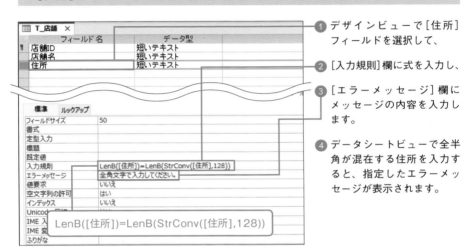

① デザインビューで[住所]フィールドを選択して、

② [入力規則]欄に式を入力し、

③ [エラーメッセージ]欄にメッセージの内容を入力します。

④ データシートビューで全半角が混在する住所を入力すると、指定したエラーメッセージが表示されます。

— COLUMN —

全角チェックの考え方

フィールドに入力される文字の文字コードであるUnicodeは、すべての文字が2バイトです。StrConv関数（186ページ参照）を使用すると、Unicode文字列をANSI文字列に変換できます。ANSI文字列は、全角文字が2バイト、半角文字が1バイトです。文字列のバイト数を求めるLenB関数を使用して、元のUnicode文字列のバイト数（全角も半角も1文字を2バイトとして数える）と、ANSI文字列のバイト数（全角を2バイト、半角を1バイトとして数える）を求めます。住所がすべて全角であれば、双方のバイト数が一致します。

ちなみに半角しか入力できないようにするには、文字数を数えるLen関数を組み合わせて、[入力規則]プロパティに次の式を設定します。[IME入力モード]プロパティに[使用不可]を指定する方法も考えられますが、その方法だとキーボードから入力する文字は半角になりますが、コピー／貼り付けを使えば全角文字を入力できてしまうので注意してください。

Len([フィールド名])=LenB(StrConv([フィールド名],128))

フィールド間に入力規則を設定する

44ページと45ページで紹介した入力規則は、単一のフィールドに対してデータの入力制限を行う機能です。「[申込者数] フィールドに [定員] 以内の数値しか入力できないようにする」のように、複数のフィールド間で入力規則を設定したい場合は、テーブルの[入力規則] プロパティを設定します。

□ テーブルの[入力規則] プロパティを設定する

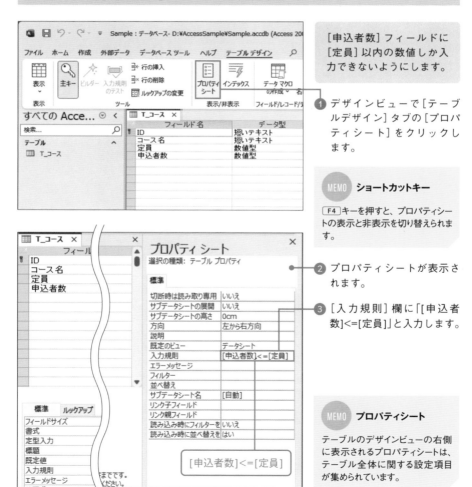

[申込者数] フィールドに [定員] 以内の数値しか入力できないようにします。

① デザインビューで [テーブルデザイン] タブの [プロパティシート] をクリックします。

MEMO　ショートカットキー

F4 キーを押すと、プロパティシートの表示と非表示を切り替えられます。

② プロパティシートが表示されます。

③ [入力規則] 欄に「[申込者数]<=[定員]」と入力します。

[申込者数]<=[定員]

MEMO　プロパティシート

テーブルのデザインビューの右側に表示されるプロパティシートは、テーブル全体に関する設定項目が集められています。

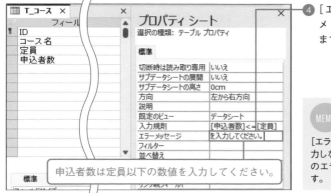

④ [エラーメッセージ] 欄に
メッセージの内容を入力し
ます。

MEMO　入力しない場合

[エラーメッセージ] プロパティを入
力しない場合、Accessの標準
のエラーメッセージが表示されま
す。

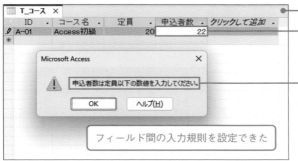

⑤ 上書き保存してデータシー
トビューに切り替えます。

⑥ [申込者数]フィールドに[定
員]フィールドより大きい
数値を入力すると、

⑦ 手順④で指定したエラー
メッセージが表示されます。

MEMO　[ズーム] ウィンドウの利用

[エラーメッセージ] 欄をクリックして Shift + F2 キーを押すと、[ズーム] ウィンドウが開き、長い文字列を広々
した画面で入力できます。[OK] をクリックすると、[ズーム] ウィンドウで入力した内容が、[エラーメッセージ]
欄に入力されます。

— *COLUMN* —

レコードの入力後に入力規則を設定した場合

テーブルにデータを入力したあとでテーブルやフィールドに入力規則を設定すると、テーブルを保
存するときに下図のようなメッセージが表示されます。[はい] をクリックすると、入力済みのデー
タが入力規則にしたがっているかどうか検査できます。

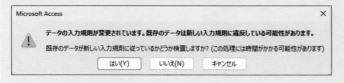

フィールドの入力漏れを防ぐ

フィールドに必ずデータを入力させるには、[値要求] プロパティに [はい] を設定します。文字列を入力するフィールドの場合、さらに [空文字列の許可] プロパティに [いいえ] を設定します。[空文字列の許可] プロパティの設定は、盲点になりがちなポイントなので気を付けましょう。

□ 商品名と単価を必ず入力させる

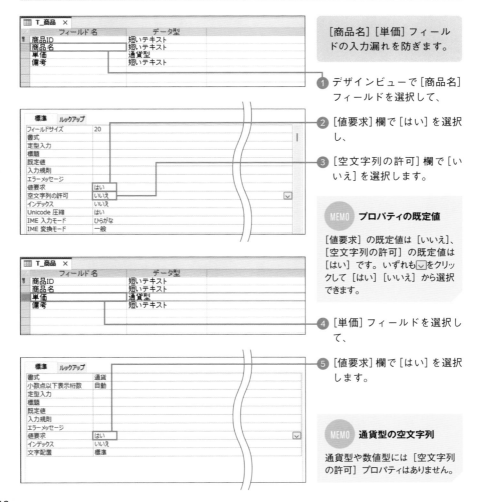

[商品名] [単価] フィールドの入力漏れを防ぎます。

① デザインビューで [商品名] フィールドを選択して、

② [値要求] 欄で [はい] を選択し、

③ [空文字列の許可] 欄で [いいえ] を選択します。

MEMO プロパティの既定値

[値要求] の既定値は [いいえ]、[空文字列の許可] の既定値は [はい] です。いずれも ▽ をクリックして [はい] [いいえ] から選択できます。

④ [単価] フィールドを選択して、

⑤ [値要求] 欄で [はい] を選択します。

MEMO 通貨型の空文字列

通貨型や数値型には [空文字列の許可] プロパティはありません。

⑥ 上書き保存してデータシートビューに切り替えます。

⑦ [商品名] や [単価] が未入力のままレコードを確定しようとすると、入力を促されます。

> **MEMO 主キーの値要求**
>
> 主キーを設定したフィールドの [値要求] プロパティは、自動的に [はい] に設定されます。

COLUMN

既存レコードの商品名の削除時に注意

[空文字列の許可] は、短いテキスト、長いテキスト、ハイパーリンク型のフィールドが持つプロパティで、フィールドに空文字列「""」(長さ0の文字列) の入力を許可するかどうかを設定します。[空文字列の許可] が既定値の [はい] のまま [値要求] を [はい] にすると、既存のレコードから商品名を削除したときに、そのフィールドに自動的に空文字列が入力される仕様になっています。そのため、データを削除したにもかかわらず意図せず空文字という値が入った状態になってしまい、値要求が行われません。既存レコードのデータを削除したときにも値要求が行われるようにするには、ここで設定したように [空文字列の許可] プロパティを [いいえ] にする必要があります。なお、数値型や通貨型などは、[値要求] を [はい] に設定しておけば、既存レコードのデータを削除したときにも値要求が行われます。

COLUMN

プロパティの組み合わせによる入力値の違い

[値要求] と [空文字列の許可] は密接に関係しています。設定の組み合わせによっては、Enter キーや space キーで空文字列が入力される場合があります。各操作によってフィールドに入力される内容を下表にまとめます。[値要求] と [空文字列の許可] が [はい] [いいえ] の組み合わせであれば、どの操作においても値要求が行われます。

値要求	空文字列の許可	Enter キーを押したとき	space キーを押したとき	「""」を入力したとき	後からデータを削除したとき
いいえ	はい	Null 値	Null 値	空文字	Null 値
いいえ	いいえ	Null 値	Null 値	(値要求)	Null 値
はい	はい	(値要求)	空文字	空文字	空文字
はい	いいえ	(値要求)	(値要求)	(値要求)	(値要求)

氏名が入力されたときに
別フィールドにふりがなを自動表示する

[ふりがな] プロパティを使用すると、フィールドに入力した漢字のふりがなを、別の
フィールドに自動入力できます。入力されるのは、キーボードから入力した漢字変換前
の"読み"です。異なる読みで入力した場合は、自動入力されたふりがなのフィールド
を手動で修正してください。

□ 氏名のふりがなを自動入力する

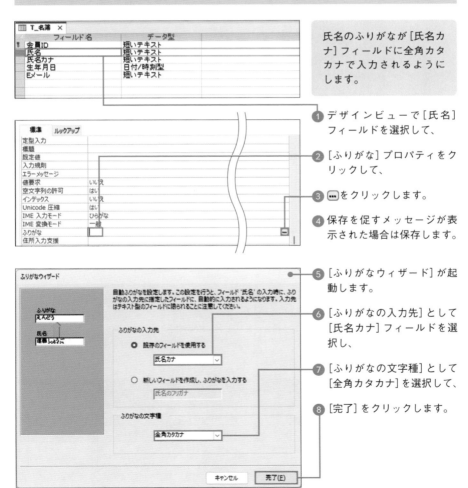

氏名のふりがなが [氏名カ
ナ] フィールドに全角カタ
カナで入力されるように
します。

❶ デザインビューで [氏名]
フィールドを選択して、

❷ [ふりがな] プロパティをク
リックして、

❸ ◉ をクリックします。

❹ 保存を促すメッセージが表
示された場合は保存します。

❺ [ふりがなウィザード] が起
動します。

❻ [ふりがなの入力先] として
[氏名カナ] フィールドを選
択し、

❼ [ふりがなの文字種] として
[全角カタカナ] を選択して、

❽ [完了] をクリックします。

⑨ [OK] をクリックします。

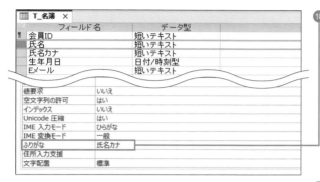

⑩ [氏名] フィールドの [ふりがな] プロパティに [氏名カナ] が設定されます。

⑪ [氏名カナ] フィールドの [IME入力モード] プロパティに [全角カタカナ] が設定されます。

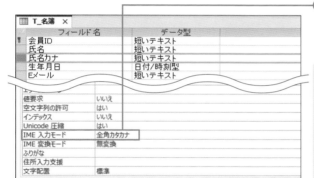

MEMO ふりがなの文字種

手順⑦の [ふりがなの文字種] では [全角ひらがな] [全角カタカナ] [半角カタカナ] から選びます。選択した文字種は、ふりがなの入力先のフィールドの[IME入力モード] に反映されます。

会員ID	氏名	氏名カナ	生年月日	Eメール
K001	山田 太郎	ヤマダ タロウ		

ふりがなが自動入力された

⑫ データシートビューに切り替えます。

⑬ [氏名] フィールドに氏名を入力すると、[氏名カナ] フィールドにふりがなが自動入力されます。

--- COLUMN ---

ウィザードを使わずに設定するには

[ふりがなウィザード] を使わずに同様の設定をするには、手順⑩のように [氏名] フィールドの [ふりがな] プロパティに [氏名カナ] フィールドを設定します。また、手順⑪のように [氏名カナ] フィールドの [IME入力モード] プロパティでふりがなの文字種を設定します。

SECTION
024
郵便番号から住所、住所から郵便番号を自動入力する

[住所入力支援] プロパティを使用すると、郵便番号を入力したときに対応する住所を
フィールドに自動入力できます。先に住所を入力すれば、対応する郵便番号をフィール
ドに自動入力することも可能です。

□ [住所入力支援] プロパティを設定する

[郵便番号] フィールドに
入力したデータに応じて
[都道府県] [住所1] フィー
ルドが自動入力されるよ
うにします。

❶ デザインビューで [郵便番
号] フィールドを選択して、

❷ [住所入力支援] プロパティ
をクリックして、

❸ をクリックします。

❹ 保存を促すメッセージが表
示された場合は保存します。

❺ [住所入力支援ウィザード]
が起動します。

❻ 郵便番号の入力先として [郵
便番号] フィールドを選択
し、

❼ [次へ] をクリックします。

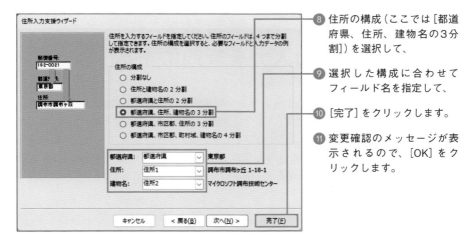

⑧ 住所の構成（ここでは［都道府県、住所、建物名の3分割]）を選択して、

⑨ 選択した構成に合わせてフィールド名を指定して、

⑩ ［完了］をクリックします。

⑪ 変更確認のメッセージが表示されるので、［OK］をクリックします。

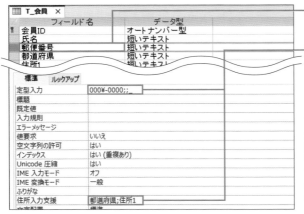

⑫ ［郵便番号］フィールドを選択して、

⑬ ［定型入力］プロパティと［住所入力支援］プロパティが設定されたことを確認します。

> **MEMO** 郵便番号の定型入力
>
> ［住所入力支援ウィザード］では、郵便番号の「-」を保存しない設定の定型入力（42ページ参照）が自動定義されます。

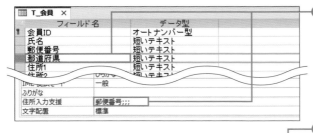

⑭ ［都道府県］［住所1］フィールドにも［住所入力支援］プロパティが設定されたことを確認します。

⑮ データシートビューに切り替えます。

⑯ ［郵便番号］を入力すると、［都道府県］［住所1］フィールドに住所が自動入力されます。

53

SECTION 025

住所から郵便番号の
逆自動入力を無効にする

[住所入力支援ウィザード] の設定を行うと、郵便番号と住所の双方向で自動入力できるようになります。ただし、「大口事業所個別番号」などの特殊な郵便番号を入力する場合、郵便番号から住所が自動入力されないことがある一方で、先に入力した郵便番号が後から入力した住所によって書き換えられてしまうこともあります。そのような住所を入力するテーブルでは、郵便番号から住所の一方通行にして、住所から郵便番号の自動入力をオフにしておきましょう。

□ 住所から郵便番号の自動入力をオフにする

❶ 郵便番号を入力しても、住所が自動入力されないので、

❷ 住所を手入力したら、郵便番号が変わってしまいました。

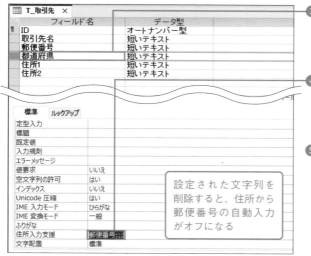

❸ デザインビューに切り替えて、住所の自動入力先のフィールド（ここでは [都道府県]）を選択し、

❹ [住所入力支援] プロパティに設定されている文字列（ここでは「郵便番号;;;」）を削除します。

❺ 同様に、[住所1] フィールドで [住所入力支援] プロパティの設定を削除すると、住所から郵便番号の自動入力がオフになります。

設定された文字列を削除すると、住所から郵便番号の自動入力がオフになる

SECTION 026
日本語入力モードを自動的に切り替える

短いテキスト型を設定したフィールドにカーソルを移動すると、初期設定では自動的に日本語入力モードがオンになります。この入力モードの設定は、[IME入力モード]プロパティで変更できます。コード番号や郵便番号など、半角文字を入力するフィールドでは、自動的にオフになるように設定しておくと入力効率が上がります。

□ [IME入力モード]プロパティを設定する

❶ デザインビューで、日本語入力モードをオフにしたいフィールド（ここでは[顧客ID]）を選択して、

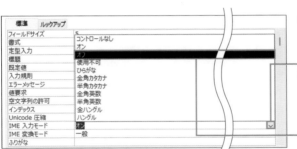

❷ [IME入力モード]プロパティをクリックして、☑をクリックし、

❸ [オフ]をクリックします。

❹ 上書き保存してデータシートビューに切り替えます。

❺ [顧客ID]フィールドにカーソルを移動すると、入力モードが自動的に[半角英数]（A）になります。

> 入力モードを切り替えられた

MEMO [IME入力モード] プロパティの設定値

手順❸の一覧には［オフ］と［使用不可］、［オン］と［ひらがな］があります。［オフ］を設定した場合は手動で［ひらがな］（あ）に変えられますが、［使用不可］を設定した場合は手動で変えられません。また、［ひらがな］を設定した場合は確実に［ひらがな］（あ）に変えられますが、［オン］を設定した場合はまれに［カタカナ］（カ）や［半角カタカナ］（｣ｶ）に変わることがあります。

文字列データの変更履歴を
自動的に記録する

長いテキスト型は、[追加のみ]というプロパティを持ちます。既定値は[いいえ]ですが、これを[はい]に変更するとデータの変更履歴を記録することができます。なお、マクロを使用した変更履歴や更新日時の記録方法を306ページと308ページで紹介するので、そちらも参考にしてください。

□ [追加のみ]プロパティを設定して変更履歴を記録する

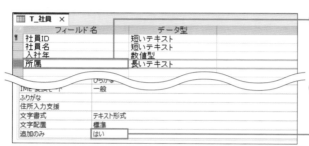

① デザインビューで変更履歴を記録する[長いテキスト]型のフィールド（ここでは[所属]）を選択して、

② [追加のみ]欄で[はい]を選択します。

③ 上書き保存して、データシートビューで所属を変更すると履歴が記録されます。

④ 変更記録を確認したいセルを右クリックして、

⑤ [列の履歴の表示]をクリックします。

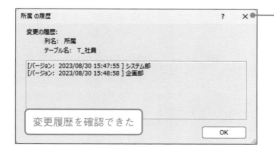

⑥ 所属の変更履歴が表示されます。

MEMO 変更履歴の削除

[追加のみ]プロパティの値を[いいえ]に戻すと、これまで記録された変更履歴が削除されます。

SECTION
028
テーブルのデザインが
データシートで変更されるのを防ぐ

テーブルのデータシートビューでは、[テーブルのフィールド] タブでフィールドの追加や削除、データ型の変更など、デザインの変更が行えます。不用意にテーブルの構造が変わってしまう心配があるので、データベースの運用段階に入ったら、データシートビューでのデザインの変更を禁止しましょう。

□ [Accessのオプション] ダイアログボックスで設定する

① [ファイル] タブをクリックして、

② 表示される画面の左下にある [オプション] をクリックします。

③ [Accessのオプション] ダイアログボックスが開くので、[現在のデータベース] をクリックします。

④ [データシートビューでテーブルのデザインを変更できるようにする] のチェックを外して、

⑤ [OK] をクリックします。

⑥ ファイルを開き直して、テーブルを開きます。

⑦ [テーブルのフィールド] タブのほとんどのボタンが無効になります。

データシートでの変更を禁止できた

オートナンバー型の欠番を詰める

レコードの入力を途中で中止したり、保存済みのレコードを削除したりすると、オートナンバー型の数値は欠番となります。オートナンバー型の役目はレコードに重複しない番号を割り振ることなので、本来は欠番を気にする必要はありません。しかし運用の開始直後に不慣れな操作やテスト入力などで出た欠番は、削除したいこともあるでしょう。そんなときはカットアンドペーストを利用すると欠番を詰められます。

□ オートナンバー型フィールドを確認する

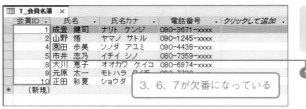

[会員ID] フィールドの欠番を詰めます。

❶ [T_会員名簿] テーブルを開き、[会員ID] を確認して閉じておきます。

□ カットアンドペーストで欠番を詰める

❶ デザインビューに切り替え、

❷ フィールドセレクターをクリックして [会員ID] フィールドを選択し、

❸ [ホーム] タブの [切り取り] をクリックします。

❹ フィールドの削除確認が表示されるので [はい] をクリックします。

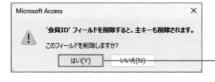

❺ 主キーの削除確認が表示されるので [はい] をクリックします。

⑥ [会員ID] フィールドが削除され、次のフィールドの名前が選択された状態になります。

⑦ [ホーム] タブの [貼り付け] の上側をクリックします。

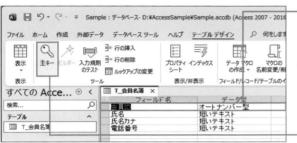

⑧ オートナンバー型の [会員ID] フィールドが挿入され、選択された状態になります。

⑨ [テーブルデザイン] タブの [主キー] をクリックして、[会員ID] フィールドに主キーを設定します。

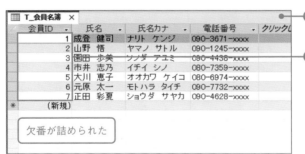

⑩ 上書き保存してデータシートビューに切り替えます。

⑪ [会員ID] フィールドに欠番のない連番が振られます。

欠番が詰められた

MEMO 全レコードを削除した場合

テーブルの全レコードを削除した場合は、78ページを参考にデータベースの最適化を実行すると、オートナンバー型のフィールドを「1」から始められます。

— COLUMN —

本格的な運用が始まったら欠番はそのままに

オートナンバー型は、主キーフィールドに使われることが多いデータ型です。会員番号や商品番号など、主キーの値が途中で変わってしまうのは好ましくありません。データベースの本格的な運用が始まったら、欠番が出てもそのままにしておきましょう。

オートナンバー型の数値を「1001」から始める

オートナンバー型のフィールドを特定の数値から開始したいことがあります。レコードが未入力のテーブルであれば、開始番号だけを入力したテーブルと追加クエリを用意することによって実現できます。

□ [T_受注]テーブルのオートナンバー型フィールドを確認する

[T_受注] テーブルの [受注ID] フィールドを「1001」から開始します。

❶ [T_受注] テーブルを開き、レコードが1件も入力されていないことを確認して閉じておきます。

□ 作業用のテーブルを作成して開始番号を入力する

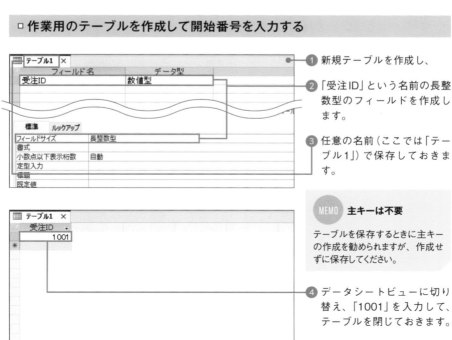

❶ 新規テーブルを作成し、

❷ 「受注ID」という名前の長整数型のフィールドを作成します。

❸ 任意の名前（ここでは「テーブル1」）で保存しておきます。

MEMO　主キーは不要

テーブルを保存するときに主キーの作成を勧められますが、作成せずに保存してください。

❹ データシートビューに切り替え、「1001」を入力して、テーブルを閉じておきます。

□ 追加クエリを作成する

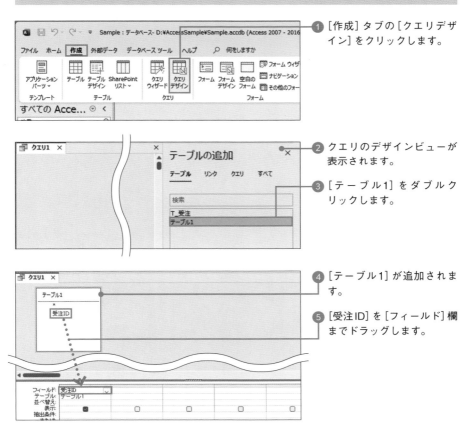

① [作成] タブの [クエリデザイン] をクリックします。

② クエリのデザインビューが表示されます。

③ [テーブル1] をダブルクリックします。

④ [テーブル1] が追加されます。

⑤ [受注ID] を [フィールド] 欄までドラッグします。

⑥ [クエリデザイン]タブの[追加] をクリックします。

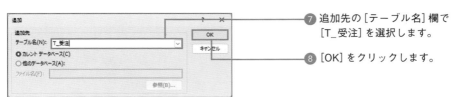

⑦ 追加先の [テーブル名] 欄で [T_受注] を選択します。

⑧ [OK] をクリックします。

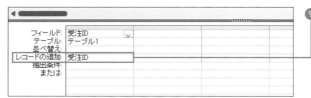

⑨ [レコードの追加] 行が挿入され、[受注ID] が設定されたことを確認します。

□ 追加クエリを実行する

❶ [クエリデザイン]タブの[実行] をクリックします。

❷ 1件のレコードを追加する旨のメッセージが表示されるので、

❸ [はい] をクリックします。

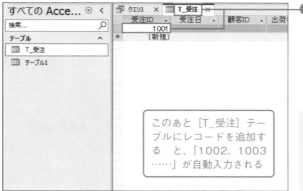

❹ 確認のため、[T_受注]テーブルを開き、[受注ID] が「1001」であることを確認します。

このあと [T_受注] テーブルにレコードを追加すると、「1002、1003……」が自動入力される

SECTION 031 リレーションシップの基本を理解する

Accessでは、ファイル内に複数のテーブルを保存し、テーブル同士を関連付けてデータを活用します。この関連付けのことを「リレーションシップ」と呼びます。ここでは、最も一般的な「一対多」のリレーションシップについて理解を深めましょう。

□一対多のリレーションシップ

「一対多のリレーションシップ」では、一方のテーブルの1つのレコードが、他方のテーブルの複数のレコードと結合します。前者のテーブルを「一側テーブル」「親テーブル」、後者のテーブルを「多側テーブル」「子テーブル」などと呼びます。また、前者のレコードを「親レコード」、後者のレコードを「子レコード」と呼びます。1件の親レコードに対して、複数の子レコードが対応するわけです。親レコードと子レコードを結び付けるフィールドを「結合フィールド」と呼びます。一般的に、親レコード側では主キーが結合フィールドになります。また、子レコード側の結合フィールドは「外部キー」と呼ばれます。

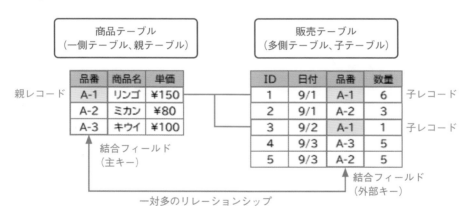

商品テーブル（一側テーブル、親テーブル）

品番	商品名	単価
A-1	リンゴ	¥150
A-2	ミカン	¥80
A-3	キウイ	¥100

販売テーブル（多側テーブル、子テーブル）

ID	日付	品番	数量
1	9/1	A-1	6
2	9/1	A-2	3
3	9/2	A-1	1
4	9/3	A-3	5
5	9/3	A-2	5

親レコード／子レコード／結合フィールド（主キー）／結合フィールド（外部キー）／一対多のリレーションシップ

COLUMN

一対一のリレーションシップ

2つのテーブルの主キー同士を結合するリレーションシップは、1件のレコードが1件のレコードと結合する「一対一のリレーションシップ」になります。例えば、社員のパブリックな情報とプライベートな情報を別テーブルで管理する場合、それぞれのテーブルのレコードは主キーである社員番号を結合フィールドとして一対一で結合します。

SECTION 032

リレーションシップを設定する

テーブル間にリレーションシップを設定すると、レコードを連携して活用できます。リレーションシップの設定は[リレーションシップ]ウィンドウで行います。ここでは併せて「参照整合性」の設定も行います。

□ リレーションシップを設定する

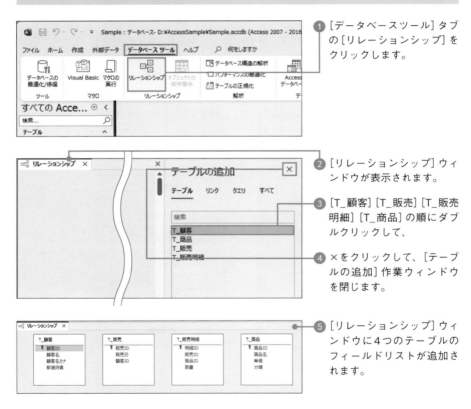

1 [データベースツール]タブの[リレーションシップ]をクリックします。

2 [リレーションシップ]ウィンドウが表示されます。

3 [T_顧客][T_販売][T_販売明細][T_商品]の順にダブルクリックして、

4 ×をクリックして、[テーブルの追加]作業ウィンドウを閉じます。

5 [リレーションシップ]ウィンドウに4つのテーブルのフィールドリストが追加されます。

MEMO **フィールドリストの配置**

手順❸でダブルクリックした順番でフィールドリストが配置されます。リレーションシップを設定するテーブルを隣り合わせに配置しておくと、見やすく操作できます。あとから配置を変更するには、フィールドリストのタイトルバーをドラッグします。なお、あとから別のテーブルを配置する場合は、[リレーションシップのデザイン]タブの[テーブルの追加]をクリックすると、[テーブルの追加]作業ウィンドウを表示できます。

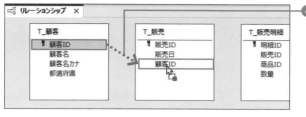

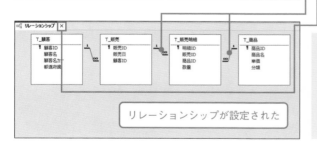

6 一側テーブルの結合フィールド（ここでは [T_顧客] の [顧客ID]）から多側テーブルの結合フィールド（ここでは [T_販売] の [顧客ID]）までドラッグします。

7 [参照整合性] にチェックを付けて、

8 [作成] をクリックします。

9 結合フィールドが結合線で結ばれ、一側に「1」、多側に「∞」が表示されます。

10 同様にほかのテーブル間のリレーションシップも設定します。

11 ×をクリックするとレイアウトの保存確認のメッセージが表示されるので、[はい] をクリックします。

リレーションシップが設定された

MEMO レイアウトの保存

保存確認のメッセージで [いいえ] をクリックした場合、フィールドリストの配置の情報は保存されませんが、リレーションシップの設定自体は保存されます。

—— COLUMN ——

参照整合性と結合線の記号

リレーションシップを設定するときに [参照整合性] にチェックを付けると、結合線の左右に「1」「∞」の記号が表示されます。チェックを付けなかった場合、この記号は表示されません。参照整合性の意味については、次のSECTIONを参照してください。

参照整合性の設定効果を理解する

64ページでリレーションシップを作成する際に、参照整合性を設定しました。参照整合性を設定すると、データの編集操作に3つの制限機能が働きます。突然のエラーメッセージに慌てないように、どのような操作が制限されるのかを頭に入れておきましょう。

□ 参照整合性の設定条件

参照整合性を設定するには、双方のテーブルとその結合フィールドが以下の条件を満たしている必要があります。フィールド名は同じでなくてもかまいません。

- 少なくとも一方が主キーまたは固有インデックスが設定されている
- データ型が同じ
- 数値型の場合はフィールドサイズが同じ
- テーブルが同じデータベース内にある

なお、一方のテーブルの結合フィールドがオートナンバー型の場合、他方のフィールドは数値型とし、オートナンバー型と同じフィールドサイズにします。

□ 整合性のないデータとは

ここでは下図のような商品テーブルと販売テーブルを使用して説明します。商品テーブルの結合フィールドに、販売テーブルと結びつかない品番が存在する場合、売れていない商品と見なせるため矛盾がありません。一方、販売テーブルの結合フィールドに、商品テーブルと結びつかない品番が存在する場合、存在しない商品を販売したことになり、矛盾が生じます。「子レコードを持たない親レコード」は矛盾がなく、「親レコードと結び付かない子レコード」は矛盾がある（整合性がない）と言えます。

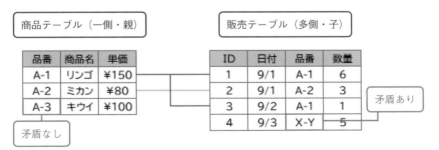

□ 参照整合性による3つの制限

　参照整合性を設定した場合、「親レコードと結び付かない子レコード」が生じるのを防ぐために、Accessの監視機能が働き、次の3つの操作制限が行われます。

多側テーブルの結合フィールドに対する「入力の制限」

販売テーブル（多側・子）

ID	日付	品番	数量
1	9/1	A-1	6
2	9/1	A-2	3
3	9/2	A-1	1
4	9/3	X-Y	5

親レコードと結び付かない子レコードの追加が禁止される

親テーブルに存在しない品番を、子テーブルに入力すると、エラーメッセージが表示されます。

一側テーブルの結合フィールドに対する「更新の制限」

商品テーブル（一側・親）

品番	商品名	単価
B-1	リンゴ	¥150
A-2	ミカン	¥80
A-3	キウイ	¥100

子レコードを持つ親レコードの更新が禁止される

子テーブルに入力されている品番を、親テーブルで変更すると、エラーメッセージが表示されます。

一側テーブルの親レコードに対する「削除の制限」

商品テーブル（一側・親）

品番	商品名	単価
A-2	ミカン	¥80
A-3	キウイ	¥100

子レコードを持つ親レコードの削除が禁止される

子テーブルに入力されている品番のレコードを、親テーブルから削除すると、エラーメッセージが表示されます。

COLUMN

親レコードを先に入力する

参照整合性を設定したテーブルの入力では、親レコードを子レコードより先に入力しないと「入力の制限」に引っかかり、エラーになるので気を付けてください。また、既にデータが入力されている状態で参照整合性を設定する場合、既存データに矛盾があると設定できません。

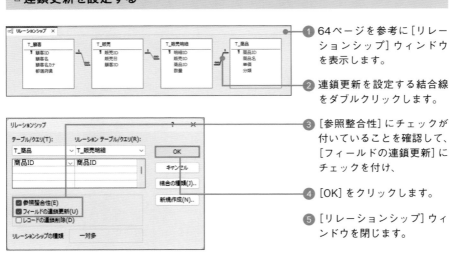

SECTION 034 連鎖更新を設定して 関連データを一括更新する

参照整合性を設定すると、一側（親）テーブルの主キーの変更が制限されます。しかし、例えば商品IDの体系を見直したいときなどに、主キーを変更したいことも出てきます。そのようなケースでは［連鎖更新］を有効にすると、一側（親）テーブルの商品IDを変更したときに、該当する多側（子）の商品IDも自動で変更できます。

□ 連鎖更新を設定する

① 64ページを参考に［リレーションシップ］ウィンドウを表示します。

② 連鎖更新を設定する結合線をダブルクリックします。

③ ［参照整合性］にチェックが付いていることを確認して、［フィールドの連鎖更新］にチェックを付け、

④ ［OK］をクリックします。

⑤ ［リレーションシップ］ウィンドウを閉じます。

関連データが変更される

⑥ ［T_商品］テーブルで［商品ID］を「C-203」から「CT-4X」に変更すると、［T_販売明細］テーブルの［商品ID］に入力されている「C-203」が自動で「CT-4X」に更新されます。

COLUMN

既存のリレーションシップの編集／削除

［リレーションシップ］ウィンドウで結合線をダブルクリックすると、手順③の画面が表示され、参照整合性や連鎖更新、連鎖削除などの設定変更を行えます。また、結合線をクリックして Delete キーを押すと、リレーションシップを削除できます。

SECTION 035

連鎖削除を設定して関連レコードを一括削除する

参照整合性を設定すると、一側（親）テーブルのレコードの削除が制限されます。どうしても削除したい場合は［連鎖削除］を有効にすると、一側（親）テーブルの親レコードを削除したときに、対応する多側（子）テーブルの子レコードも削除して、「親レコードと結び付かない子レコード」が生じるのを防げます。

▫ 連鎖削除を設定する

❶ 64ページを参考に［リレーションシップ］ウィンドウを表示します。

❷ 連鎖削除を設定する結合線をダブルクリックします。

❸ ［参照整合性］にチェックが付いていることを確認して、［レコードの連鎖削除］にチェックを付け、

❹ ［OK］をクリックします。

❺ ［リレーションシップ］ウィンドウを閉じます。

❻ 一側の［T_商品］テーブルで［商品ID］が「C-203」のレコードを削除すると、多側の［T_販売明細］テーブルからも［商品ID］が「C-203」のレコードを削除されます。

商品ID	商品名	単価	分類	クリックして追加
C-101	キャットフード3缶セット	¥600	猫用品	
C-201	キャットケージ	¥18,000	猫用品	
C-202	キャットタワー	¥12,800	猫用品	
C-203	キャットランド	¥27,000	猫用品	
D-101	ドライフード5kg	¥4,200	犬用品	
D-102	ドライフード2kg			
D-103	はみがきガム			
D-201	ペットサークル			

関連レコードが削除される

COLUMN

連鎖更新と連鎖削除の利用は慎重に

連鎖更新は「更新の制限」（67ページ参照）を、連鎖削除は「削除の制限」を緩和する機能です。便利な機能ですが、どちらも常に有効にしておくと意図せずデータが更新／削除されてしまう危険性があります。必要なときにだけ一時的に有効にするようにしましょう。

SECTION 036
一対一のリレーションシップを設定する

「一対一のリレーションシップ」では1件のレコードが1件のレコードと対応するので2つのテーブルは互角に見えますが、参照整合性を設定する場合はどちらを親テーブルにするかをきちんと意識してドラッグすることがポイントです。ここでは[T_社員]テーブルを親テーブル、[T_社員個人情報]テーブルを子テーブルとして設定します。

一対一のリレーションシップを設定する

① 64ページを参考に[リレーションシップ]ウィンドウを表示し、テーブルを追加して、

② 親テーブルの主キーから子テーブルの主キーまでドラッグします。

③ 左に親テーブル、右の子テーブルの名前が表示されていることを確認し、[参照整合性]にチェックを付けて、

④ [作成]をクリックします。

⑤ 一対一のリレーションシップが作成されます。

MEMO 親を先に入力する

参照整合性を設定した場合、親レコードを先に入力しないと「入力の制限」(67ページ参照)に引っかかります。今回の例では、[T_社員]テーブルに追加した社員しか、[T_社員個人情報]に追加できません。

SECTION
037

正規化の手順を踏んで
テーブルを分割する

正規化とは、表を無駄や矛盾のない形に分割するテーブル設計の手法です。テーブル設計に正解はありませんが、一般的に3段階の手順を踏んで正規化を行うと、効率のよいテーブルが設計できます。

□ 非正規形

　正規化されていないテーブルを「非正規形」と呼びます。非正規形のテーブルにはさまざまな問題があります。

　下図は、販売データを表にしたものです。品番、品名、単価、数量、金額の5項目が横に繰り返し並ぶ「横持ちテーブル」になっています。横持ちテーブルの場合、販売した商品が増えたときに列を増やさなければならず、それに伴い空のセルが増え、ディスクを無駄に消費することになります。

非正規形（横持ちテーブル）

販売ID	販売日	顧客ID	顧客名	品番	品名	単価	数量	金額	品番	品名	単価	数量	金額	品番	品名	単価	数量	金額
1	9/1	1	南	A-1	リンゴ	¥150	2	¥300	A-2	ミカン	¥80	3	¥240	A-3	キウイ	¥100	1	¥100
2	9/1	2	田中	A-2	ミカン	¥80	5	¥400										
3	9/2	1	南	A-1	リンゴ	¥150	1	¥150	A-3	キウイ	¥100	2	¥200					

横に繰り返し並ぶ

無駄なセルが多い

　下図は、上の横持ちテーブルの繰り返し部分を縦方向に並べ直した「縦持ちテーブル」です。セルの無駄は改善されましたが、1つのフィールドに複数のデータが存在するという別の問題が発生します。

非正規形（縦持ちテーブル）

販売ID	販売日	顧客ID	顧客名	品番	品名	単価	数量	金額
1	9/1	1	南	A-1	リンゴ	¥150	2	¥300
				A-2	ミカン	¥80	3	¥240
				A-3	キウイ	¥100	1	¥100
2	9/1	2	田中	A-2	ミカン	¥80	5	¥400
3	9/2	1	南	A-1	リンゴ	¥150	1	¥150
				A-3	キウイ	¥100	2	¥200

1つのセルに複数のデータが存在する

□ 第1正規形

　非正規形のテーブルを正規化していきましょう。第1段階では、同じ列に同じ種類のデータをまとめ、横方向の繰り返しを排除します。また、1つのセルに1つのデータが入る構造に整え、計算で求められる列は削除します。この形のテーブルを「第1正規形」と呼びます。下図のテーブルでは、主キーは[販売ID]と[品番]の連結主キーとなります。

第1正規形

販売ID	販売日	顧客ID	顧客名	品番	品名	単価	数量
1	9/1	1	南	A-1	リンゴ	¥150	2
1	9/1	1	南	A-2	ミカン	¥80	3
1	9/1	1	南	A-3	キウイ	¥100	1
2	9/1	2	田中	A-2	ミカン	¥80	5
3	9/2	1	南	A-1	リンゴ	¥150	1
3	9/2	1	南	A-3	キウイ	¥100	2

連結主キー

□ 第2正規形

　第2段階では、連結主キーの一方のみによって特定される列を別テーブルに分割します。第1正規形のテーブルから[販売ID]と[品番]によって特定される列を洗い出してみましょう。[販売ID]と[品番]の2つがないと特定できないのは[数量]だけです。[販売日][顧客ID][顧客名]は[販売ID]のみによって、[品名][単価]は[品番]のみによって特定されます。以上に基づいてテーブルを分割すると「第2正規形」になります。分割された各テーブルは、[販売ID]と[品番]によって結合できます。

第2正規形

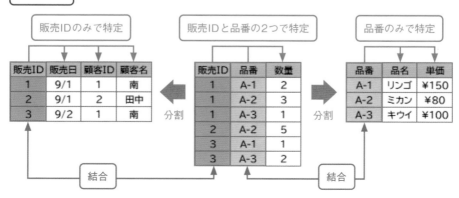

▫ 第3正規形

第3段階では、主キー以外の項目で特定される列を洗い出します。第2正規形である下図のテーブルでは、[顧客名]は[顧客ID]によって特定されます。

販売ID	販売日	顧客ID	顧客名
1	9/1	1	南
2	9/1	2	田中
3	9/2	1	南

顧客名は顧客IDによって特定される

これを分割すると「第3正規形」になります。分割後にテーブルを結合できるように、[顧客ID]と[顧客名]を切り出す際に元のテーブルに[顧客ID]を残しておきます。

第3正規形

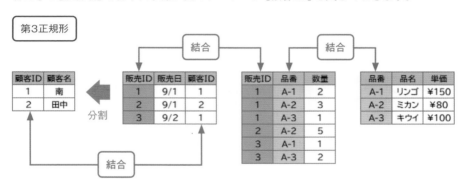

▫ 正規化の利点と正規化崩し

非正規形の表では、同じ顧客番号の顧客名や同じ品番の品名を毎回入力する必要があり、入力ミスによりデータに不整合が出る心配があります。第3正規化まで行うことで、顧客情報、販売情報、商品情報などデータがそれぞれのテーブルで一元管理されることになり、データの信頼性が高まります。

しかしその一方で、テーブルを結合するためにクエリを作成する手間が生じます。テーブルの数があまりに多いとクエリが複雑になり、パフォーマンスが落ちることもあります。そのため実際には正規化によるメリットとデメリットを比較し、「正規化崩し」を行うことが少なくありません。

例えば商品の価格改定を厳密にやろうとすると、価格の改定履歴のテーブルを作り、販売日から価格を調べる必要があり、クエリが複雑になります。そこで商品テーブルに現在価格を格納するほかに、販売テーブルにも販売日における販売価格を保存します。そうすればすぐに売上計算が行えます。計算自体が複雑な場合は、計算結果をテーブルに保存することもあります。個々のケースに応じて正規化を崩していくわけです。

データベースにパスワードを設定する

SECTION 038

データを第三者に盗み見られてしまうのを防ぐには、データベースを排他モードで開いたうえで[パスワードを使用して暗号化]を設定します。排他モードとは、ほかのユーザーがファイルを同時に編集できない状態のことです。

□ データベースを排他モードで開く

① Access を起動して、

② [開く]をクリックして、

③ [参照]をクリックします。

④ 開くファイルをクリックして、

⑤ [開く]の▼をクリックし、

⑥ [排他モードで開く]をクリックします。

MEMO エラーになる場合

同じファイルを既に別のユーザーが開いている場合、排他モードで開くことはできません。

□ パスワードを設定する

① データベースが排他モードで開きます。

② [ファイル]タブをクリックします。

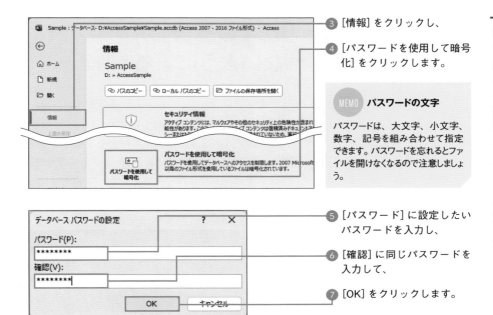

③ [情報] をクリックし、

④ [パスワードを使用して暗号化] をクリックします。

MEMO パスワードの文字

パスワードは、大文字、小文字、数字、記号を組み合わせて指定できます。パスワードを忘れるとファイルを開けなくなるので注意しましょう。

⑤ [パスワード] に設定したいパスワードを入力し、

⑥ [確認] に同じパスワードを入力して、

⑦ [OK] をクリックします。

⑧ [OK] をクリックすると、パスワードが設定されます。

パスワードを設定できた

□ パスワードを入力してファイルを開く

データベース パスワードの入力	?	×
パスワードを入力してください：		
********		
	OK	キャンセル

① ファイルを閉じて開き直すと、パスワードの入力を求められます。

--- COLUMN ---

パスワードを解除するには

データベースファイルを排他モードで開き、[ファイル] タブの [情報] をクリックして、[データベースの解読] をクリックします。表示されるダイアログボックスでパスワードを入力すると、パスワードが解除されます。

[セキュリティの警告]が表示されないようにする

データベースファイルを開くと[セキュリティの警告]が表示され、無効モードになります。無効モードではアクションクエリやマクロ、VBAなどが実行できないので、ファイルに悪意のあるプログラムが侵入しても阻止されます。ファイルが安全な場所に保存されている場合は、その場所を[信頼できる場所]に登録すると、[セキュリティの警告]が表示されなくなり、最初から無効モードを解除した状態でファイルを開けます。

□ [信頼できる場所]を追加する

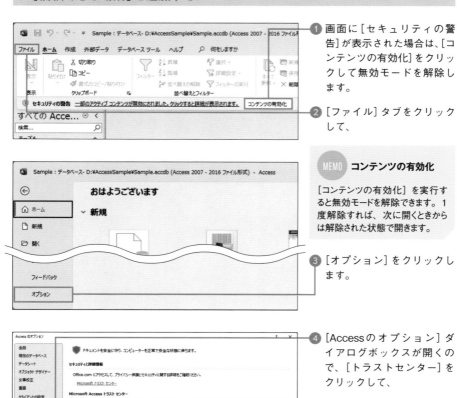

❶ 画面に[セキュリティの警告]が表示された場合は、[コンテンツの有効化]をクリックして無効モードを解除します。

❷ [ファイル]タブをクリックして、

MEMO　コンテンツの有効化

[コンテンツの有効化]を実行すると無効モードを解除できます。1度解除すれば、次に開くときからは解除された状態で開きます。

❸ [オプション]をクリックします。

❹ [Accessのオプション]ダイアログボックスが開くので、[トラストセンター]をクリックして、

❺ [トラストセンターの設定]をクリックします。

⑥ [トラストセンター] ダイアログボックスが開くので、[信頼できる場所] をクリックして、

⑦ [新しい場所の追加] をクリックします。

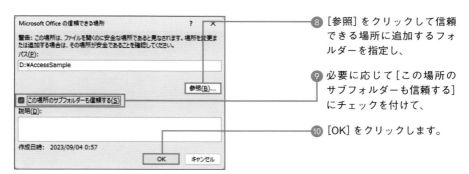

⑧ [参照] をクリックして信頼できる場所に追加するフォルダーを指定し、

⑨ 必要に応じて [この場所のサブフォルダーも信頼する] にチェックを付けて、

⑩ [OK] をクリックします。

⑪ フォルダーが追加されたことを確認して、

⑫ [OK] をクリックすると、[Accessのオプション] ダイアログボックスに戻るので [OK] をクリックします。

⑬ これ以降、指定したフォルダーに保存されているデータベースファイルに [セキュリティの警告] が表示されなくなります。

MEMO **信頼できる場所の解除**

信頼できる場所を解除するには、手順⑪の画面で削除する場所を選択し、[削除] をクリックします。

SECTION 040

データベースを最適化する

Accessではオブジェクトやデータを削除しても利用していた保存領域がファイルに残るので、ファイルサイズが徐々に大きくなります。[データベースの最適化／修復]を実行すると、ファイルから使用していない領域が削除され、ファイルサイズを小さくできます。また、パフォーマンスの低下も防げます。

□ データベースを最適化する

❶ ファイルサイズを確認してから、データベースファイルを開きます。

MEMO 事前にコピーしておく

最適化を実行する前に、トラブルに備えて念のためファイルをコピーしておきましょう。

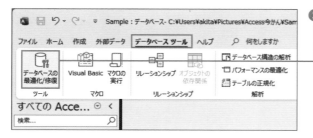

❷ [データベースツール]タブの[データベースの最適化／修復]をクリックします。

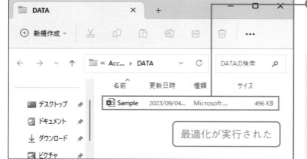

❸ 最適化が実行され、ファイルサイズが小さくなります。

MEMO ファイルの修復

[データベースの最適化／修復]には、破損したデータベースファイルを修復する機能があります。ファイルが破損した場合は、試してみるといいでしょう。

第 2 章

クエリによるデータ抽出と
集計のテクニック

SECTION 041 クエリ作成の基本を理解する

クエリには、選択クエリ、クロス集計クエリ、アクションクエリなど、複数の種類があります。本章ではクエリに関するテクニックを紹介します。まずはあらゆるクエリの基本となる選択クエリの作成方法を押さえておきましょう。

□ 選択クエリの作成

[作成] タブの [クエリデザイン] をクリックすると、クエリのデザインビューが表示され、クエリの作成を行えます。

クエリのデザインビュー

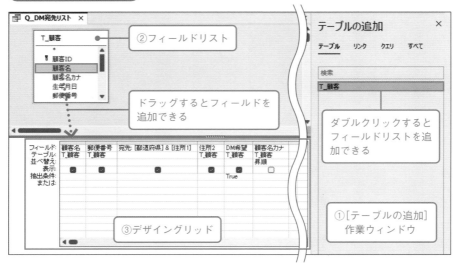

① [テーブルの追加] 作業ウィンドウ

クエリの基になるテーブルやクエリをダブルクリックすると、デザインビューにフィールドリストを追加できます。この作業ウィンドウを閉じてしまった場合は、[クエリデザイン] タブの [テーブルの追加] をクリックすると再表示できます。

②フィールドリスト

フィールドを選択してデザイングリッドの [フィールド] 欄までドラッグすると、クエリにフィールドを追加できます。

③デザイングリッド

クエリの定義を行うエリアです。詳細は、次ページを参照してください。

デザイングリッド

フィールド:	顧客名	郵便番号	宛先: [都道府県] & [住所1]	住所2	DM希望	顧客名カナ	
テーブル:	T_顧客	T_顧客		T_顧客	T_顧客	T_顧客	
並べ替え:						昇順	
表示:	☑	☑	☑	☑	☑	☐	☐
抽出条件:					True		
または:							

❶演算フィールドの設定

[フィールド]欄に「フィールド名: 式」を設定すると、演算結果からなるフィールドを作成できます。このようなフィールドを「演算フィールド」と呼びます。

❷並べ替えの設定

[並べ替え]欄で[昇順]か[降順]を選ぶと、レコードの並べ替えを設定できます。また、[(並べ替えなし)]を選ぶと並べ替えの設定を解除できます。「昇順」とは数値の小さい順、日付の古い順、アルファベットのABC順、かなの五十音順、漢字の文字コード順です。「降順」はその逆の順序です。

❸表示／非表示の設定

[表示]欄のチェックを外したフィールドは、クエリの実行結果に表示されません。

❹抽出条件

[抽出条件]欄に条件を入力すると、条件に合うレコードを抽出できます。

□ クエリの操作

[クエリデザイン]タブで[実行]をクリックすると、クエリを実行できます。選択クエリの場合、実行するとデータシートビューにレコードが表示されます。

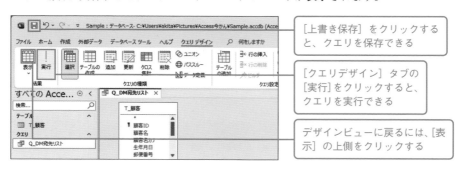

[上書き保存] をクリックすると、クエリを保存できる

[クエリデザイン] タブの[実行]をクリックすると、クエリを実行できる

デザインビューに戻るには、[表示] の上側をクリックする

MEMO 保存したクエリを開くには

ナビゲーションウィンドウでクエリ名を右クリックしてビューを選択すると、選択したビューでクエリを開けます。選択クエリの場合、クエリ名をダブルクリックすると、データシートビューが即座に開きます。

演算子の基本を理解する

演算子とは、演算に使う記号のことです。Accessで扱える演算子には、算術演算子、文字列連結演算子、比較演算子、論理演算子などがあります。同じ式に複数の演算子が含まれる場合、優先順位の高い演算子から演算が行われます。

□ 算術演算子

算術演算子は数値を計算するための演算子です。演算の結果も数値になります。優先順位は下表のとおりです。一般的な数学の計算と同様にカッコで囲むことで優先順位を変更できます。例えば「1+2*3」では「2*3」が先に計算されて結果は7となりますが、「(1+2)*3」では「1+2」が先に計算されて結果は9となります。

演算子	説明	使用例（結果）	優先順位
^	べき乗	7^3　(=7 × 7 × 7 = 343)	1
-	正負反転	-7	2
*	積	7*3　（= 21）	3
/	商	7/3　（= 2.33333333333333）	3
¥	商の整数部分	7¥3　（= 2）	4
Mod	剰余	7 Mod 3　（= 1）	5
+	和	7+3　（= 10）	6
-	差	7-3　（= 4）	6

□ 文字列連結演算子

文字列連結演算子は、文字列の連結のための演算子です。演算の結果も文字列になります。なお、「+」は算術演算と文字列連結の両方に使用されるため紛らわしいので、特に理由がない限り文字列連結には「&」を使用しましょう。

演算子	説明	使用例（結果）
&	文字列連結	[姓] & "様"　（[姓] フィールドの値が「田中」の場合の結果は「田中様」、[姓] フィールドが Null の場合の結果は「様」）
+	文字列連結（一方が Null の場合の結果は Null）	[姓] & "様"　（[姓] フィールドの値が「田中」の場合の結果は「田中様」、[姓] フィールドが Null の場合の結果は Null）

□ 比較演算子

比較演算子は値の比較を行うための演算子です。結果は「真」を意味する「True (-1)」または「偽」を意味する「False (0)」のどちらかになります。ただし、値がNullの場合は結果もNullになります。

演算子	説明	使用例（結果）
<	より小さい	7 < 3　(False)
<=	以下	7 <= 3　(False)
>	より大きい	7 > 3　(True)
>=	以上	7 >= 3　(True)
=	等しい	7 = 3　(False)
<>	等しくない	7 <> 3　(True)
Like	パターンマッチング	"富士山" Like "*山"　(True、「富士山」は「山」で終わる)
Between	範囲内	5 Between 1 And 9　(True、5は1〜9の範囲内)
In	値セットとの比較	5 In (2,4,6)　(False、5は2、4、6のいずれでもない)

□ 論理演算子

論理演算子は論理値（True、False）の演算を行うための演算子です。結果は「真」を意味する「True (-1)」または「偽」を意味する「False (0)」のどちらかになります。ただし、値がNullの場合は結果もNullになります。論理演算子内で優先順位があり、その順位はカッコを使用して変更できます。例えば「[A] Or Not [B] And [C]」は Not、And、Orの順に評価されますが、「[A] Or Not ([B] And [C])」のようにカッコを付けると And、Not、Orの順に評価されます。

演算子	説明	優先順位
Not	論理否定（True は False に、False は True になる）	1
And	論理積（値が 2 つとも True のときにのみ結果が True となる）	2
Or	論理和（値が 1 つでも True なら結果が True になる）	3
Xor	排他的論理和（一方のみが True なら結果が True になる）	4

--- COLUMN ---

演算子のカテゴリごとの優先順位

式に複数のカテゴリの演算子が含まれている場合、算術演算子、文字列連結演算子、比較演算子、論理演算子の順に評価されます。

循環参照エラーを防ぎつつ
テーブルと同じフィールド名を付ける

クエリの演算フィールドに、式の中で使用しているフィールド名と同じ名前を付けると循環参照というエラーが発生します。異なる名前に変えれば解決しますが、同じ名前を付けたいこともあるでしょう。そのようなときは、式の中のフィールド名の前にテーブル名を付加して「[テーブル名]![フィールド名]」のように入力します。

□ 演算フィールドにテーブルと同じフィールド名を付ける

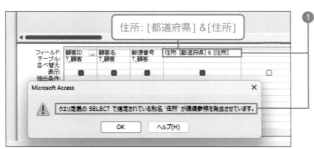

① [住所] フィールドを使用している式に「住所」というフィールド名を付けてクエリを実行すると、「循環参照を発生させています」というエラーが出ます。

② 式の中のフィールド名の前にテーブル名を付加して、「[T_顧客]![住所]」と入力します。

③ クエリを実行します。

④ クエリに、テーブルと同じ「住所」という名前のフィールドが作成されます。

MEMO **フィールド名の変更**

クエリのフィールドに、テーブルとは異なるフィールド名を付けたいときは、「新フィールド名: フィールド名」のように指定します。例えば、デザイングリッドの [フィールド] 欄に「宛名: 顧客名」と入力すると、テーブルの [顧客名] フィールドを、クエリでは「宛名」という名前で扱えます。

SECTION 044
クエリのフィールドに書式を設定する

クエリのフィールドの書式は、[書式]プロパティで設定します。組み込みの選択肢から設定することもできますし、書式指定文字（400ページの付録参照）を使用して設定することも可能です。

□ [達成率]フィールドにパーセンテージの書式を適用する

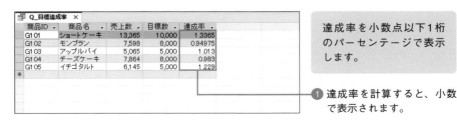

達成率を小数点以下1桁のパーセンテージで表示します。

① 達成率を計算すると、小数で表示されます。

② デザインビューに切り替え、

③ 列の上端をクリックして、[達成率]フィールドを選択します。

④ [クエリデザイン]タブの[プロパティシート]をクリックして、プロパティシートを表示します。

⑤ [書式]プロパティに「0.0%」と入力します。

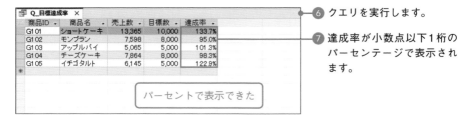

⑥ クエリを実行します。

⑦ 達成率が小数点以下1桁のパーセンテージで表示されます。

パーセントで表示できた

右の列を優先して並べ替える

クエリで複数の列に並べ替えの設定をした場合、左の列の並べ替えが優先されます。右の列を優先したい場合は、優先度の低いフィールドをデザイングリッドに2つ配置し、1つは表示用、1つは並べ替えの設定用として使用します。並べ替えの設定用のフィールドはデータシートに表示されないように、非表示にする設定も併せて行います。

▫ チーム順、入社年順にレコードを並べ替える

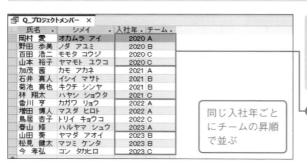

［チーム］フィールドの昇順、［入社年］フィールドの昇順でレコードを並べ替えます。

❶ 2つの列に並べ替えの設定をした場合、左の列（ここでは［入社年］）が優先されて並べ替えられます。

❷ デザインビューに切り替え、［入社年］の［並べ替え］を解除しておきます。

❸ 右端の列に［入社年］を追加し、［並べ替え］で［昇順］を設定します。

❹ ［表示］をクリックしてチェックを外します。

❺ クエリを実行します。

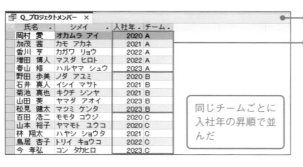

❻ 右にある［チーム］フィールドの昇順、同じチームの中では左にある［入社年］フィールドの昇順でレコードが並べ替えられます。

SECTION 046

昇順の並べ替えでNull値を末尾に表示する

フィールドを昇順に並べ替えると、そのフィールドに何も入力されていないレコードが先頭に表示されます。入力済みのデータを昇順に並べ替えつつ、未入力のデータを末尾に表示するには、Nz関数（159ページ参照）を使用して、Null値を最大値になるような値に置き換えて並べ替えを行います。

□ Nz関数を使用してNull値を末尾に表示させる

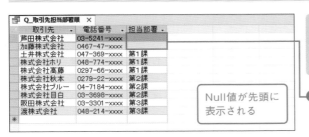

担当部署を昇順で並べ替える際にNull値を末尾に表示させます。

Null値が先頭に表示される

1 [担当部署]の昇順で並べ替えると、未入力のレコードが先頭に表示されます。

式1: Nz([担当部署],"第9課")

2 デザインビューに切り替え、[担当部署]の[並べ替え]を解除しておきます。

3 右端の列の[フィールド]欄に図の式を入力し、[並べ替え]で[昇順]を設定します。

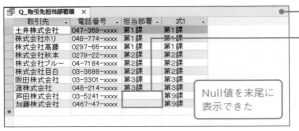

4 クエリを実行します。

5 Null値が「第9課」に変換され、末尾に表示されます。

Null値を末尾に表示できた

6 結果を確認したらデザインビューに戻り、[式1]フィールドの[表示]のチェックを外して非表示にします。

MEMO 「式1:」は自動挿入される

演算フィールドを入力する際に「Nz([担当部署],"第9課")」と演算式だけを入力すると、確定時に「式1:」が自動挿入されます。

SECTION
047

「株式会社」を省いた社名で
並べ替える

会社名で並べ替えると「株式会社」で始まる会社が固まるため、目的の会社名を探すのに手間取ることがあります。「株式会社」を無視して会社名を固有名詞の五十音順に並べ替えるには、Replace関数（179ページ参照）を使用して会社名のふりがなのフィールドから「カブシキガイシャ」の文字を削除したうえで並べ替えます。

□ 「カブシキガイシャ」を削除して並べ替える

シャメイ: Replace([トリヒキサキ],"カブシキガイシャ","")

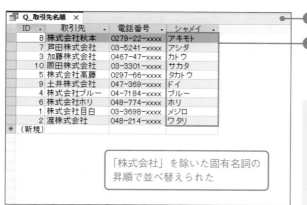

「株式会社」を除いた固有名詞の
昇順で並べ替えられた

取引先の固有名詞を取り出して並べ替えます。

① クエリのデザインビューで、[フィールド]欄に式を入力し、[並べ替え]で[昇順]を設定します。

② クエリを実行します。

③ シャメイの昇順に並べ替えられます。

> **MEMO** **Replace関数**
>
> 文字列を置換する関数です。ここでは「カブシキガイシャ」という文字列を空文字「""」で置換することで、「カブシキガイシャ」を削除しました。

--- COLUMN ---

「株式会社」と「（株）」が混在している場合

会社名のフィールドに「株式会社」と「（株）」が混在している場合は、Replace関数を入れ子にして使用します。

シャメイ: Replace(Replace([トリヒキサキ],"(カブ)",""),"カブシキガイシャ","")

レコードを独自の順序で
並べ替える

レコードを独自の順序で並べ替えるには、Switch関数を使用して各項目に並べ替えの順序となる番号を割り当て、その番号を基準に並べ替えを行います。なお、項目数が多い場合は、次ページを参考に、並べ替えの基準となる番号を入力したフィールドを別テーブルに用意したほうがよいでしょう。

□ 「プラチナ」「ゴールド」「シルバー」の順に並べ替える

式1: Switch([ランク]="プラチナ",1,[ランク]="ゴールド",2,[ランク]="シルバー",3)

「プラチナ」「ゴールド」「シルバー」の順序で並べ替えます。

1 クエリのデザインビューで、[フィールド]欄に式を入力し、[並べ替え]で[昇順]を設定します。

「プラチナ」「ゴールド」「シルバー」の順に並んだ

2 クエリを実行します。

3 各ランクに数値が割り当てられて、並べ替えられます。

4 デザインビューに戻り、[式1]フィールドの[表示]のチェックを外して非表示にします。

--- COLUMN ---

Switch関数

Switch関数は、条件式と値のペアを複数指定して、成立した条件式に対応する値を返す関数です。ここでは[ランク]フィールドに入力されている「プラチナ」に1、「ゴールド」に2、「シルバー」に3という番号を割り振りました。

書式	Switch(条件式 1, 値 1, 条件式 2, 値 2, ……)
説明	[条件式]を評価し、最初に True となる[条件式]に対応する[値]を返します。いずれも True にならない場合は Null 値を返します。

都道府県テーブルを使用して住所を都道府県の地理順に並べ替える

[都道府県] フィールドで [昇順] や [降順] を設定すると、文字コードの順序で並べ替えられます。地理的な順序で並べ替えるには、その並び順を指定するためのテーブルを用意して、クエリに追加します。ここでは JIS 規格に定められた順序で並べ替えます。

□ [T_都道府県]テーブルを用意する

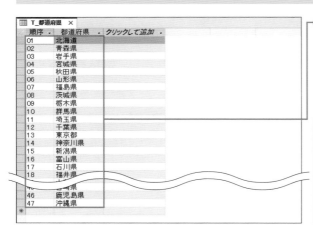

① [T_都道府県] テーブルに、北海道から沖縄までの並び順を入力した[順序] フィールドと[都道府県] フィールドを作成して、閉じておきます。

MEMO 都道府県の順序

[T_都道府県] テーブルには、JIS 規格（JIS X 401）で定められた都道府県コードの順序にしたがって、都道府県データが入力してあります。

□ [都道府県]フィールドを地理順に並べ替える

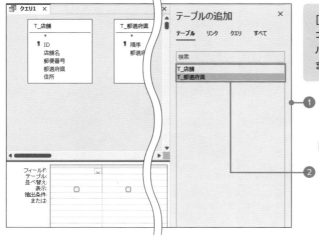

[T_店舗] テーブルのレコードを[都道府県]フィールドの地理順に並べ替えます。

① [作成] タブの [クエリデザイン] をクリックして新規クエリのデザインビューを開きます。

② [T_店舗]、[T_都道府県]を順にダブルクリックしてクエリに追加します。

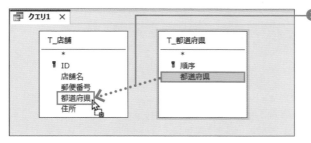

③ [T_都道府県]テーブルの[都道府県]フィールドを[T_店舗]テーブルの[都道府県]フィールドまでドラッグします。

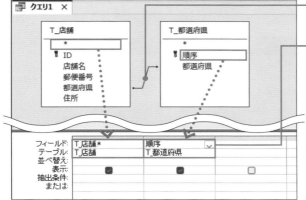

④ 2つのフィールドが結合します。

⑤ [T_店舗]から[*]を、[T_都道府県]から[順序]を追加します。

> **MEMO [*] フィールド**
>
> [*] フィールドは、[T_店舗]テーブルの全フィールドを表します。

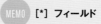

⑥ [順序]フィールドの[並べ替え]欄から[昇順]を選択します。

⑦ クエリを実行すると、レコードが[順序]フィールドの昇順に並べ替えられ、結果として都道府県の地理順に並びます。

⑧ デザインビューに戻り、[順序]フィールドの[表示]のチェックを外して非表示にします。

都道府県の地理順に並べ替えられた

抽出条件の指定方法を理解する

クエリの抽出条件の指定方法は、フィールドのデータ型によって決まりがあります。また、完全一致の条件で抽出するのか、部分一致や範囲の一致で抽出するのかによっても指定方法が変わります。ここでは、さまざまな抽出条件の指定方法をまとめます。

□ データ型に応じた抽出条件

データ型	説明
数値型、通貨型	数値をそのまま「100」「>=100」などと指定します。
短いテキスト	文字列を「"」（ダブルクォーテーション）で囲んで、「" 東京都 "」「<>" 東京都 "」などと指定します。条件が単純な場合は、「東京都」「<> 東京都」と入力すると、自動で「"」が付加されます。
日付／時刻型	日付や時刻を「#」（シャープ）で囲んで、「#2020/01/01#」「#13:25:00#」などと指定します。条件が単純な場合は、「2024/1/1」「13:25」と入力すると、自動で「#」が付加されます。
Yes ／ No 型	「Yes」「True」「On」または「No」「False」「Off」と指定します。

□ 演算子の利用

演算子	説明	使用例	抽出されるデータ
<	より小さい	<100	100 より小さい
<=	以下	<=100	100 以下（100 を含む）
>	より大きい	>#2024/12/24#	2024/12/24 より後
>=	以上	>=#2024/12/24#	2024/12/24 以降（2024/12/24 を含む）
=	等しい	=123	123（条件を「123」とした場合と同じ結果）
<>	等しくない	<>" 東京都 "	「東京都」以外
Between And	範囲内	Between 10 And 19	10 以上 19 以下
In	値セットとの比較	In (" 優 "," 良 "," 可 ")	「優」または「良」または「可」
Like	パターンマッチング	Like " 東京都 *"	「東京都」で始まる文字列
And	And（かつ）条件	>=500 And <1000	500 以上 1000 未満
Or	Or（または）条件	" 千葉県 " Or " 埼玉県 "	「千葉県」または「埼玉県」
Not	否定	Not " 東京都 "	「東京都」でない（条件を「<>" 東京都 "」とした場合と同じ結果）

特定の期間のデータを抽出する

Between And演算子を使用すると、「20から30まで」「2024/5/1から2024/5/31まで」のように数値や日付の範囲を指定した抽出を行えます。「Between」の後ろに開始値、「And」の後ろに終了値を指定してください。

指定した期間のレコードを抽出する

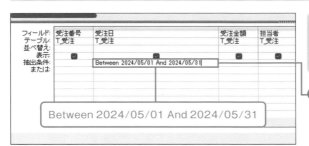

Between 2024/05/01 And 2024/05/31

[受注日] フィールドの値が2024/5/1～2024/5/31のレコードを抽出します。

① クエリのデザインビューで、[受注日] フィールドに抽出条件を入力し、Enter キーを押します。

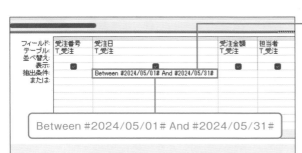

Between #2024/05/01# And #2024/05/31#

② 日付が「#」で囲まれます。

MEMO 月日は1桁でもよい

手順①では、「2024/5/1」のように月と日を1桁で入力してもかまいません。Enter キーを押すと自動で「2024/05/01」になります。

2024/5/1 ～ 2024/5/31のレコードが抽出された

③ クエリを実行します。

④ 受注日が2024/5/1～2024/5/31の範囲のレコードが抽出されます。

MEMO 大文字／小文字

「Between」「And」は小文字で入力してもかまいません。確定すると、大文字／小文字が正しく変換されます。

93

「○○でない」という条件で抽出する

「○○でない」「○○以外」のような条件を指定するには、演算子の「<>」(半角の小なり記号と大なり記号)を使用します。ここでは、「現金ではない」という条件でレコードを抽出します。

支払方法が「現金」以外の販売レコードを抽出する

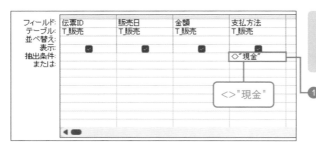

[支払方法]フィールドの値が「現金」以外のレコードを抽出します。

❶ クエリのデザインビューで、[支払方法]フィールドの[抽出条件]欄に「<>"現金"」と入力します。

❷ クエリを実行します。

❸「現金」以外の支払方法が入力されているレコードが抽出されます。

「現金」以外のレコードが抽出された

COLUMN

Not演算子も使える

Not演算子を使用して「Not "現金"」と指定しても、「<>"現金"」と同じレコードを抽出できます。その場合、クエリを保存して開き直すと、「Not」が「<>」に自動で変わります。

94

SECTION
053

未入力のフィールド／
入力済みのフィールドを抽出する

特定のフィールドが未入力であるレコードを抽出するには、「Is Null」という抽出条件を指定します。反対に、入力済みであるレコードを抽出するには、「Is Not Null」という抽出条件を指定します。

□ 固定電話が入力されていない会員レコードを抽出する

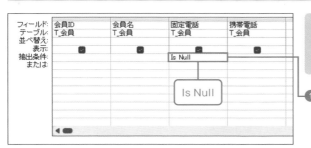

[固定電話] フィールドに入力がないレコードを抽出します。

① クエリのデザインビューで、[固定電話] フィールドの [抽出条件] 欄に「Is Null」と入力します。

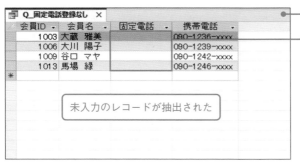

未入力のレコードが抽出された

② クエリを実行します。

③ 固定電話が入力されていない会員のレコードが抽出されます。

COLUMN

固定電話が入力されているレコードの抽出

[固定電話] フィールドの [抽出条件] 欄に「Is Not Null」と入力すると、固定電話が入力されている会員のレコードが抽出されます。

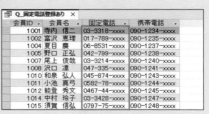

ワイルドカードを使用して文字列の部分一致の条件で抽出する

「東京都で始まる」「港区を含む」のように、文字列の部分一致の条件で抽出するには、Like演算子と「ワイルドカード」を使用します。例えば「東京都で始まる」という条件は、任意の文字列を表すワイルドカード「*」（アスタリスク）を使用して、「Like "東京都*"」と表せます。

□ ワイルドカード

ワイルドカードは任意の文字列を表す記号で、下表の種類があります。いずれも半角で入力します。

ワイルドカード

記号	記号名	説明
*	アスタリスク	0文字以上の文字列を表す
?	疑問符	1文字を表す
#	シャープ	数字1文字を表す。全角／半角を問わない
[ ]	角カッコ	文字の列挙や範囲指定に使用する。ワイルドカード文字の検索にも使える
-	ハイフン	文字の範囲を指定する。「[ ]」の中で使用する
!	感嘆符	「[ ]」の中の文字以外を表す

ワイルドカードの使用例

使用例	説明	該当例
Like "東京*"	「東京」で始まる	東京、東京都、東京タワー
Not Like "東京*"	「東京」で始まらない	西東京、千葉県、大阪府
Like "*東京"	「東京」で終わる	東京、西東京、リトル東京
Like "*東京*"	「東京」を含む	東京、東京都、西東京、西東京市南町
Like "東京???"	「東京」で始まる5文字	東京タワー、東京都港区
Like "東京都???区"	「東京都」＋3文字＋「区」	東京都千代田区、東京都江戸川区
Like "東京?*"	「東京」で始まる3文字以上 （「東京」の後ろに必ず文字が付く）	東京都、東京タワー、東京都港区
Like "営業#課"	「営業」＋数字1文字＋「課」	営業1課、営業1課
Like "*[道府県]"	「道、府、県」のいずれかで終わる	北海道、京都府、沖縄県
Like "[あ-お]*"	「あ」から「お」のいずれかで始まる （全角／半角、カナを問わない）	あ、アイス、いちご、オレンジ
Like "[!あお]??"	「あ、お」以外の文字で始まる3文字	いちご、みかん、西洋梨
Like "*[?]"	「?」で終わる文字列	Can you help me?

□「東京都○○区××」を抽出する

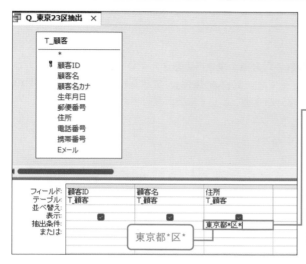

東京都*区*

[住所] フィールドに「東京都○○区××」が入力されているレコードを抽出します。

❶ クエリのデザインビューで、[住所] フィールドの [抽出条件] 欄に「東京都*区*」(「*」は半角) と入力し、Enter キーを押します。

MEMO フィールドリスト

フィールドリストの境界線をドラッグすると、サイズを変更できます。

Like "東京都*区*"

❷ 入力した抽出条件が「"」で囲まれ、先頭にLike演算子が付加されます。

MEMO 「Like」の自動入力

条件が複雑だとLike演算子が自動付加されない場合があります。その場合、手動で入力してください。

「東京都○○区××」が抽出された

❸ クエリを実行します。

❹ 住所が「東京都」で始まり、途中に「区」の文字があるレコードが抽出されます。

COLUMN

想定外のデータの抽出に注意

ここでは東京23区のレコードの抽出を目的としていますが、地名自体に「区」が含まれるデータが存在する場合、そのようなレコードも抽出されるので注意してください。確実に東京23区を抽出するには、東京23区の区名を入力したテーブルを用意して184ページを参考に突き合わせます。

複数の条件を組み合わせて抽出する

デザイングリッドには、抽出条件の入力欄が複数行用意されています。同じ行に入力された複数の条件は条件を「かつ」でつないだ「And条件」、異なる行に入力された複数の条件は条件を「または」でつないだ「Or条件」として抽出が実行されます。

□ And条件でデータを抽出する

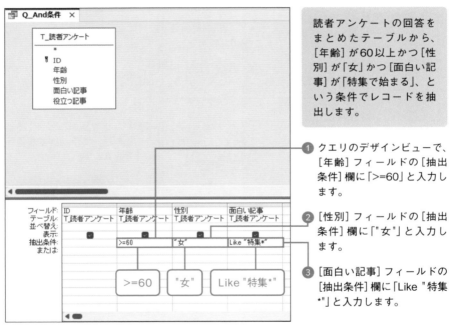

読者アンケートの回答をまとめたテーブルから、[年齢]が60以上かつ[性別]が「女」かつ[面白い記事]が「特集で始まる」、という条件でレコードを抽出します。

❶ クエリのデザインビューで、[年齢]フィールドの[抽出条件]欄に「>=60」と入力します。

❷ [性別]フィールドの[抽出条件]欄に「"女"」と入力します。

❸ [面白い記事]フィールドの[抽出条件]欄に「Like "特集*"」と入力します。

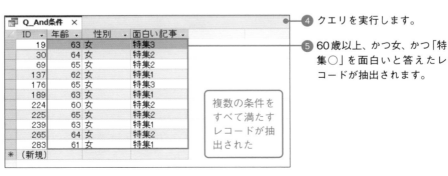

複数の条件をすべて満たすレコードが抽出された

❹ クエリを実行します。

❺ 60歳以上、かつ女、かつ「特集○」を面白いと答えたレコードが抽出されます。

複数の条件を組み合わせる

[抽出条件] 行と [または] 行を組み合わせて指定することで、さまざまな条件を表現できます。

同じフィールドのAnd条件

異なるフィールドにAnd条件を設定する場合は、前ページのように同じ行の [抽出条件] 欄に条件を入力します。同じフィールドにAnd条件を設定する場合は、And演算子を使用します。

同じフィールドのOr条件

同じフィールドにOr条件を設定するには、[抽出条件] 行と [または] 行以下の行を使用します。クエリを保存して開き直すと、抽出条件は「"連載1" Or "コラム1"」のように自動で書き換えられます。

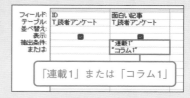

異なるフィールドのOr条件

異なるフィールドにOr条件を設定するには、それぞれ異なる行に抽出条件を入力します。例えば下図のクエリでは、[面白い記事] と [役立つ記事] の少なくとも一方で「コラム1」と答えたレコードが抽出されます。

And条件とOr条件の組み合わせ

And条件とOr条件を組み合わせることもできます。例えば下図のクエリでは、年齢が20代で [面白い記事] と [役立つ記事] の少なくとも一方で「コラム1」と答えたレコードが抽出されます。

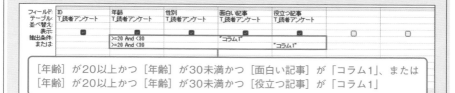

クエリの実行時にその都度条件を指定して抽出する

クエリの実行時に抽出条件を指定できるようにするには、クエリを実行したときに表示するメッセージを「[ ]」（角カッコ）で囲んで[抽出条件]欄に入力します。このようなクエリを「パラメータークエリ」と呼びます。

□ パラメータークエリを作成する

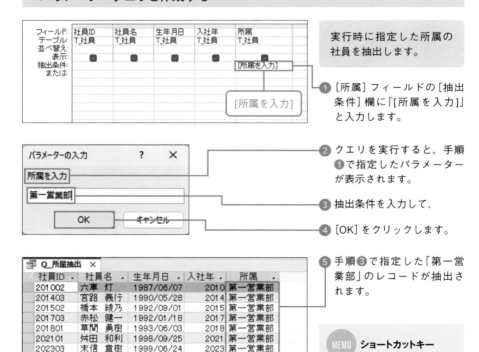

実行時に指定した所属の社員を抽出します。

1 [所属] フィールドの [抽出条件] 欄に「[所属を入力]」と入力します。

2 クエリを実行すると、手順1で指定したパラメーターが表示されます。

3 抽出条件を入力して、

4 [OK] をクリックします。

5 手順3で指定した「第一営業部」のレコードが抽出されます。

手順3で入力した条件で抽出された

MEMO ショートカットキー

データシートビューで Shift + F9 キーを押すと、手順2の画面が再表示され、別の条件で抽出を実行できます。

MEMO フィールド名そのものは使えない

パラメータークエリのメッセージとして、フィールド名だけを単体で指定することはできません。例えば手順1で「[所属]」とだけ入力しても、パラメータークエリになりません。

パラメータークエリで条件が指定されない場合は全レコードを表示する

前ページで作成したパラメータークエリでは、[パラメーターの入力] ダイアログボックスで何も入力せずに [OK] をクリックした場合に空のデータシートが表示されます。ここでは、そのようなときに全レコードが表示されるように改良します。

□ パラメータークエリを改良する

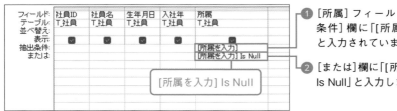

① [所属] フィールドの [抽出条件] 欄に「[所属を入力]」と入力されています。

② [または]欄に「[所属を入力] Is Null」と入力します。

③ クエリを実行し、抽出条件を入力せずに、

④ [OK] をクリックします。

⑤ 全レコードが表示されます。

⑥ 手順④で条件を入力した場合は、条件に合うレコードが抽出されます。

— COLUMN —

部分一致のパラメータークエリ

パラメータークエリでは、ワイルドカードを使用した部分一致の条件の抽出も行えます。右図の設定の場合、抽出条件を「営業」と入力すると「*営業*」の条件となり、「第一営業部」「第二営業部」「営業企画部」が抽出されます。この場合、条件を入力せずに [OK] をクリックすると条件は「**」となり、自動で全レコードが表示されます。

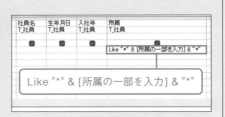

パラメータークエリの条件の
データ型や入力順を指定する

パラメータークエリの実行時に入力する条件のデータ型をあらかじめ設定しておくと、誤ったデータ型のデータが入力されたときに入力をやり直せるので便利です。データ型を限定するには [クエリパラメーター] ダイアログボックスを使用します。このダイアログボックスでは、抽出条件の入力の順番を指定することもできます。

□ 抽出条件のデータ型と入力順を設定する

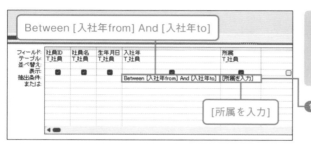

抽出条件として所属と入社年の範囲を順番に指定して、抽出できるようにします。

❶ [入社年] と [所属] の [抽出条件] 欄にそれぞれ抽出条件を設定します。

❷ [クエリデザイン] タブの [クエリパラメーター] をクリックします。

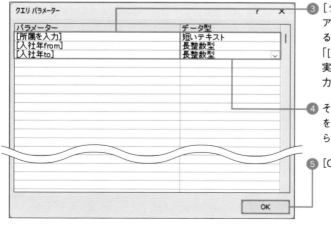

❸ [クエリパラメーター] ダイアログボックスが表示されるので、手順❶で入力した「[ ]」で囲んだメッセージを、実行時の入力順に上から入力し、

❹ それぞれの条件のデータ型をドロップダウンリストから選択します。

❺ [OK] をクリックします。

▫ パラメータークエリを実行する

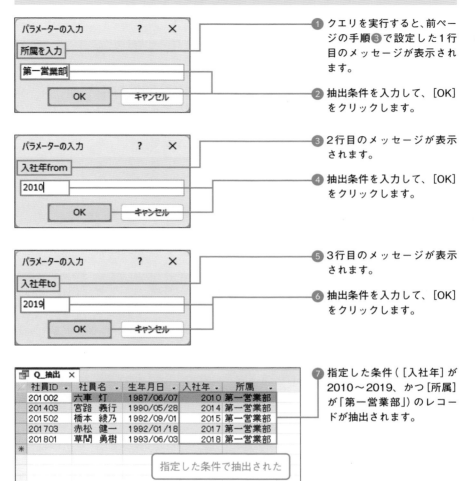

① クエリを実行すると、前ページの手順❸で設定した1行目のメッセージが表示されます。

② 抽出条件を入力して、[OK]をクリックします。

③ 2行目のメッセージが表示されます。

④ 抽出条件を入力して、[OK]をクリックします。

⑤ 3行目のメッセージが表示されます。

⑥ 抽出条件を入力して、[OK]をクリックします。

⑦ 指定した条件([入社年]が2010〜2019、かつ[所属]が「第一営業部」)のレコードが抽出されます。

指定した条件で抽出された

COLUMN

データ型の入力間違いによるエラーを回避できる

パラメータークエリで間違ったデータ型の条件を入力すると、通常は抽出を行えません。しかし、あらかじめデータ型を指定しておくとエラーメッセージに続けて同じ[パラメーターの入力]ダイアログボックスが再表示され、入力をやり直すことができます。また、Yes／No型のフィールドでは通常は抽出条件を「-1」「0」と数値で指定する必要がありますが、データ型を指定しておけば「Yes」「No」などのわかりやすい入力で抽出を実行できます。なお、クロス集計クエリを基にパラメータークエリを作成する場合は、データ型を指定しないと動作しないので注意してください。

カンマ区切りで複数の条件を入力できるようにする

パラメータークエリで同じフィールドに複数のOr条件を設定したいことがあります。条件の数が決まっている場合は、条件の数だけ［または］行以降の行にパラメーターの設定をすれば簡単です。しかし、条件の数を実行の都度変えたい場合は、その方法ではうまくいきません。ここでは、［パラメーターの入力］ダイアログボックスに複数の条件をカンマで区切ってまとめて入力できるように設定します。

□ パラメータークエリで複数の条件を入力できるようにする

式1: InStr("," & [所属をカンマ区切りで入力] & ",",","& [所属] & ",")

複数の抽出条件をカンマで区切って指定できるようにします。

① クエリのデザインビューで新しい［フィールド］欄に図の式を入力します。

② 確認のためクエリを実行し、複数の条件を「,」で区切って入力して、

③ ［OK］をクリックします。

④ 指定した条件（「システム部」または「総務部」または「企画部」）に当てはまるレコードに「1」以上の数値が表示されます。

⑤ 指定した条件に当てはまらないレコードには「0」が表示されます。

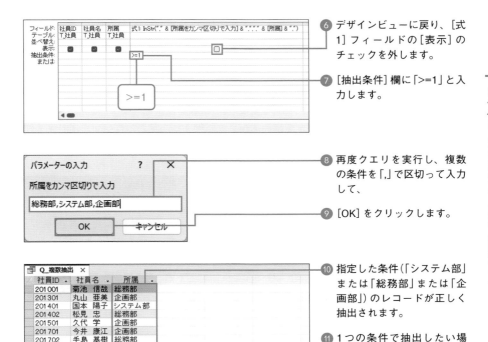

⑥ デザインビューに戻り、[式1] フィールドの [表示] のチェックを外します。

⑦ [抽出条件] 欄に「>=1」と入力します。

⑧ 再度クエリを実行し、複数の条件を「,」で区切って入力して、

⑨ [OK] をクリックします。

⑩ 指定した条件 (「システム部」または「総務部」または「企画部」) のレコードが正しく抽出されます。

⑪ 1つの条件で抽出したい場合は、手順⑧で「総務部」のように「,」を入れずに入力すれば抽出できます。

システム部、総務部、企画部の社員レコードが抽出された

COLUMN

前後に「,」を連結して検索する

InStr関数 (180ページ参照) を「InStr(文字列,検索文字列)」の書式で使用すると、[文字列] の中の [検索文字列] の位置 (何文字目に見つかったか) が求められます。ここでは [文字列] と [検索文字列] それぞれの前後に「,」を追加しました。

InStr(　"," & [所属をカンマ区切りで入力] & ","　,　"," & [所属] & ","　)
　　　　‾‾‾‾‾‾‾‾‾‾‾‾‾‾‾‾‾‾‾‾‾‾‾‾‾‾‾‾　　‾‾‾‾‾‾‾‾‾‾‾‾‾‾
　　　　　　　　[文字列]　　　　　　　　　　　　　[検索文字列]

手順⑧の条件の場合、InStr関数の第1引数 [文字列] は「,システム部,総務部,企画部,」となります。第2引数 [検索文字列] はレコードごとに切り替わります。1件目のレコードの [検索文字列] は「,総務部,」となり、「,システム部,総務部,企画部,」の7文字目にあたるので、手順④の [式1] フィールドに「7」が表示されます。InStr関数は、[検索文字列] が見つからなかった場合に「0」を返します。
なお、前後に「,」を追加せずに「InStr([所属をカンマ区切りで入力],[所属])」と指定すると、例えば条件を「営業企画部」と入力したときに、「営業企画部」のほかに「企画部」もヒットしてしまい、正しく検索できません。

グループごとに集計する

「商品ごとに売上を集計したい」「顧客ごとに取引回数を集計したい」といったときは、選択クエリにグループ集計の設定を組み込みます。例えば商品ごとに売上を集計するには、商品をグループ化して売上金額を合計します。

□ グループ集計の基になる選択クエリを作成する

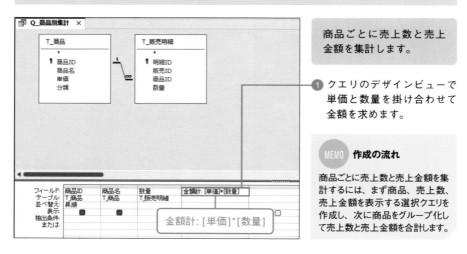

商品ごとに売上数と売上金額を集計します。

① クエリのデザインビューで単価と数量を掛け合わせて金額を求めます。

MEMO 作成の流れ

商品ごとに売上数と売上金額を集計するには、まず商品、売上数、売上金額を表示する選択クエリを作成し、次に商品をグループ化して売上数と売上金額を合計します。

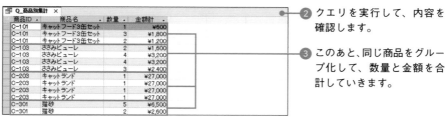

② クエリを実行して、内容を確認します。

③ このあと、同じ商品をグループ化して、数量と金額を合計していきます。

□ 商品ごとに売上数と売上金額を合計する

① デザインビューに戻り、

② [クエリデザイン]タブの[集計]をクリックします。

③ [集計] 行が追加され、初期値として [グループ化] と表示されます。

④ [数量] と [金額] それぞれの [集計] の一覧から [合計] を選択します。

⑤ [数量] フィールドに「数量計」というフィールド名を設定します。

数量計: 数量

MEMO　フィールド名の設定

[数量] フィールドにフィールド名を設定しない場合、「数量の合計」というフィールド名が自動で設定されます。

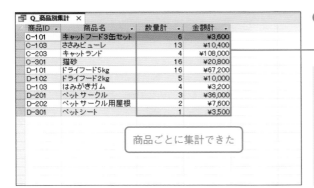

商品ごとに集計できた

⑥ クエリを実行すると、商品ごとに数量と金額が合計されます。

MEMO　Sum関数の自動設定

クエリを保存して開き直すと、演算フィールドである [金額計] の [フィールド] 欄は「金額計: Sum([単価]*[数量]) 」に、[集計] 欄は [演算] に自動で書き換わります。

COLUMN

主な集計方法と関数

[集計] 欄で設定できる主な集計方法は、右表のとおりです。実際に集計する際に、クエリの内部で関数が使用されます。

集計方法	求められる内容	関数
合計	フィールドの値の合計	Sum
平均	フィールドの値の平均	Avg
最小	フィールドの値の最小値	Min
最大	フィールドの値の最大値	Max
カウント	Null 値を除くフィールドの値の数	Count
先頭	先頭レコードのフィールドの値	First
最後	最後のレコードのフィールドの値	Last

条件に合うレコードを集計する

特定の条件に合致するレコードだけを集計するには、集計クエリで「Where条件」を指定します。Where条件を設定したフィールドは条件設定専用のフィールドとなり、データシートビューには表示されません。

□ 2024年1月以降の各顧客の取引回数を集計する

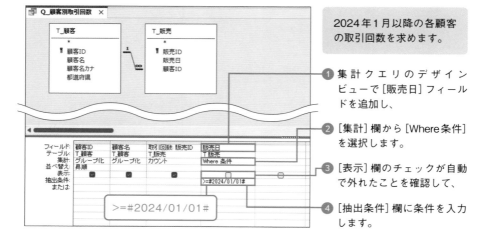

2024年1月以降の各顧客の取引回数を求めます。

❶ 集計クエリのデザインビューで[販売日]フィールドを追加し、

❷ [集計]欄から[Where条件]を選択します。

❸ [表示]欄のチェックが自動で外れたことを確認して、

❹ [抽出条件]欄に条件を入力します。

❺ クエリを実行します。

❻ 顧客ごとに2024年1月以降の取引回数が求められます。

取引回数を集計できた

--- COLUMN ---

集計結果を抽出するには

[グループ化]や[合計][カウント]などの集計方法を設定したフィールドに対して抽出条件を設定すると、集計結果のレコードを絞り込めます。例えば、手順❶の画面で[取引回数]フィールドの[抽出条件]欄に「>=4」と入力すると、2024年1月以降で取引回数が4回以上のレコードを抽出できます。

SECTION
062

同じクエリ内で集計結果を使用して計算する

集計クエリの中で集計結果をもとに演算フィールドを作成するには、[集計] 行で [演算] を指定します。ここでは販売IDごとに金額を集計し、集計結果の金額から消費税を求めます。なお、計算に使用するFix関数については168ページを参照してください。

□ 集計した金額ごとに消費税を求める

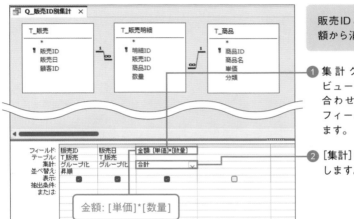

販売IDごとに集計した金額から消費税を求めます。

① 集計クエリのデザインビューで単価と数量を掛け合わせて金額を求めます。フィールド名は「金額」とします。

金額: [単価]*[数量]

② [集計] 欄から [合計] を選択します。

③ [金額] フィールドに消費税率を掛け、Fix関数で端数を処理します。

消費税: Fix([金額]*0.1)

④ [集計] 欄から [演算] を選択します。

⑤ クエリを実行します。

⑥ 販売IDごとの金額の消費税が求められます。

消費税を計算できた

年単位や月単位で売上金額を集計する

月単位で集計するには、まずFormat関数を使用して日付データから「年月」を取り出します。取り出した「年月」をグループ化すると、同じ年月の日付が同じグループにまとめられます。Format関数で取り出す単位を変えれば、年単位や四半期単位など、さまざまな単位で集計できます。

□ 月単位で売上金額を集計する

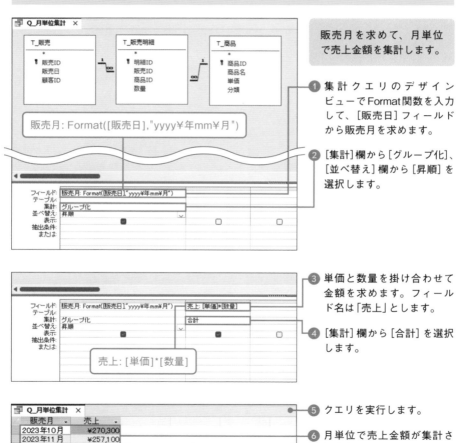

販売月を求めて、月単位で売上金額を集計します。

❶ 集計クエリのデザインビューでFormat関数を入力して、[販売日]フィールドから販売月を求めます。

❷ [集計]欄から[グループ化]、[並べ替え]欄から[昇順]を選択します。

❸ 単価と数量を掛け合わせて金額を求めます。フィールド名は「売上」とします。

❹ [集計]欄から[合計]を選択します。

❺ クエリを実行します。

❻ 月単位で売上金額が集計されます。

売上: [単価]*[数量]

月単位で集計できた

販売月	売上
2023年10月	¥270,300
2023年11月	¥257,100
2023年12月	¥387,300
2024年01月	¥340,600
2024年02月	¥358,800
2024年03月	¥270,400

COLUMN

Format関数

Format関数は、書式を適用してデータの見た目を変える関数です。[書式] は書式指定文字（400 ページの付録参照）を使用して指定します。

書式	Format(データ , [書式])
説明	[データ] に [書式] を設定して返します。戻り値は文字列です。

COLUMN

年単位や四半期単位で集計する

関数を使用して日付を加工することで、さまざまな単位での集計が可能になります。複数年に渡るレコードを月単位や四半期単位で集計する場合、このSECTIONでやったように日付から「年」も一緒に取り出さないと、異なる年の同じ月や同じ四半期が１つのグループにまとめられてしまうので注意してください。また、Format関数の戻り値は文字列ですが、月を１桁で表示した場合、文字列の並べ替えでは同じ年の「2023年1月」より「2023年10月」が先に表示されてしまうので、必ず月を2桁で表示するようにしましょう。

式	「2024/01/07」の表示例
Format([販売日],"yyyy¥ 年 ")	2024 年
Format(DateAdd("m",-3,[販売日]),"yyyy"" 年度 """)	2023 年度
Format([販売日],"yyyy"" 年第 ""q"" 四半期 """)	2024 年第 1 四半期
Format(DateAdd("m",-3,[販売日]),"yyyy"" 年度第 ""q"" 四半期 """)	2023 年度第 4 四半期

COLUMN

総計行を表示するには

テーブルやクエリのデータシートビューで、[ホーム] タブの [レコード] グループにある [集計]をクリックすると、データシートの下端に集計行が表示され、一覧から選ぶだけで総計を表示できます。

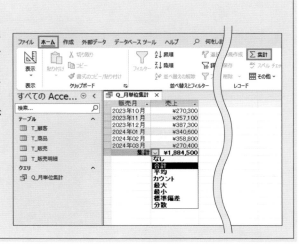

10歳刻みで年齢分布を求める

「20〜29歳は○人」「30〜39歳は○人」という具合に年齢を10歳刻みにして人数をカウントするには、準備としてPartition関数を使用して年齢を「20:29」「30:39」などの幅に分類します。これをグループ化して集計すれば、年齢分布が求められます。なお、生年月日から年齢を求める方法は、175ページを参照してください。

□ 年齢を10歳間隔で分類する

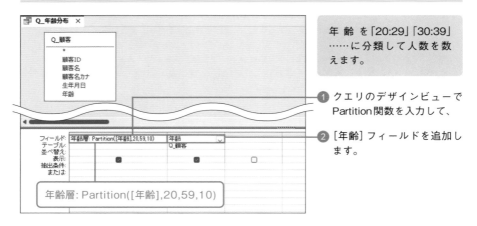

年齢を「20:29」「30:39」……に分類して人数を数えます。

① クエリのデザインビューでPartition関数を入力して、

② [年齢] フィールドを追加します。

年齢層: Partition([年齢],20,59,10)

③ クエリを実行します。

④ 33歳は「30:39」、50歳は「50:59」のように表示されます。

⑤ 60歳以上は「60:」と表示されます。

□ 年齢層をグループ化して人数を求める

① デザインビューに戻り、

② [クエリデザイン] タブの [集計] をクリックします。

③ 「年齢」の前に「人数:」を追加します。

④ [集計] 欄で [カウント] を選択します。

⑤ クエリを実行します。

⑥ 10歳ごとの人数が求められます。

年齢分布が求められた

COLUMN

Partition関数

Partition関数は、数値の区分を返す関数です。例えば20～59までを10ずつ区切る場合、第2引数[範囲の先頭]に「20」、第3引数[範囲の最後]に「59」、第4引数[区分のサイズ]に「10」を指定します。戻り値は「20:29」「30:39」……形式の文字列です。指定の範囲より小さい、または大きい場合の戻り値は「 :19」「60: 」になります。

書式	Partition(数値 , 範囲の先頭 , 範囲の最後 , 区分のサイズ)
説明	[範囲の先頭] から [範囲の最後] までを [区分のサイズ] に区切った中で、[数値] がどの区分に含まれるかを返します。

COLUMN

「20～29」形式で表示するには

年齢層を「20～29」「30～39」の形式で表示するには、文字列を置換するReplace関数（179ページ参照）を使用して、「:」を「～」で置換します。

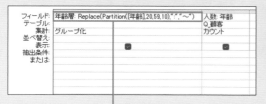

年齢層: Replace(Partition([年齢],20,59,10),":"," ～ ")

受注案件単位で消費税率ごとに消費税を計算する

インボイス制度では、1つの請求書につき端数処理は消費税率ごとに1回と決められています。つまり、消費税率ごとに金額を合計してから消費税を計算し端数処理をすることが求められます。商品ごとに消費税を計算して端数処理してから合計する方法は認められません。ここではインボイス制度のルールにしたがい、消費税と請求額を計算します。

□ テーブルを確認する

T_受注明細					
明細ID	受注ID	内容	軽減税率	金額	クリックして追加
1	1001	オードブルセット	☑	¥79,880	
2	1001	デザートセット	☑	¥15,000	
3	1001	ジュース	☑	¥699	
4	1001	ビール	☐	¥19,377	
5	1001	ワイン	☐	¥20,000	
6	1002	弁当30個	☑	¥45,000	
7	1002	お茶30本	☑	¥3,000	
8	1003	弁当10個	☑	¥20,000	
9	1003	茶10本	☑	¥3,000	
10	1003	酒	☐	¥10,000	
11	1004	ケータリング	☐	¥100,000	
12	1004	ビール	☐	¥20,000	
13	1004	ワイン	☐	¥30,000	
14	1005	オードブルセット	☐	¥65,999	
15	1005	ジュース	☑	¥5,000	

❶ インボイス制度では、同じ[受注ID]のなかで8%対象（軽減税率）の金額と10%対象の金額を別々に合計して消費税を計算し、それぞれ端数処理してから合計を求める決まりです。

□ 消費税率ごとに金額を振り分ける

軽減税率対象: IIf([軽減税率],[金額],0)

標準税率対象: IIf([軽減税率],0,[金額])

❶ クエリのデザインビューで、IIf関数（160ページ参照）を入力して各レコードの金額を[軽減税率対象]と[標準税率対象]に振り分けます。

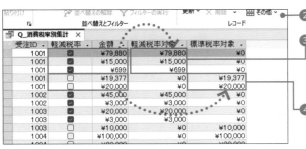

Q_消費税率別集計				
受注ID	軽減税率	金額	軽減税率対象	標準税率対象
1001	☑	¥79,880	¥79,880	¥0
1001	☑	¥15,000	¥15,000	¥0
1001	☑	¥699	¥699	¥0
1001	☐	¥19,377	¥0	¥19,377
1001	☐	¥20,000	¥0	¥20,000
1002	☑	¥45,000	¥45,000	¥0
1002	☑	¥3,000	¥3,000	¥0
1003	☑	¥20,000	¥20,000	¥0
1003	☑	¥3,000	¥3,000	¥0
1003	☐	¥10,000	¥0	¥10,000
1004	☐	¥100,000	¥0	¥100,000

❷ クエリを実行します。

❸ [軽減税率]にチェックが付いている金額は[軽減税率対象]フィールドに表示され、

❹ チェックが付いていない金額は[標準税率対象]フィールドに表示されます。

□ [受注ID]ごとに請求金額を計算する

❶ デザインビューに戻り、今後の計算に不要な[軽減税率][金額]フィールドを削除しておきます。

❷ [クエリデザイン]タブの[集計]をクリックします。

❸ [軽減税率対象][標準税率対象]の[集計]欄で[合計]を選択します。

軽減消費税: CCur(Fix([軽減税率対象]*0.08))

標準消費税: CCur(Fix([標準税率対象]*0.1))

請求額合計: [軽減税率対象]+[軽減消費税]+[標準税率対象]+[標準消費税]

❹ 消費税と請求金額を求める式を入力し、[集計]欄で[演算]を選択します。

MEMO CCur関数とFix関数

CCur関数（161ページ参照）は値を通貨型に変換する関数です。また、Fix関数（168ページ参照）は小数点以下を切り捨てる関数です。

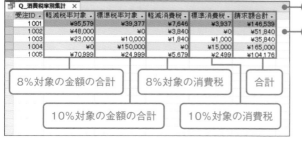

❺ クエリを実行します。

❻ [受注ID]単位で消費税率ごととの金額合計と消費税額、それらの合計が求められます。

受注ID	軽減税率対象	標準税率対象	軽減消費税	標準消費税	請求額合計
1001	¥95,579	¥39,377	¥7,646	¥3,937	¥146,539
1002	¥48,000	¥0	¥3,840	¥0	¥51,840
1003	¥23,000	¥10,000	¥1,840	¥1,000	¥35,840
1004	¥0	¥150,000	¥0	¥15,000	¥165,000
1005	¥70,999	¥24,999	¥5,679	¥2,499	¥104,176

8%対象の金額の合計

10%対象の金額の合計

8%対象の消費税

10%対象の消費税

合計

クロス集計クエリを作成する

2項目でグループ集計を行う場合は、クロス集計クエリに変換すると、見出しを縦と横に配置した見やすい集計表になります。各フィールドを集計表のどこに配置したいかを考えて、[行見出し][列見出し][値]を正しく割り当てることがポイントです。

□ クロス集計表の基になる集計クエリを作成する

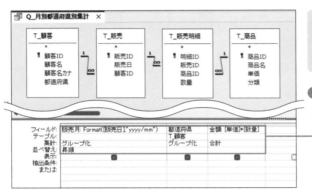

月を縦軸、都道府県を横軸にとり、売上金額をクロス集計します。

❶ クロス集計を行う準備として、クエリのデザインビューで月ごと、都道府県ごとに金額を合計する集計クエリを作成しておきます。

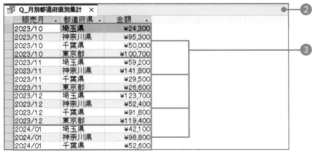

❷ クエリを実行して、内容を確認します。

❸ 月ごとに都道府県が繰り返し並んだ集計表が表示されます。このあと、都道府県を横軸に移動します。

□ 月を縦軸、都道府県を横軸に配置したクロス集計表に変える

❶ デザインビューに戻り、

❷ [クエリデザイン]タブの[クロス集計]をクリックします。

③ [行列の入れ替え] 行が追加されます。

④ [販売月] フィールドの [行列の入れ替え] から [行見出し] を選択します。

⑤ [都道府県] フィールドの [行列の入れ替え] から [列見出し] を選択し、

⑥ [金額] フィールドの [行列の入れ替え] から [値] を選択します。

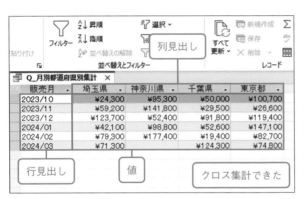

⑦ クエリを実行して、月が縦軸、都道府県が横軸に配置されたことを確認します。

販売月	埼玉県	神奈川県	千葉県	東京都
2023/10	¥24,300	¥95,300	¥50,000	¥100,700
2023/11	¥59,200	¥141,800	¥29,500	¥26,600
2023/12	¥123,700	¥52,400	¥91,800	¥119,400
2024/01	¥42,100	¥98,800	¥52,600	¥147,100
2024/02	¥79,300	¥177,400	¥19,400	¥82,700
2024/03	¥71,300		¥124,300	¥74,800

行見出し　値　クロス集計できた

MEMO 行列の入れ替え

クロス集計クエリでは、[行見出し]を1つ以上、[列見出し] [値] をそれぞれ1つずつ指定する必要があります。

COLUMN

列見出しの順序を変更する

デザインビューの上部のグレーの背景をクリックし、[クエリデザイン] タブの [プロパティシート] をクリックしてプロパティシートを表示し、[クエリ列見出し] プロパティに「"東京都","埼玉県","千葉県","神奈川県"」のように列見出しの文字列を表示したい順に半角の「,」で区切って入力すると、列の並び順を変更できます。

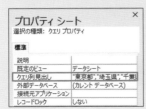

プロパティシート		
選択の種類: クエリ プロパティ		
標準		
説明		
既定のビュー	データシート	
クエリ列見出し	"東京都","埼玉県","千葉...	
外部データベース	(カレント データベース)	
接続元アプリケーション		
レコードロック	しない	

販売月	東京都	埼玉県	千葉県	神奈川県
2023/10	¥100,700	¥24,300	¥50,000	¥95,300
2023/11	¥26,600	¥59,200	¥29,500	¥141,800
2023/12	¥119,400	¥123,700	¥91,800	¥52,400
2024/01	¥147,100	¥42,100	¥52,600	¥98,800
2024/02	¥82,700	¥79,300	¥19,400	¥177,400
2024/03	¥74,800	¥71,300	¥124,300	

クロス集計クエリの空欄に「0」を表示する

クロス集計クエリでは、集計対象のデータがない項目は空欄になります。空欄に「0」を表示したい場合は、[値] フィールドの [書式] プロパティを設定します。ここでは前ページで作成したクロス集計クエリの空欄に「¥0」が表示されるようにします。

▫ クロス集計クエリの空欄に「0」を表示する

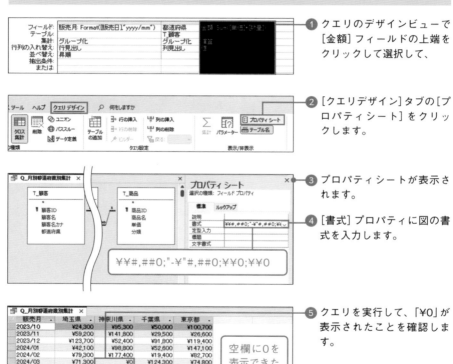

1 クエリのデザインビューで [金額] フィールドの上端をクリックして選択して、

2 [クエリデザイン] タブの [プロパティシート] をクリックします。

3 プロパティシートが表示されます。

4 [書式] プロパティに図の書式を入力します。

¥¥#,##0;"-¥"#,##0;¥¥0;¥¥0

5 クエリを実行して、「¥0」が表示されたことを確認します。

空欄に0を表示できた

COLUMN

[書式] プロパティの設定

[書式] プロパティは、「正数の書式;負数の書式;0の書式;Nullの書式」の形式で書式指定文字 (400ページの付録参照) を使用して指定します。「Nullの書式」に「¥¥0」を指定すると、データシートビューに「¥0」と表示できます。なお、通貨形式にする必要がない場合は、「0;-0;0;0」と指定してください。

クロス集計クエリに合計列を表示する

クロス集計クエリで合計列を追加するには、[値]を設定したフィールドをデザイング
リッドに追加して[行見出し]として設定します。データシートビューで合計列は先頭
に表示されるので、適宜ドラッグして移動してください。

□ クロス集計クエリに合計列を表示する

❶ クエリのデザインビューで
新しい[フィールド]欄に「合
計: [金額]」と入力し、

❷ [集計]欄で[合計]、[行列
の入れ替え]欄で[行見出し]
を選択します。

❸ クエリを実行します。

❹ 合計列の見出しの部分をク
リックします。

❺ 合計列が選択されたら、見
出しの部分を表の右端まで
ドラッグします。

❻ 合計列が表の右端に移動し
ます。

合計列が表示された

COLUMN

合計行の表示

合計行は、111ページのCOLUMNを参考に表示できます。合計列はクエリの正式なフィールドとな
りますが、合計行はデータシート上に一時的に表示されるもので正式なレコードとはなりません。

更新クエリを使用して条件に合致するデータを一括更新する

アクションクエリの1つである「更新クエリ」を使用すると、テーブルのデータを一括更新できます。レコードが大量にある場合でも一気に変更できるので便利です。ここでは条件に合致するレコードのデータを一括更新します。

□ 選択クエリを作成して更新値を確認する

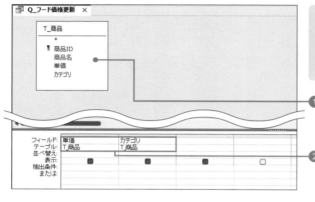

[T_商品]テーブルの[カテゴリ]の値が「フード」の商品について、[単価]を1割引きに更新します。

❶ 選択クエリを作成して、更新先の[T_顧客]テーブルを追加して、

❷ 更新対象の[単価]、抽出対象の[カテゴリ]フィールドを配置します。

式1: Fix([単価]*0.9)

❸ [カテゴリ]フィールドの[抽出条件]欄に「"フード"」と入力して、

❹ 新しい[フィールド]欄に[単価]を1割引きする式を入力します。

❺ クエリを実行して、[式1]フィールドに[単価]の1割引きの値が正しく表示されることを確認します。

--- COLUMN ---

計算結果の確認

間違った値で更新してしまうのを避けるために、事前に必ず計算結果をチェックします。正しく計算されることが確認できたら、クエリを更新クエリに変換します。

□ 選択クエリを更新クエリに変換して実行する

1 デザインビューに戻り、

2 [クエリデザイン]タブの[更新]をクリックします。

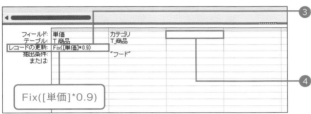

Fix([単価]*0.9)

3 [レコードの更新]行が表示されるので、[単価]フィールドを更新する式を入力します。

4 確認のための式は削除しておきます。

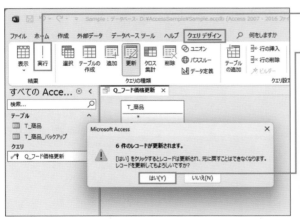

5 [クエリデザイン]タブの[実行]をクリックします。

6 メッセージを確認して[はい]をクリックします。

MEMO コピーしておく

更新クエリを実行するときは、万が一のトラブルに備えてあらかじめ実行対象のテーブルを別名でコピーしておきましょう。

商品ID	商品名	単価	カテゴリ	クリックして追加
C-101	キャットフード3缶セット	¥540	フード	
C-102	キャットフード12缶セット	¥1,980	フード	
C-103	ささみピューレ	¥720	フード	
C-201	キャットケージ	¥18,000	ケージ	
C-202	キャットタワー	¥12,800	ケージ	
C-203	キャットランド	¥27,000	ケージ	
C-301	猫砂	¥1,300	衛生	
D-101	ドライフード5kg	¥3,780	フード	
D-102	ドライフード2kg	¥1,800	フード	
D-103	はみがきガム	¥720	フード	
D-201	ペットサークル	¥12,000	ケージ	
D-202	ペットサークル用屋根	¥3,800	ケージ	
D-301	ペットシート	¥3,500	衛生	

「フード」の単価が更新された

7 テーブルを開いて、「フード」の単価が更新されたことを確認します。

MEMO 誤実行に注意

ナビゲーションウィンドウで更新クエリをダブルクリックすると、更新が実行されます。誤実行を避けるために、使い終わった更新クエリは削除するとよいでしょう。

別テーブルと照らし合わせてデータを一括更新する

フィールドの値を、別のテーブルに入力したデータで書き換えたいことがあります。そのようなときは、更新クエリに2つのテーブルを追加して結合し、[レコードの更新] 欄に別テーブルのフィールド名を「[ ]」で囲んで指定します。

□ 2つのテーブルを確認する

[T_社員] テーブルの [部署ID] の値を、[T_異動社員] テーブルの [新部署ID] で書き換えます。

1 更新先となる [T_社員] テーブルを確認しておきます。

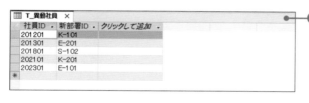

2 [T_異動社員] テーブルには、異動する社員の [社員ID] と [新部署ID] が入力されています。

□ 更新クエリを作成する

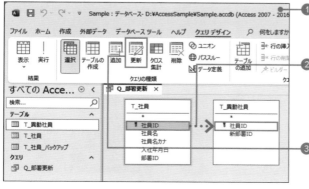

1 クエリに [T_社員] テーブルと [T_異動社員] テーブルを追加します。

2 [T_社員] テーブルの [社員ID] フィールドを [T_異動社員] テーブルの [社員ID] フィールドまでドラッグして結合します。

3 [クエリデザイン] タブの [更新] をクリックします。

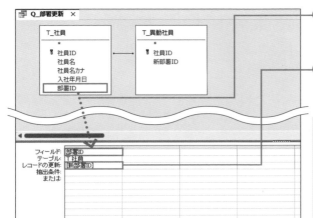

④ 更新される側の[T_社員]テーブルの[部署ID]フィールドを追加して、

⑤ [レコードの更新]欄に更新値となる「[新部署ID]」を入力します。

⑥ [クエリデザイン]タブの[実行]をクリックし、表示されるメッセージ画面で[はい]をクリックします。

⑦ [T_社員]テーブルを開き、[部署ID]フィールドが[T_異動社員]テーブルにしたがって更新されたことを確認します。

[部署ID]が更新された

COLUMN

一括して同じデータを入力/削除するには

[レコードの更新]欄に数値や「"」で囲んだ文字列、「#」で囲んだ日付などのリテラル値を入力すると、テーブルのフィールドに同じデータを一括入力できます。また、[レコードの更新]欄に「Null」と入力すると、フィールドのデータを一括削除できます。

指定した条件に合致する
レコードを一括削除する

「削除クエリ」は、条件に合致したレコードをテーブルから一括削除するアクションクエリです。テーブルから不要なレコードを削除したいときに利用します。アクションクエリの実行は [元に戻す] ボタンで戻らないので、慎重に操作しましょう。

□ 削除するレコードを確認する

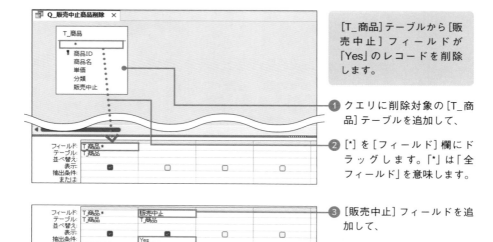

[T_商品]テーブルから[販売中止] フィールドが「Yes」のレコードを削除します。

1 クエリに削除対象の[T_商品] テーブルを追加して、

2 [*] を [フィールド] 欄にドラッグします。「*」は「全フィールド」を意味します。

3 [販売中止] フィールドを追加して、

4 [抽出条件] 欄に「Yes」と入力します。

5 クエリを実行して、削除するレコードが抽出されていることを確認します。

--- COLUMN ---

正しく抽出されることを確認する

誤って必要なデータを削除してしまわないように、事前に必ず目的のレコードが正しく抽出されることを確認します。正しく抽出された場合は、クエリを削除クエリに変換します。なお、削除クエリを実行する前に、万が一のトラブルに備えてテーブルをコピーしておきましょう。

□ 選択クエリを削除クエリに変換して実行する

① デザインビューに戻り、

② [クエリデザイン]タブの[削除]をクリックします。

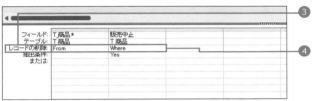

③ [レコードの削除]行が表示され、

④ [*] フィールドに[From]、抽出条件を設定した[販売中止]フィールドに[Where]が設定されます。

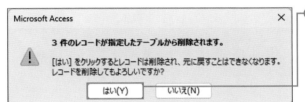

⑤ [クエリデザイン]タブの[実行]をクリックし、メッセージを確認して[はい]をクリックします。

⑥ [T_商品]テーブルを開いて、[販売中止]フィールドが「Yes」のレコードが削除されていることを確認します。

販売中止商品が削除された

COLUMN

ナビゲーションウィンドウとクエリ

ナビゲーションウィンドウのクエリのアイコンは、クエリの種類を表します。アクションクエリ（テーブル作成クエリ、更新クエリ、削除クエリ、追加クエリ）は、アイコンをダブルクリックするとテーブルのデータが変更される可能性があるので、慎重に扱いましょう。

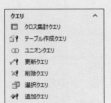

指定した条件に合致する
レコードを別テーブルに追加する

「追加クエリ」は、テーブルやクエリのレコードを別テーブルに追加するアクションクエリです。抽出条件を設定して、条件に合致するレコードだけを追加することも可能です。追加元と追加先でデータ型を揃えることが、正しく追加するポイントです。

2つのテーブルを確認する

[T_受験者] テーブルの [社員ID] フィールドにデータが入力されているレコードを [T_社員] テーブルに追加します。

① 追加先となる [T_社員] テーブルを確認しておきます。

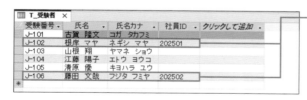

② [T_受験者] テーブルの [社員ID] フィールドにデータが入力されているレコードが、追加するレコードです。

追加クエリを作成する

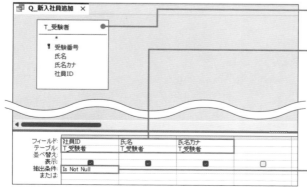

① クエリに [T_受験者] テーブルを追加して、

② [T_社員] テーブルに追加するフィールド（ここでは [社員ID] [氏名] [氏名カナ]）を追加します。

③ [社員ID] フィールドに抽出条件となる「Is Not Null」を入力します。

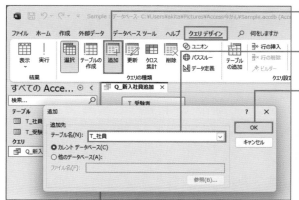

④ ［クエリデザイン］タブの［追加］をクリックして、

⑤ 追加先のテーブル（ここでは［T_社員］）を選択して、

⑥ ［OK］をクリックします。

> **MEMO テーブルの変更**
>
> 追加先のテーブルは、クエリのプロパティシートの［追加新規テーブル］プロパティで変更できます。

⑦ ［レコードの追加］行が表示されるので、各フィールドを［T_社員］テーブルのどのフィールドに追加するのかを指定します。

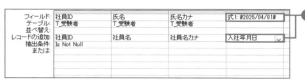

⑧ 新しい［フィールド］欄に「#2025/04/01＃」と入力し、［レコードの追加］欄から［入社年月日］を指定します。

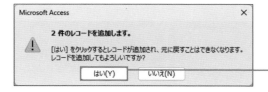

⑨ ［クエリデザイン］タブの［実行］をクリックし、メッセージを確認して［はい］をクリックします。

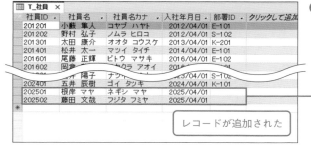

⑩ ［T_社員］テーブルを開いてレコードが追加されたことを確認します。

> レコードが追加された

コード番号に対応するデータを見ながら
多側テーブルにレコードを入力する

一対多のリレーションシップで結ばれた2つのテーブルのうち、多側テーブルにデータを入力するときは、「オートルックアップクエリ」を使用すると一側テーブルのデータを確認しながらわかりやすく入力できます。一側テーブルは参照用、多側テーブルは入力先であることを意識しながら作成してください。

□ オートルックアップクエリを作成する

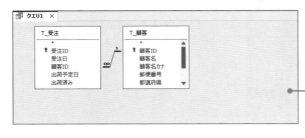

[T_受注]テーブルにデータを入力するクエリを作成します。

❶ 新規クエリを作成し、[T_受注][T_顧客]の2つのテーブルを追加します。

❷ [T_受注]のフィールドリストのタイトルバーをダブルクリックします。

❸ 全フィールドが選択されるので、[フィールド]欄までドラッグします。

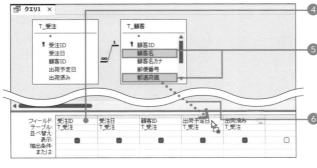

❹ [T_受注]の全フィールドが追加されます。

❺ [顧客名]をクリックし、Ctrl キーを押しながら[都道府県]をクリックして2つ同時に選択します。

❻ [出荷予定日]の[フィールド]欄までドラッグします。

⑦ [出荷予定日] の左に [顧客名] と [都道府県] が挿入されます。

⑧ [受注ID] の [並べ替え] 欄で [昇順] を選択します。

第 2 章　クエリによるデータ抽出と集計のテクニック

<COLUMN>
— COLUMN —

[顧客ID] は [T_受注] から追加する

[顧客ID] フィールドは両方のテーブルにありますが、必ず [T_受注] テーブルから追加します。オートルックアップクエリは、一対多のリレーションシップの多側テーブル (ここでは [T_受注]) にレコードを入力するクエリです。そのため、[顧客ID] フィールドは [T_受注] テーブルから追加する必要があるのです。
</COLUMN>

□ オートルックアップクエリにデータを入力する

① クエリを「Q_受注入力」の名前で保存しておきます。

② [クエリデザイン] タブの [実行] をクリックします。

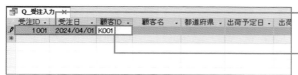

③ [受注ID] と [受注日] を入力します。

④ [顧客ID] を入力して Enter キーを押すと、

顧客名と都道府県を自動表示できた

⑤ 入力した [顧客ID] に対応する [顧客名] と [都道府県] が [T_顧客] テーブルから自動表示されます。

— COLUMN —

参照用のデータは編集しない

オートルックアップクエリでは、一側テーブルから配置したフィールドは参照用です。参照用のデータを変更すると、一側テーブルが書き換わってしまうので注意してください。オートルックアップクエリを基にフォームを作成し、216ページを参考に参照用のフィールドを編集できないように設定すると、誤操作を防げます。

テーブルの複数のフィールドを
別テーブルの同じフィールドと結合する

テーブルの複数のフィールドを別テーブルの同じフィールドに結合したいことがあります。このようなときに、2つのテーブル間に複数の結合線を引いてもうまくいきません。クエリに別テーブルを複数追加し、それぞれのテーブルと結合しましょう。

□ 別テーブルを複数追加して結合する

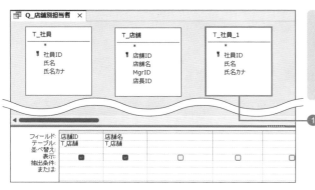

[T_店舗]テーブルの[MgrID]と[店長ID]をもとに[T_社員]テーブルから[社員名]を取り出して表示します。

① クエリに[T_社員]テーブルを2つ追加すると、2つ目は「T_社員_1」という名前になります。

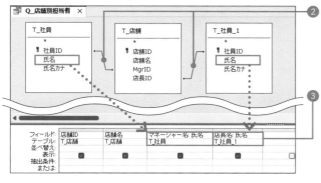

② [T_店舗]テーブルの[MgrID][店長ID]フィールドをそれぞれ別テーブルの[社員ID]フィールドと結合します。

③ [T_社員]と[T_社員_1]テーブルからそれぞれ[氏名]を配置し、フィールド名を「マネージャー名」「店長名」とします。

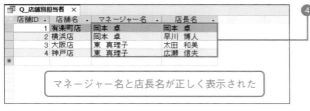

④ クエリを実行して、マネージャー名と店長名が[T_社員]テーブルから正しく取り出せたことを確認します。

マネージャー名と店長名が正しく表示された

2つのテーブルを比較して
注文実績のない顧客を抽出する

2つのテーブルの結合の種類を既定値の「内部結合」から「外部結合」に変更すると、2つのテーブルを比較して一方にしかないレコードを洗い出せます。ここでは[T_顧客]テーブルと[T_注文]テーブルを比較して、注文実績のない顧客を抽出します。なお、結合の種類の詳細は134ページを参照してください。

□ 2つのテーブルを確認する

[T_顧客]テーブルから、[T_注文]テーブルに登場しない顧客を抽出します。

① [T_顧客]テーブルにあって、

② [T_注文]テーブルに存在しない[顧客ID]を探していきます。

□ 基になる選択クエリを作成する

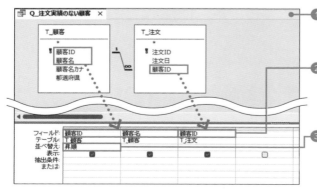

① クエリに[T_顧客]テーブルと[T_注文]テーブルを追加します。

② [T_顧客]から[顧客ID]と[顧客名]、[T_注文]から[顧客ID]フィールドを追加して、

③ [T_顧客]の[顧客ID]フィールドに[昇順]の並べ替えを設定します。

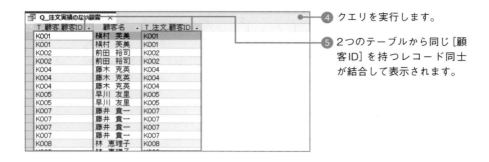

④ クエリを実行します。

⑤ 2つのテーブルから同じ [顧客ID] を持つレコード同士が結合して表示されます。

 内部結合

2つのテーブルを結合すると、既定では結合フィールド (ここでは [顧客ID]) の値が同じレコード同士が結合して、データシートビューには結合したレコードだけが表示されます。つまり、どちらか一方にしか存在しない [顧客ID] は表示されません。このような結合を「内部結合」と呼びます。

□ 結合の種類を外部結合に変える

① デザインビューに戻り、

② 結合線をダブルクリックします。

③ [結合プロパティ] ダイアログボックスが開きます。

④ [2: 'T_顧客'の全レコードと'T_注文'の同じ結合フィールドのレコードだけを含める。] を選択し、

⑤ [OK] をクリックします。

⑥ 結合線の [T_注文] テーブル側に矢印が表示されました。

132

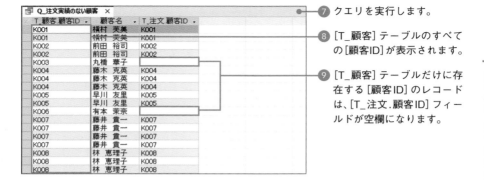

⑦ クエリを実行します。

⑧ [T_顧客] テーブルのすべての [顧客ID] が表示されます。

⑨ [T_顧客] テーブルだけに存在する [顧客ID] のレコードは、[T_注文.顧客ID] フィールドが空欄になります。

□ [T_顧客]テーブルにのみ存在するレコードを抽出する

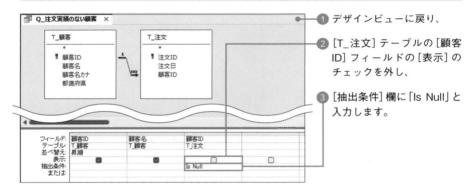

① デザインビューに戻り、

② [T_注文] テーブルの [顧客ID] フィールドの [表示] のチェックを外し、

③ [抽出条件] 欄に「Is Null」と入力します。

注文実績のない顧客が抽出された

④ クエリを実行すると、[T_顧客] テーブルだけに存在する [顧客ID] のレコードが抽出されます。

COLUMN

外部結合で一方にしかないレコードを抽出する

結合の種類を [2: 'T_顧客' の全レコードと'T_注文' の同じ結合フィールドのレコードだけを含める。] に変えると、データシートビューに[T_顧客]テーブルのすべての[顧客ID]が表示されます。[T_顧客] テーブルだけに存在する [顧客ID] のレコードは、[T_注文] テーブル側の [顧客ID] フィールドが空欄になります。したがって、空欄のレコードを抽出すれば、[T_顧客] テーブルにしか存在しないレコード、つまり、テーブルに顧客登録したものの注文実績がない顧客を抽出できます。このようにどちらか一方の全レコードを表示する結合を「外部結合」と呼びます。

内部結合・外部結合、結合の種類を理解する

結合の種類には、内部結合、左外部結合、右外部結合の3種類があります。前SECTIONで外部結合を利用したクエリの作成方法を紹介しましたが、このSECTIONでは内部結合と2種類の外部結合についてもう少し詳しく解説します。

□ 2つのテーブルを確認する

ここでは[T_役職]テーブルと[T_社員]テーブルを使用して、結合の種類を説明します。この2つのテーブルは、[役職ID]フィールドを結合フィールドとして、[リレーションシップ]ウィンドウで一対多のリレーションシップを設定しているものとします。

[T_役職]（一側）　　　　[T_社員]（多側）

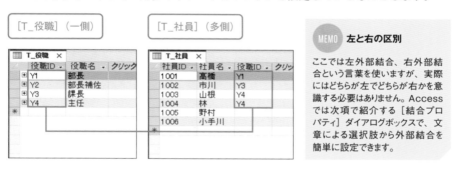

> **MEMO　左と右の区別**
>
> ここでは左外部結合、右外部結合という言葉を使いますが、実際にはどちらが左でどちらが右かを意識する必要はありません。Accessでは次項で紹介する[結合プロパティ]ダイアログボックスで、文章による選択肢から外部結合を簡単に設定できます。

□ 結合の種類の設定

クエリで結合の種類を変更するには、結合線をダブルクリックして[結合プロパティ]ダイアログボックスを表示します（操作の具体例は132ページ参照）。3つの選択肢がそれぞれ内部結合、左外部結合、右外部結合に対応します。初期設定は内部結合です。

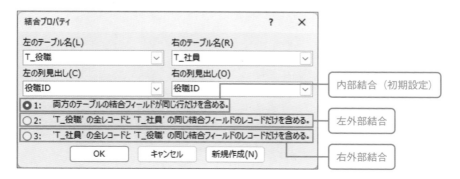

内部結合

内部結合では、結合フィールドである [役職ID] の値が一致するレコードだけが表示されます。社員の一覧リストを作成したいときに、役職のない社員が漏れてしまうので注意が必要です。

空席の役職や役職のない社員は表示されない

左外部結合

左外部結合は一側テーブルから多側テーブルに向かう矢印の結合線で結ばれます。一側テーブルの全レコードが表示されるので、空席の役職も表示されます。役職に就かない社員は表示されません。空席の役職の洗い出しに利用できます。

空席の役職も表示される

右外部結合

右外部結合は多側テーブルから一側テーブルに向かう矢印の結合線で結ばれます。多側テーブルの全レコードが表示されるので、役職に就かない社員も表示されます。空席の役職は表示されません。社員を一覧表示するクエリの作成に利用できます。

役職のない社員も表示される

SECTION 077 消費税率テーブルを参照して 販売日に対応する消費税を求める

消費税率の変遷をテーブルに保存して、販売日に応じてテーブルから消費税率を求める方法を紹介します。販売テーブルと消費税率テーブルを結合せずにクエリに追加する「クロス結合」を使い、日付の抽出条件を設定します。

▫ 消費税率テーブルを用意する

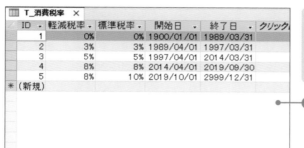

[T_販売] テーブルの [販売日] に対応する消費税率を [T_消費税率] テーブルから求めます。

❶ [T_消費税率] テーブルに各消費税率とその開始日、終了日を入力します。

MEMO　[T_消費税率] テーブルの内容

先頭レコードの開始日は、Accessで扱える古い日付を入力しておきます。最新レコードの終了日はとりあえず先の日付を入力しておき、今後新しい消費税率を入力するタイミングで修正します。なお、複数税率制度が開始される前の [軽減税率] フィールドには便宜的に [標準税率] と同じ値を入力しました。

▫ 販売日に対応する消費税率を求める

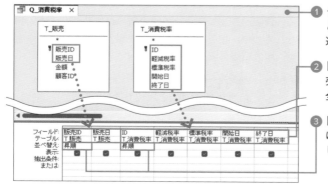

❶ クエリに [T_販売] テーブルと [T_消費税率] テーブルを追加して、

❷ [T_販売] から [販売ID] [販売日]、[T_消費税率] から全フィールドを追加し、

❸ [販売ID] と [ID] フィールドに [昇順] の並べ替えを設定します。

④ クエリを実行します。

⑤ 1件の[販売ID]に対し、5件の消費税率レコードが組み合わされて表示されます。

MEMO [T_販売] テーブル

[T_販売] テーブルには3件のレコードが入力されており、クエリには15件（3×5）のレコードが表示されます。

Between [開始日] And [終了日]

⑥ デザインビューに戻り、

⑦ [販売日] フィールドに抽出条件を設定します。

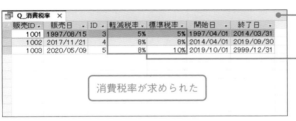

消費税率が求められた

⑧ クエリを実行します。

⑨ [販売日]に対応する消費税率が表示されます。

COLUMN

消費税率を求める考え方

クエリに2つのテーブルを結合せずに追加すると、2つのテーブルのすべてのレコードが組み合わされます。このような結合を「クロス結合」と呼びます。ここでは[T_販売]テーブルの1レコードに付き、[T_消費税率]テーブルの5レコードが組み合わされます。[販売日]が[開始日]以降[終了日]以前という条件を設定すると、[販売日]に対応するレコードを5レコードから1つに絞り込めます。

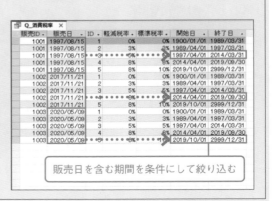

販売日を含む期間を条件にして絞り込む

SECTION 078

SQLステートメントの基本を理解する

「SQL（エスキューエル、Structured Query Language）」とは、リレーショナルデータベースを操作するための言語です。Accessの内部では、クエリはSQLステートメントで記述された命令文に置き換えられて実行されます。デザインビューでクエリを設計すると、その設計内容をもとに自動的にSQLステートメントが作成されて実行されるのです。ここでは自動作成されたSQLステートメントを確認する方法とその読み解き方を紹介します。

□ SQLビューでSQLステートメントを確認する

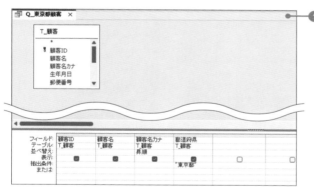

① ここでは、[T_顧客] テーブルから「東京都」の顧客レコードを抽出して [顧客名カナ] フィールドの昇順に並べ替える選択クエリのSQLステートメントを確認します。

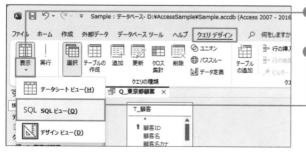

② [クエリデザイン] タブの [表示] の下側をクリックして、

③ [SQLビュー] をクリックします。

④ SQLビューに切り替わり、この選択クエリを定義するSQLステートメントが表示されます。

```
SELECT T_顧客.顧客ID, T_顧客.顧客名, T_顧客.顧客名カナ, T_顧客.都道府県
FROM T_顧客
WHERE (((T_顧客.都道府県)="東京都"))
ORDER BY T_顧客.顧客名カナ;
```

□ 自動作成されたSQLステートメントを読み解く

前ページのSQLビューに表示されたSQLステートメントは以下のとおりです。緑色の文字がSQLに定められた用語です。

```
SELECT T_顧客.顧客ID, T_顧客.顧客名, T_顧客.顧客名カナ, T_顧客.都道府県
FROM T_顧客
WHERE (((T_顧客.都道府県)="東京都"))
ORDER BY T_顧客.顧客名カナ;
```

自動作成されたSQLステートメントには、デザインビューでの設定が反映されています。「SELECT」の行がクエリに表示するフィールド、「FROM」の行が基になるテーブル、「WHERE」の行が抽出条件、「ORDER BY」の行が並べ替えの基準を表します。

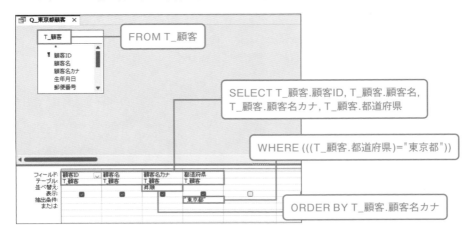

Accessが自動生成するSQLステートメントには、省略してもよい要素が含まれています。自分で一からSQLステートメントを記述する場合は、省略できる要素を省略したほうが簡単に入力できます。例えばクエリの基になるテーブルが1つの場合、フィールド名の前のテーブル名を省略できます。また、抽出条件に付くカッコも省略可能な場合が多いです。上記のSQLステートメントから省略可能な要素を削除すると、以下のようになります。

```
SELECT 顧客ID, 顧客名, 顧客名カナ, 都道府県
FROM T_顧客
WHERE 都道府県="東京都"
ORDER BY 顧客名カナ;
```

選択クエリの
SQLステートメントを記述する

Accessではほとんどのクエリをデザインビューで作成できますが、「ユニオンクエリ」
（144ページ参照）や「サブクエリ」（148ページ参照）はSQLを使用して自分で記述する
必要があります。ここではそれらのクエリをスムーズに記述できるように、基本となる
選択クエリのSQLステートメントを紹介します。

□ 選択クエリのSQLステートメント

　選択クエリのSQLステートメントは、SELECT文を使用して以下のように記述します。
「SELECT」から末尾の「;」（セミコロン）までが1つのSQLステートメントです。
「SELECT」「FROM」などの語はすべて半角で入力し、末尾に「;」を入れる決まりです。
大文字／小文字は区別しません。また、以下の構文では一句ごとに改行を入れています
が、改行せずに半角スペースで区切ってもかまいません。

> 構文　　SELECT フィールド名, フィールド名, ……
> FROM テーブル名
> WHERE 抽出条件
> ORDER BY 並べ替えるフィールド名 ASC/DESC;

　SQLステートメントは複数の句から構成されます。SELECT文で必須なのは
SELECT句とFROM句です。テーブルからフィールドを取り出すだけの単純な選択ク
エリであれば、以下のようにSELECT句とFROM句だけで記述できます。

> SELECT 顧客ID, 顧客名, 顧客名カナ, 都道府県 FROM T_顧客;

テーブルからフィールドを
取り出す

WHERE句とORDER BY句の記述は任意です。抽出条件を設定する場合はWHERE句、並べ替えを設定する場合はORDER BY句を追加します。例えば、SELECT文を以下のように記述すると、[都道府県]フィールドが「東京都」のレコードを抽出して[顧客名カナ]フィールドの昇順に並べ替えを行います。実行結果は、下図のデザインビューの結果と同じです。

なお、新規クエリのSQLビューにこのSELECT文を入力してビューを切り替えると、下図のデザインビューとは異なる表示になりますが、SQLビュー以外で保存して閉じ、デザインビューを開き直すと下図と同じ表示になります。

```
SELECT 顧客ID, 顧客名, 顧客名カナ, 都道府県
FROM T_顧客
WHERE 都道府県 = "東京都"
ORDER BY 顧客名カナ;
```

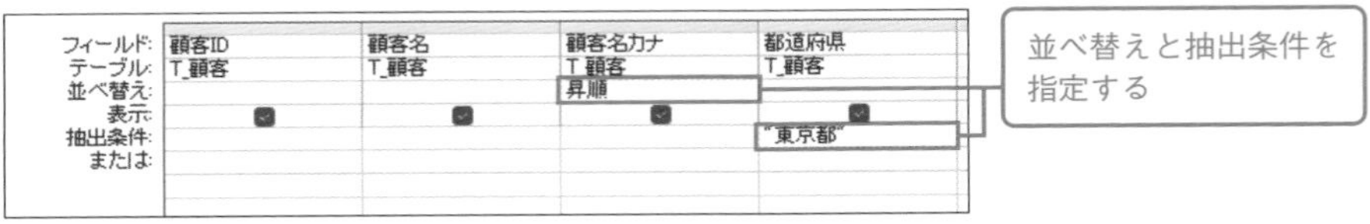

フィールド:	顧客ID	顧客名	顧客名カナ	都道府県
テーブル:	T_顧客	T_顧客	T_顧客	T_顧客
並べ替え:			昇順	
表示:	☑	☑	☑	☑
抽出条件:				"東京都"
または:				

並べ替えと抽出条件を
指定する

MEMO　**並べ替えの指定**

昇順の並べ替えは「ORDER BY フィールド名 ASC」(「ASC」は省略可)、降順の並べ替えは「ORDER BY フィールド名 DESC」と記述します。複数のフィールドで抽出する場合は、「ORDER BY フィールド名 ASC, フィールド名 DESC」のように優先順位の高い順に「,」(カンマ)で区切って列挙します。

□ GROUP BY句でフィールドをグループ化する

グループ集計を行う場合は、GROUP BY句を使用します。グループ化するフィールドをGROUP BY句で指定し、集計方法は107ページで紹介した関数で指定します。また、集計前に抽出する場合の条件(デザインビューでの[Where条件])はWHERE句で、集計結果を抽出する場合の条件はHAVING句で指定します。

構文	SELECT フィールド名, 関数(フィールド名) AS フィールド名
	FROM テーブル名
	WHERE 抽出条件
	GROUP BY グループ化するフィールド名
	HAVING 集計結果の抽出条件
	ORDER BY 並べ替えるフィールド名 ASC/DESC;

以下のように記述すると、[T_顧客]テーブルから[生年月日]が1980/1/1以降の顧客を抽出し、[都道府県]フィールドでグループ化して顧客の人数をカウントし、その人数が1より大きいレコードが降順で一覧表示されます。

```
SELECT 都道府県, Count(顧客ID) AS 顧客数
FROM T_顧客
WHERE 生年月日>=#1980/1/1#
GROUP BY 都道府県
HAVING Count(顧客ID)>1
ORDER BY Count(顧客ID) DESC;
```

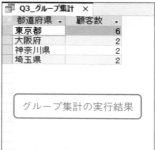

□ INNER JOIN句で複数のテーブルを結合する

　複数のテーブルを内部結合する場合はINNER JOIN句を使用して以下のように記述します。必要に応じてWHERE句やORDER BY句を追加してください。

```
構文    SELECT フィールド名, フィールド名, ……
        FROM テーブル名
        INNER JOIN テーブル名2
        ON テーブル名.結合フィールド名 = テーブル名2.結合フィールド名2;
```

　以下のSQLステートメントは、[T_顧客]テーブルと[T_受注]テーブルを[顧客ID]フィールドで内部結合し、[顧客名][顧客名カナ][受注日]フィールドを[顧客名カナ]の昇順、[受注日]の昇順で表示する選択クエリです。

```
SELECT T_顧客.顧客名, T_顧客.顧客名カナ, T_受注.受注日
FROM T_顧客 INNER JOIN T_受注 ON T_顧客.顧客ID = T_受注.顧客ID
ORDER BY T_顧客.顧客名カナ, T_受注.受注日;
```

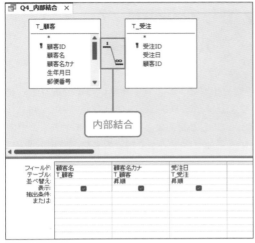

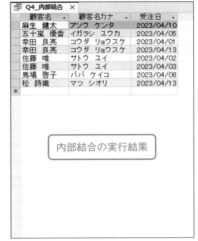

内部結合の実行結果

　SELECT句では、双方のテーブルに同じフィールド名がなければテーブル名を省略できます。双方に共通する名前のフィールド名には、必ずテーブル名を付けます。なお、「テーブル名 AS 別名」とするとテーブル名に別名を付けられます。「K」「J」などの簡単な別名を付けておくと、SQLステートメントの入力が楽になります。

```
SELECT K.顧客名, K.顧客名カナ, J.受注日
FROM T_顧客 AS K INNER JOIN T_受注 AS J ON K.顧客ID = J.顧客ID
ORDER BY K.顧客名カナ, J.受注日;
```

　ちなみに、「INNER JOIN」を「LEFT JOIN」に変えると左外部結合、「RIGHT JOIN」に変えると右外部結合になります。以下のSELECT文は左外部結合の選択クエリで、[T_顧客] テーブルの全レコードが表示されます。

```
SELECT T_顧客.顧客名, T_顧客.顧客名カナ, T_受注.受注日
FROM T_顧客 LEFT JOIN T_受注 ON T_顧客.顧客ID = T_受注.顧客ID
ORDER BY T_顧客.顧客名カナ, T_受注.受注日;
```

— COLUMN —

SQLの活用

本書では、368ページでアクションクエリのSQLをVBAのプログラムで自動実行する方法を紹介しています。SQLを使えば、データベース内に実際のクエリオブジェクトを保存しておかなくても、クエリを実行できるメリットがあります。

ユニオンクエリを使用して
複数のテーブルを縦に連結する

複数のテーブルから共通のフィールドを取り出して、レコードを縦につなげるクエリを「ユニオンクエリ」と呼びます。ユニオンクエリはデザインビューでは作成できないので、SQLを使用して作成します。ただし一からSQLで記述する必要はありません。2つの選択クエリのSQLステートメントを、コピーアンドペーストで組み合わせて作成します。

ユニオンクエリのSQLの構文

ユニオンクエリのSQLステートメントは、2つのSELECT文を「UNION」でつなげた形をしています。末尾に「UNION SELECT ……」を追加することで、3つ以上のテーブルをつなげることも可能です。「;」(セミコロン)は最後に1つだけ付けます。各SELECT句で指定するフィールドは、順序とデータ型を必ず一致させてください。

なお、結合するテーブル同士でフィールド名が異なる場合、1つ目のSELECT句のフィールド名が採用されます。また、別のフィールド名にしたい場合は、1つ目のSELECT句のフィールドの後ろに「AS 新フィールド名」を追加します。

構文　SELECT テーブル1.フィールド1, テーブル1.フィールド2 AS フィールド名, ……
　　　FROM テーブル1
　　　UNION
　　　SELECT テーブル2.フィールド1, テーブル2.フィールド2, ……
　　　FROM テーブル2;

結合するテーブルを確認する

❶ [T_得意先] テーブルの [得意先ID] [会社名] [電話番号] フィールドと、

❷ [T_仕入先] テーブルの [仕入先ID] [会社名] [電話番号] フィールドを結合していきます。

□ ユニオンクエリ作成のための準備をする

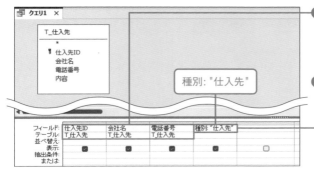

① 新規クエリに [T_仕入先] テーブルを追加して、[仕入先ID] [会社名] [電話番号] フィールドを追加し、

② [フィールド] 欄に「種別: "仕入先"」と入力して、[種別] フィールドを作成します。

SELECT T_仕入先.仕入先ID, T_仕入先.会社名, T_仕入先.電話番号, "仕入先" AS 種別
FROM T_仕入先;

③ SQLビューに切り替えます。このクエリは最終的に削除します。

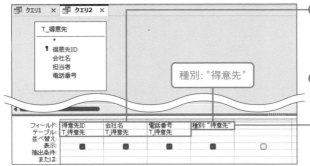

④ 新規クエリに [T_得意先] テーブルを追加して、[得意先ID] [会社名] [電話番号] フィールドを追加し、

⑤ [フィールド] 欄に「種別: "得意先"」と入力して、[種別] フィールドを作成します。

SELECT T_得意先.得意先ID, T_得意先.会社名, T_得意先.電話番号, "得意先" AS 種別
FROM T_得意先;

⑥ SQLビューに切り替えます。このクエリを基にユニオンクエリを作成していきます。

COLUMN

新規クエリのSQLビューから作成することもできる

ここでは2つの選択クエリを作成し、一方のSQLステートメントをコピーして、もう一方のSQLステートメントの末尾に貼り付けて手直しする方法でユニオンクエリを作成します。SQLステートメントを自分で組み立てられる場合は、新規クエリのSQLビューを表示し、手入力する方法でユニオンクエリを作成することも可能です。

□ ユニオンクエリを作成する

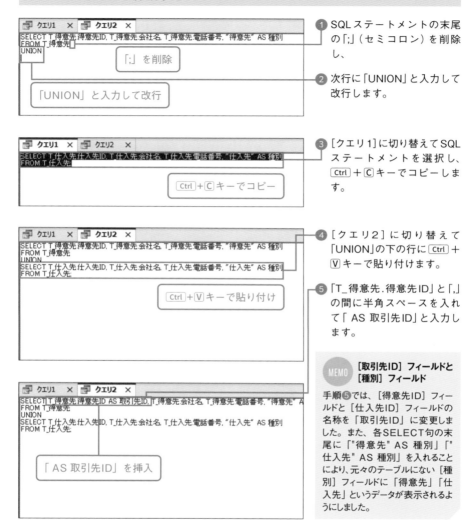

① SQLステートメントの末尾の「;」（セミコロン）を削除し、

② 次行に「UNION」と入力して改行します。

③ ［クエリ1］に切り替えてSQLステートメントを選択し、Ctrl + C キーでコピーします。

④ ［クエリ2］に切り替えて「UNION」の下の行に Ctrl + V キーで貼り付けます。

⑤ 「T_得意先.得意先ID」と「,」の間に半角スペースを入れて「 AS 取引先ID」と入力します。

MEMO **［取引先ID］フィールドと[種別]フィールド**

手順⑤では、［得意先ID］フィールドと［仕入先ID］フィールドの名称を「取引先ID」に変更しました。また、各SELECT句の末尾に「"得意先" AS 種別」「"仕入先" AS 種別」を入れることにより、元々のテーブルにない［種別］フィールドに「得意先」「仕入先」というデータが表示されるようにしました。

SELECT T_得意先.得意先ID AS 取引先ID, T_得意先.会社名, T_得意先.電話番号, "得意先" AS 種別
FROM T_得意先
UNION
SELECT T_仕入先.仕入先ID, T_仕入先.会社名, T_仕入先.電話番号, "仕入先" AS 種別
FROM T_仕入先;

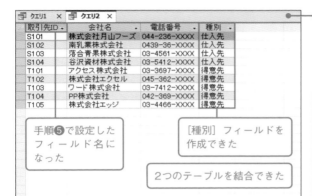

手順⑤で設定した
フィールド名に
なった

[種別] フィールドを
作成できた

2つのテーブルを結合できた

すべての Acce... ⊙ ＜

検索...

テーブル ∧
　▦ T_仕入先
　▦ T_得意先

クエリ ∧
　◫ Q_取引先一覧

⑥ クエリを実行して、[T_仕
入先] テーブルのレコード
と [T_得意先テーブル] のレ
コードが縦に並んで表示さ
れることを確認します。

MEMO　クエリの修正

SQLビューでユニオンクエリの
SQLステートメントを入力したあと
は、デザインビューに切り替えられ
なくなります。クエリの修正は
SQLビューで行います。

⑦ [クエリ2] に名前を付けて
保存します。

⑧ [クエリ1] は保存せずに閉
じます。

― COLUMN ―

並べ替えを設定するには

ユニオンクエリで並べ替えを設定するには、ORDER BY句を末尾に追加します。以下のクエリでは、
レコードが [種別] の降順、[取引先ID] の昇順に並びます。

```
SELECT T_得意先.得意先ID AS 取引先ID, ……, "得意先" AS 種別
FROM T_得意先
UNION
SELECT T_仕入先.仕入先ID, ……, "仕入先" AS 種別
FROM T_仕入先
ORDER BY 種別 DESC, 取引先ID;
```

― COLUMN ―

「UNION ALL」を使用すると重複レコードをまとめずに表示できる

ユニオンクエリで結合する2つのテーブルに同一のレコードが存在する場合、1レコードにまとめら
れます。まとめずに全レコードを表示するには「UNION」の代わりに「UNION ALL」を使用します。

サブクエリの基本を理解する

クエリの内部に別のクエリを入れ子のように埋め込んで、内部のクエリが返す結果を外側のクエリで利用することができます。内部のクエリを「サブクエリ」と呼びます。サブクエリはSQLステートメントを丸カッコで囲んで入力します。通常のSQLステートメントは末尾に「;」(セミコロン)を入れますが、サブクエリでは不要です。

□ メインとなるクエリを作成してサブクエリを埋め込む

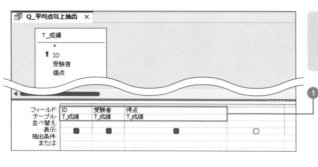

[得点] フィールドが平均点以上のレコードを抽出します。

① クエリのデザインビューで、[T_成績] テーブルから [ID] [受験者] [得点] を追加しておきます。

② [得点] フィールドの [抽出条件] 欄に「>=()」と入力し、「()」の中にSQLステートメントを入力します。

MEMO DAvg関数も使える

手順 ② の抽出条件は、「>=DAvg("得点","T_成績")」と記述しても同じデータを抽出できます。

>=(SELECT Avg(得点) FROM T_成績)

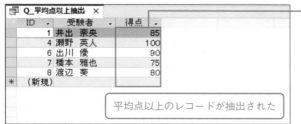

③ クエリを実行して、結果を確認します。

MEMO サブクエリの決まり

サブクエリを記述するときは、SQLステートメントをカッコで囲みます。末尾の「;」は不要です。

平均点以上のレコードが抽出された

— COLUMN —

サブクエリが「75」を表す

手順❷では、抽出条件として次の式を入力しました。

>=(SELECT Avg(得点) FROM T_成績)

カッコの中に入力したSQLステートメントは [T_成績] テーブルの [得点] フィールドの平均値を求めるクエリで、下図の集計クエリと同じ働きをします。このクエリの結果は「75」なので、設定した抽出条件は「>=75」と同じ意味になります。

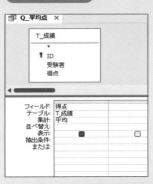

ここでは自分で組み立てたSQLステートメントを入力しましたが、上図のクエリを仮作成し、SQLビューでSQLステートメントの末尾の「;」を除いた部分をコピーして、「>=()」のカッコ内に貼り付けてもかまいません。自動作成されるSQLステートメントにはテーブル名や「AS 得点の平均」、改行など必ずしも必要でない要素が含まれますが、そのまま貼り付けても問題なく実行できます。

— COLUMN —

[フィールド] 欄でもサブクエリを使用できる

サブクエリは、[フィールド]欄でも使用できます。例えば、下図のように入力すると偏差（得点と平均点との差）を求められます。

偏差: [得点]-(SELECT Avg(得点) FROM T_成績)

基になるクエリをサブクエリに
置き換えてクエリの数を減らす

クエリを基にクエリを作成する場合、基になるクエリをサブクエリに置き換えることで、データベース内のクエリの数を減らせます。ほかで利用することがないクエリがむやみに増えていくことを防げます。

□ 考え方

　ここでは、下図の[Q_売上集計]クエリの基になる「Q」という名前のクエリを、サブクエリに置き換えます。サブクエリに置き換えると[Q_売上集計]クエリでは[Q]クエリを使用しなくなるので、データベースから[Q]クエリを削除できます。

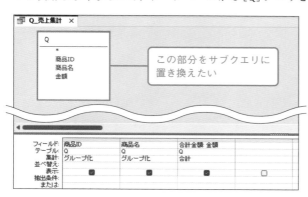

> **MEMO　簡単な名前を付ける**
>
> サブクエリに置き換えるクエリ（ここでは [Q] クエリ）は、あとで削除するので簡単な名前を付けておきます。名前が簡単だと、SQLステートメントが簡潔になります。

　サブクエリへの置き換えは機械的に行えます。[Q_売上集計]クエリのSQLステートメントのFROM句は、「FROM Q」となっています。この「Q」の文字を[Q]クエリのSQLステートメントで置き換えます。その際、サブクエリの後ろに「AS Q」を付けると、サブクエリの名称が「Q」となります。[Q_売上集計]クエリのSQLステートメントには「Q.商品ID」「Q.商品名」などの語句が含まれますが、サブクエリの名称を「Q」にすることで、それらの語句に含まれる「Q」をそのままにできます。

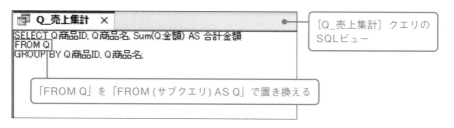

[Q_売上集計] クエリのSQLビュー

```
SELECT Q.商品ID, Q.商品名, Sum(Q.金額) AS 合計金額
FROM Q
GROUP BY Q.商品ID, Q.商品名;
```

「FROM Q」を「FROM（サブクエリ）AS Q」で置き換える

□ 2つのクエリのSQLビューを開く

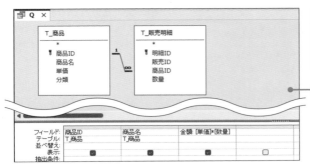

[Q_売上集計] クエリの基になる [Q] クエリをサブクエリに置き換えます。

❶ [Q] クエリのデザインビューを開き、

❷ SQLビューに切り替えます。このクエリは最終的に不要になります。

SELECT T_商品.商品ID, T_商品.商品名, [単価]*[数量] AS 金額
FROM T_商品 INNER JOIN T_販売明細 ON T_商品.商品ID = T_販売明細.商品ID;

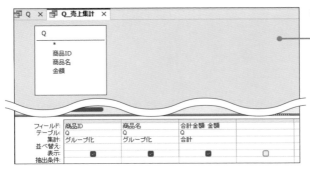

❸ [Q_売上集計] クエリのデザインビューを開き、

❹ SQLビューに切り替えます。

SELECT Q.商品ID, Q.商品名, Sum(Q.金額) AS 合計金額
FROM Q
GROUP BY Q.商品ID, Q.商品名;

□「Q」をサブクエリに置き換える

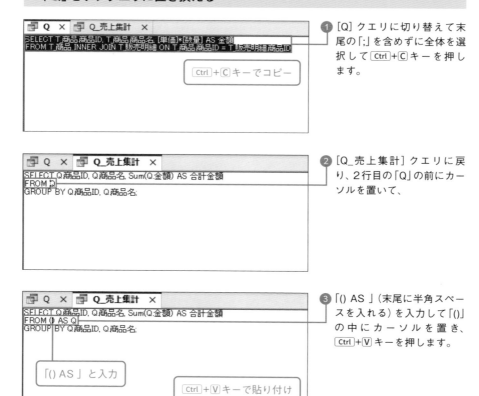

① [Q] クエリに切り替えて末尾の「;」を含めずに全体を選択して Ctrl + C キーを押します。

② [Q_売上集計] クエリに戻り、2行目の「Q」の前にカーソルを置いて、

③「() AS 」（末尾に半角スペースを入れる）を入力して「()」の中にカーソルを置き、Ctrl + V キーを押します。

④ コピーしたSQLステートメントが「()」の中に貼り付けられました。

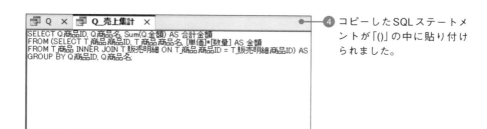

SELECT Q.商品ID, Q.商品名, Sum(Q.金額) AS 合計金額
FROM (SELECT T_商品.商品ID, T_商品.商品名, [単価]*[数量] AS 金額
FROM T_商品 INNER JOIN T_販売明細 ON T_商品.商品ID = T_販売明細.商品ID) AS Q
GROUP BY Q.商品ID, Q.商品名;

サブクエリで置き換えたクエリを正しく実行できた

⑤ [Q_売上集計] クエリが正し く実行されることを確認し、 2つのクエリを閉じます。

⑥ [Q] クエリは削除してかま いません。

COLUMN

1つのクエリでは実行できないクエリの例

ここでは2つに分けなくても実現できる単純なクエリを例に操作を紹介しましたが、結合や抽出条件 が複雑なクエリでは2つに分けなければならない場合があります。例えば、下図は2024/3/1以降に 販売実績のない商品を調べようと作成したクエリです。このような外部結合と内部結合が混在した クエリを実行すると、クエリを分割することを促すエラーメッセージが表示されます。クエリを2つ に分けたとき、1段階目のクエリを他に使うことがない場合は、このSECTIONで紹介したサブクエ リに変換すると、クエリオブジェクトとして保存しておかなくて済みます。

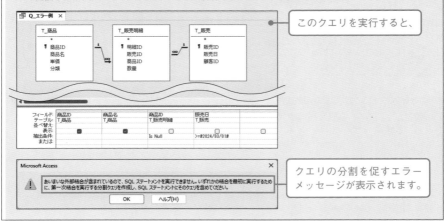

このクエリを実行すると、

クエリの分割を促すエラー メッセージが表示されます。

縦持ちのデータを
横持ちのデータに変換する

データの持ち方には縦持ちと横持ちがあります。縦持ちデータは、列に項目を配置して
データを縦方向に追加していく、テーブルタイプのデータです。一方、横持ちデータは、
データを縦横に追加していくデータです。ここではクロス集計クエリを利用して、縦持
ちデータを横持ちデータに変換します。

縦持ちデータのクエリを確認する

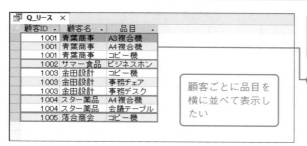

[Q_リース] クエリのデー
タを横持ちに変えます。

❶ [Q_リース] クエリには、顧
客ごとにリース品目が縦持
ちで一覧表示されています。
各顧客の中で品目に重複は
ありません。

縦持ちデータを横持ちデータに変換する

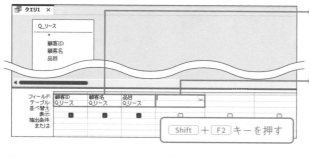

❶ 新規クエリに [Q_リース]
クエリを追加して、[顧客
ID] [顧客名] [品目] フィー
ルドを追加します。

❷ 新しい [フィールド] 欄に
カーソルを置いて、Shift
＋ F2 キーを押します。

❸ [ズーム] ウィンドウが開く
ので、図の式を入力し、

❹ [OK] をクリックします。

連番: DCount("*","Q_リース","顧客ID = " & [顧客ID] & " And 品目 <= '" & [品目] & "'")

⑤ 手順❹の式が入力されます。

⑥ [顧客ID] [連番] フィールドに [昇順] の並べ替えを設定します。

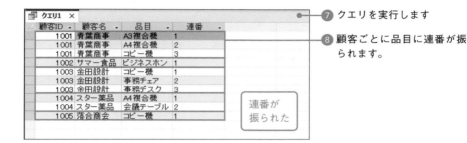

⑦ クエリを実行します

⑧ 顧客ごとに品目に連番が振られます。

連番が
振られた

⑨ デザインビューに戻り、[クエリデザイン] タブの [クロス集計] をクリックします。

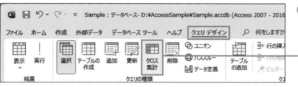

⑩ [品目] フィールドの [集計] 欄だけ [先頭] に変え、

⑪ [顧客ID] [顧客名] に [行見出し]、[品目] に [値]、[連番] に [列見出し] を設定します。

⑫ クエリを実行して、横持ちデータに変換されたことを確認します。

横持ちになった

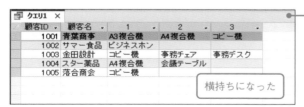

MEMO 手順の考え方

顧客と品目の組み合わせには重複がない場合、DCount関数を使用して連番を求められます（162、166ページ参照）。求めた連番をクロス集計クエリの列見出しにすると、[品目] を横方向に並べることができます。ここでは [品目] の集計方法を [先頭] にしましたが、[最後] [最小] [最大] にしても同じ結果になります。

横持ちデータを縦持ちデータに変換するには

横持ちデータを縦持ちデータにするには、ユニオンクエリを利用します。ここでは下図の [T_横持ち] テーブルを縦持ちデータに変換します。

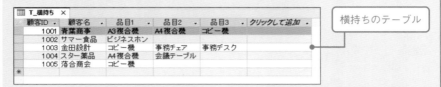

横持ちのテーブル

考え方は簡単です。[品目1] を取り出すクエリ、[品目2] を取り出すクエリ、[品目3] を取り出すクエリの3つのSQLステートメントを「UNION」でつなげるだけです。下図は [品目1] を取り出すクエリですが、その他のクエリも同様の構成です。

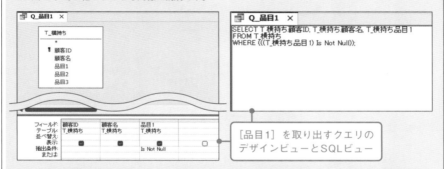

[品目1] を取り出すクエリの
デザインビューとSQLビュー

次のSQLステートメントが、3つのクエリを「UNION」でつなげたものです。テーブル名やカッコなど、必須でない要素は省いてあります。

```
SELECT 顧客ID, 顧客名, 品目1 AS 品目 FROM T_横持ち WHERE 品目1 Is Not
Null
UNION SELECT 顧客ID, 顧客名, 品目2 FROM T_横持ち WHERE 品目2 Is Not
Null
UNION SELECT 顧客ID, 顧客名, 品目3 FROM T_横持ち WHERE 品目3 Is Not
Null;
```

このユニオンクエリを実行すると、縦持ちデータが表示されます。

顧客ID	顧客名	品目
1001	青葉商事	A3複合機
1001	青葉商事	A4複合機
1001	青葉商事	コピー機
1002	サマー食品	ビジネスホン
1003	金田設計	コピー機
1003	金田設計	事務チェア
1003	金田設計	事務デスク
1004	スター薬品	A4複合機
1004	スター薬品	会議テーブル
1005	落合商会	コピー機

縦持ちになった

第 3 章

関数とサブクエリによる
データ加工のテクニック

式ビルダーを使用して書式のヒントを見ながら関数を入力する

入力する関数のスペルや書式がわからないときは、[式ビルダー] を使用しましょう。関数の機能や書式のヒントを見ながら入力できます。大きな入力欄で広々と入力できることもメリットです。ここではクエリの [フィールド] 欄で [式ビルダー] を呼び出しますが、[抽出条件] 欄でも同様の方法で呼び出せます。

▫ クエリの [フィールド] 欄で [式ビルダー] を呼び出す

① 関数の入力先となる [フィールド] 欄をクリックして、Ctrl + F2 キーを押します。

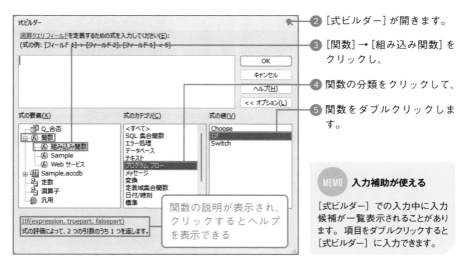

② [式ビルダー] が開きます。

③ [関数] → [組み込み関数] をクリックし、

④ 関数の分類をクリックして、

⑤ 関数をダブルクリックします。

> 関数の説明が表示され、クリックするとヘルプを表示できる

MEMO 入力補助が使える

[式ビルダー] での入力中に入力候補が一覧表示されることがあります。項目をダブルクリックすると [式ビルダー] に入力できます。

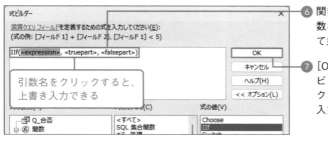

> 引数名をクリックすると、上書き入力できる

⑥ 関数が入力されるので、引数名の部分を上書き入力して式を完成させます。

⑦ [OK] をクリックすると、[式ビルダー] で入力した式がクエリの [フィールド] 欄に入力されます。

SECTION 085

未入力を「0」や「""」と見なして正しく計算する

フィールドにデータが入力されていないことが原因で、演算フィールドの計算が正しく行われないことがあります。そのようなときは、Nz関数を使用してNull値を「0」や「""」（空文字）など適切な値に変換してから計算しましょう。

□ Nz関数を使用してNull値を「0」に変換して合計する

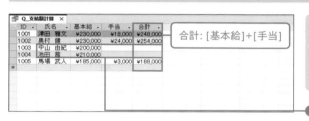

合計: [基本給]+[手当]

[手当] フィールドが未入力の場合でも [基本給] との和が正しく求められるようにします。

① 単純な足し算では [手当] が未入力のレコードに合計値が表示されません。

合計: [基本給]+Nz([手当],0)

② デザインビューに切り替えて、[手当] が未入力の場合に0として計算されるように、演算フィールドの式を修正します。

正しく計算できた

③ データシートビューに切り替えて、すべてのレコードに合計が正しく表示されることを確認します。

COLUMN

Nz関数

Nz関数は、Null値を別の値に変換する関数です。例えば「Nz([役職],"役職なし")」とした場合、[役職] の値が「部長」の場合は「部長」、空欄の場合は「役職なし」が返ります。

書式	Nz(値 , [Null の代替値])
説明	[値] が Null 値でない場合は [値] をそのまま返し、Null 値の場合は [Null の代替値] を返します。[Null の代替値] は省略可能で、省略した場合は空文字「""」が指定されたものと見なされます。

159

チェックの有無によって値を切り替える

Iif関数を使用すると、指定した条件が成立するかしないかで値を切り替えられます。「在庫が100未満の場合は○○、そうでない場合は××」「資格有にチェックが付いている場合は○○、そうでない場合は××」など、さまざまな処理が可能です。

□ Iif関数を使用して[資格有]に応じて[資格手当]を切り替える

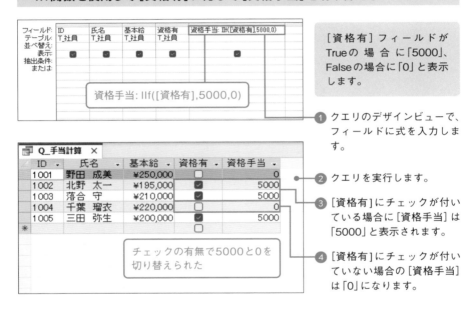

資格手当: Iif([資格有],5000,0)

[資格有] フィールドがTrueの場合に「5000」、Falseの場合に「0」と表示します。

① クエリのデザインビューで、フィールドに式を入力します。

② クエリを実行します。

③ [資格有]にチェックが付いている場合に[資格手当]は「5000」と表示されます。

④ [資格有]にチェックが付いていない場合の[資格手当]は「0」になります。

チェックの有無で5000と0を切り替えられた

COLUMN

Iif関数

Iif関数は、条件式の真偽に応じて値を切り替える関数です。第1引数の[条件式]には、結果がTrueまたはFalseになる式を指定します。例えば「[在庫]フィールドの値が100未満」という条件であれば「[在庫]<100」のように比較演算子「<」を使用して式を立てます。Yes／No型のフィールドはそれ自体がTrueまたはFalseになるので、手順①の式のように比較演算子を使わずにフィールド名だけの指定でかまいません。なお、「Iif」は大文字の「I(アイ)」2つと小文字の「f」です。

書式	Iif(条件式 , 真の場合 , 偽の場合)
説明	[条件式]が成立する場合は[真の場合]に指定した値を返し、成立しない場合は[偽の場合]に指定した値を返します。

計算結果の数値を通貨型に変換する

計算結果の数値を通貨表示にするには、フィールドプロパティの[書式]に[通貨]を設定する方法と、CCur関数を使用して数値を通貨型に変換する方法があります。前者は、見かけ上通貨表示になるだけです。後者は値そのものが通貨型になるので、今後その値を使用して計算するときに、小数点以下4桁までなら通貨型のメリットである誤差のない結果が期待できます。ここでは前ページで求めた[資格手当]の数値を通貨型に変換します。

□ CCur関数を使用して計算結果を通貨型に変換する

資格手当: CCur(IIf([資格有],5000,0))

[資格有]フィールドがTrueの場合に「5000」、Falseの場合に「0」を通貨型に変換して表示します。

① クエリのデザインビューで、フィールドに式を入力します。

通貨表示にできた

② クエリを実行します。

③ [資格手当]が通貨型に変換されて表示されます。

COLUMN

CCur関数

CCur関数は、数字の文字列や数値型の数値を通貨型の数値に変換する関数です。クエリでCCur関数を使用して浮動小数点型の小数を通貨型の数値に変換すると、変換された値には通貨記号が付き、小数点以下が四捨五入されて表示されますが、実際の値は小数点第5位が四捨五入されて小数点以下4桁までが保持されます。

書式	CCur(値)
説明	[値]を通貨型の値に変換します。変換不能な場合はエラーになります。

関数を使用して順位を求める

フィールドの降順の順位を求めるには、DCount関数を使用して現在のフィールドの値よりも大きい値を持つレコード数をカウントします。カウントの結果は0から始まる連番となるので、1を加えます。同じ数値は同じ順位となり、次の順位は欠番となります。

□ DCount関数を使用して[売上数]の降順の順位を求める

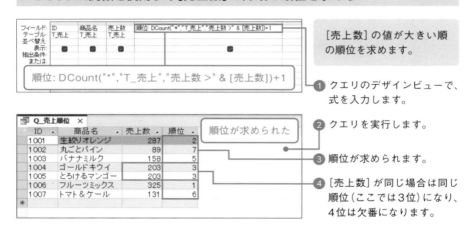

[売上数]の値が大きい順の順位を求めます。

① クエリのデザインビューで、式を入力します。

② クエリを実行します。

③ 順位が求められます。

④ [売上数]が同じ場合は同じ順位(ここでは3位)になり、4位は欠番になります。

順位: DCount("*","T_売上","売上数 >" & [売上数])+1

順位が求められた

 順位を求める考え方

ここではDCount関数で、現在行の売上数より大きい売上数を持つレコード数を求めています。例えば売上数が1行目の「287」より大きいレコードの数をDCount関数で求めると1なので、1行目の順位は1を加えて2位となります。条件式となる「"売上数 >" & [売上数]」の最初の「売上数」は[T_売上]テーブルの[売上数]フィールド、後の「売上数」は現在行の売上数を指します。なお、昇順の順位を求める場合は、「"売上数 <" & [売上数]」のように条件に「<」を使用してください。

--- COLUMN ---

DCount関数

DCount関数は、テーブルやクエリのデータ数を求める関数です。書式は以下のとおりです。

書式	DCount(フィールド名 , テーブル名 , 条件式)
説明	指定したテーブルから[条件式]が成立するレコードを取り出し、指定したフィールドに含まれる Null 値を除いた値をカウントします。[フィールド名]に「"*"」を指定するとレコード数が求められます。[テーブル名]にはクエリ名も指定できます。

SECTION 089

サブクエリを使用して
順位を求める

フィールドの値を基準に順位を求めるには、前ページのDCount関数を使用する方法のほかにサブクエリを使用する方法があります。順位の計算は重くなりがちですが、両方試して使いやすい方法を使用してください。

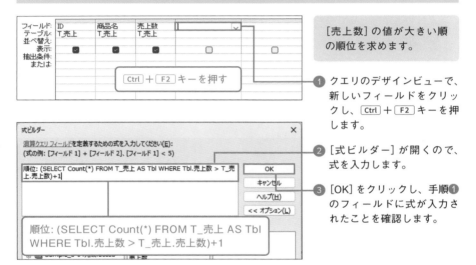

□ **サブクエリを使用して[売上数]の降順の順位を求める**

[売上数]の値が大きい順の順位を求めます。

1 クエリのデザインビューで、新しいフィールドをクリックし、Ctrl + F2 キーを押します。

2 [式ビルダー]が開くので、式を入力します。

順位: (SELECT Count(*) FROM T_売上 AS Tbl WHERE Tbl.売上数 > T_売上.売上数)+1

3 [OK]をクリックし、手順①のフィールドに式が入力されたことを確認します。

4 クエリを実行します。

5 順位が求められます。

6 [売上数]が同じ場合は同じ順位(ここでは3位)になり、4位は欠番になります。

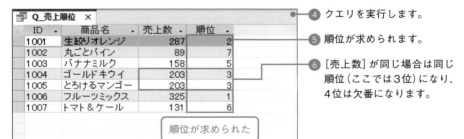

順位が求められた

MEMO **順位を求める考え方**

手順②で入力したサブクエリでは、[T_売上]テーブルと同じデータを持つ仮想の[Tbl]テーブルに、[T_売上]テーブルの現在行の売上数より大きい売上数がいくつあるかをカウントしています。

第 3 章 関数とサブクエリによるデータ加工のテクニック

関数を使用して累計を求める

特定のフィールドの累計を求めるには、DSum関数を使用して現在のレコードまでの合計を計算します。主キーフィールドのような値の重複がないフィールドを基準にレコードを並べ替えたうえで計算することがポイントです。

□ DSum関数を使用して[売上]の累計を求める

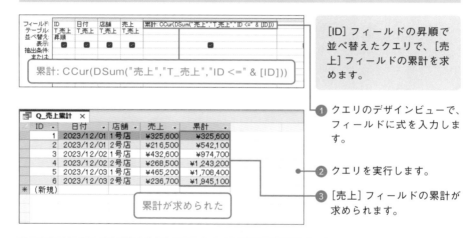

累計: CCur(DSum("売上","T_売上","ID <=" & [ID]))

[ID]フィールドの昇順で並べ替えたクエリで、[売上]フィールドの累計を求めます。

1 クエリのデザインビューで、フィールドに式を入力します。

2 クエリを実行します。

3 [売上]フィールドの累計が求められます。

累計が求められた

 累計を求める考え方

ここではDSum関数で現在行の[ID]より小さい[ID]のレコードをの合計を求め、求めた合計値をCCur関数（161ページ参照）で通貨型に変換しています。レコードの並び順を[ID]の昇順にしないと、上の行からの累計にならないので注意してください。なお、日付が重複しない場合は日付のフィールドを条件に累計を求めることもできますが、その場合「"日付 <= #" & [日付] & "#"」のように「#」を付けた式を指定してください。

COLUMN

DSum関数

DSum関数は、テーブルやクエリの特定のフィールドの合計を求める関数です。

書式	DSum(フィールド名 , テーブル名 , 条件式)
説明	指定したテーブルから[条件式]が成立するレコードを取り出し、指定したフィールドに含まれる値の合計を求めます。[フィールド名][テーブル名]は文字列で指定します。[テーブル名]にはクエリも指定可能です。

SECTION
091

サブクエリを使用して累計を求める

フィールドの値の累計を求めるには、前ページのDSum関数を使用する方法のほかにサブクエリを使用する方法があります。累計の計算は重くなりがちですが、両方試して使いやすい方法を使用してください。

□ サブクエリを使用して［売上］の累計を求める

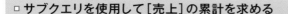

フィールド:	ID	日付	店舗	売上	
テーブル:	T_売上	T_売上	T_売上	T_売上	
並べ替え:	昇順				
表示:	☑	☑	☑	☑	☐
抽出条件:					
または:					

Ctrl + F2 キーを押す

[ID] フィールドの昇順で並べ替えたクエリで、［売上］フィールドの累計を求めます。

式ビルダー ✕

演算クエリ フィールドを定義するための式を入力してください(E):
(式の例: [フィールド 1] + [フィールド 2]、[フィールド 1] < 5)

累計: (SELECT Sum(売上) FROM T_売上 AS Tbl WHERE Tbl.ID <= T_売上.ID)

[OK] [キャンセル] [ヘルプ(H)] [<< オプション(L)]

累計: (SELECT Sum(売上) FROM T_売上 AS Tbl WHERE Tbl.ID <= T_売上.ID)

❶ クエリのデザインビューで、新しいフィールドをクリックし、Ctrl + F2 キーを押します。

❷ ［式ビルダー］が開くので、式を入力します。

❸ [OK] をクリックし、手順❶のフィールドに式が入力されたことを確認します。

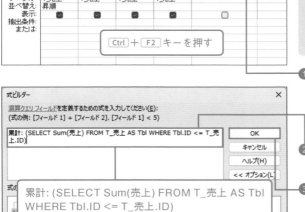

Q_売上累計 ✕

ID	日付	店舗	売上	累計
1	2023/12/01	1号店	¥325,600	¥325,600
2	2023/12/01	2号店	¥216,500	¥542,100
3	2023/12/02	1号店	¥432,600	¥974,700
4	2023/12/02	2号店	¥268,500	¥1,243,200
5	2023/12/03	1号店	¥465,200	¥1,708,400
6	2023/12/03	2号店	¥236,700	¥1,945,100

累計が求められた

❹ クエリを実行します。

❺ ［売上］フィールドの累計が求められます。

MEMO 累計を求める考え方

手順❷で入力したサブクエリでは、［T_売上］テーブルと同じデータを持つ仮想の［Tbl］テーブルから、［T_売上］テーブルの現在行の［ID］以下のレコードを取り出し、［売上］フィールドの合計を求めています。

グループ単位で累計を求める

164〜165ページでID順の累計を求める方法を紹介しましたが、指定する条件を増やすことでグループごとの累計を求めることもできます。ここでは店舗と日付の組み合わせに重複がないものとして、店舗単位で日付順に [売上] の累計を求めます。

□ 店舗単位で日付順に [売上] の累計を求める

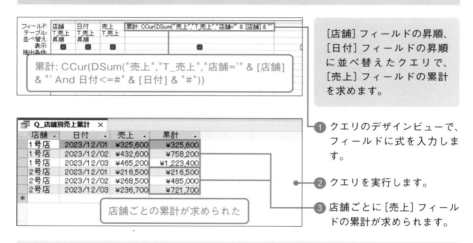

累計: CCur(DSum("売上","T_売上","店舗='" & [店舗] & "' And 日付<=#" & [日付] & "#"))

[店舗] フィールドの昇順、[日付] フィールドの昇順に並べ替えたクエリで、[売上] フィールドの累計を求めます。

① クエリのデザインビューで、フィールドに式を入力します。

② クエリを実行します。

③ 店舗ごとに [売上] フィールドの累計が求められます。

店舗ごとの累計が求められた

MEMO 文字列は「'」、日付は「#」で囲む

DSum関数の第3引数 [条件式] は「フィールド名 比較演算子 値」の形式で指定しますが、その際に値が文字列の場合は「'」（シングルクォーテーション）で、日付の場合は「#」（シャープ）で囲みます。手順①の式では、現在行と同じ店舗でかつ現在行の日付以前のレコードの [売上] を合計しています。

--- COLUMN ---

サブクエリを使用してグループ単位の累計を求めるには

サブクエリを使用して上図のクエリで累計を求めるには、以下の式を記述します。「'」や「#」は不要です。なお、式ビルダーで入力補助機能を使って式を入力する場合、テーブル名やフィールド名が角カッコで囲まれますが、囲まれたままで構いません。

累計: (SELECT Sum(売上) FROM T_売上 AS Tbl WHERE Tbl.店舗 = T_売上.店舗 AND Tbl.日付 <= T_売上.日付)

総売上高に占める
売上構成比を求める

総売上高に占める各商品の売上構成比を求めるには、まず総売上高を求める必要があります。ここではDSum関数を使用して総売上高を求める方法を紹介します。売上構成比は、「各商品の売上高÷総売上高」で求められます。

□ 各商品の売上構成比を求める

売上構成比: [売上高]/DSum("売上高","T_売上")

[売上高] フィールドの数値をもとに売上構成比を求めます。

1 クエリのデザインビューで、フィールドに式を入力し、選択します。

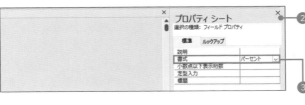

2 [クエリデザイン]タブの[プロパティシート]をクリックしてプロパティシートを表示し、

3 [書式]から[パーセント]を選択します。

ID	商品名	売上高	売上構成比
1007	フルーツミックス	¥130,000	23.28%
1001	生絞りオレンジ	¥114,800	20.56%
1005	とろけるマンゴー	¥81,200	14.54%
1004	ゴールドキウイ	¥81,200	14.54%
1003	バナナミルク	¥63,200	11.32%
1008	トマト＆ケール	¥52,400	9.38%
1002	丸ごとパイン	¥35,600	6.38%

売上構成比が求められた

4 クエリを実行します。

5 売上構成比が求められます。

COLUMN

サブクエリを使用して売上構成比を求めるには

サブクエリを使用して上図のクエリで売上構成比を求めるには、以下の式を記述します。

売上構成比: [売上高]/(SELECT Sum(売上高) FROM T_売上)

消費税の端数を切り捨てる

Accessには、数値の小数点以下を切り捨てる関数としてInt関数とFix関数が用意されています。これら2つの関数は、数値が正数の場合は同じ結果になりますが、負数の場合は異なる結果を返します。特徴を理解して使い分けてください。

□ 消費税の端数を切り捨てる

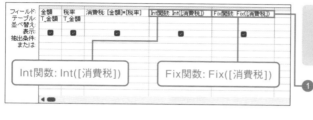

Int関数: Int([消費税])　　　Fix関数: Fix([消費税])

［消費税］の端数をInt関数とFix関数で切り捨てて、結果の違いを確認します。

① クエリのデザインビューで、式を入力します。

端数が切り捨てられた

② クエリを実行します。

③ 消費税が正数の場合は2つの関数の結果は同じで、

④ 負数の場合は2つの関数の結果に違いが出ます。

--- COLUMN ---

Int関数とFix関数

Int関数とFix関数は、数値の端数を切り捨てて整数にする関数です。引数が「98.72」の場合、どちらの戻り値も「98」になります。引数が負数の「-98.72」の場合、Int関数の戻り値は「-99」、Fix関数の戻り値は「-98」となります。正数しか扱わない場合はどちらの関数を使っても同じですが、返品などで負数の金額を扱うことがある場合は、Fix関数を使用しないと売上と返品で消費税が1円ずれてしまうので注意してください。

書式	Int(数値)
説明	［数値］以下の最大の整数を返します。戻り値は［数値］以下の値になります。

書式	Fix(数値)
説明	［数値］の小数部分を取り除いた整数を返します。戻り値の絶対値は［数値］の絶対値以下の値になります。

数値をJIS式（銀行型）で端数処理する

端数を処理する際に、一般的な四捨五入ではなく、JISに規定されている処理方式、いわゆる銀行型の丸め処理をしたいことがあります。Round関数を使用すると、そのような端数処理を簡単に行えます。

□ Round関数を使用して割引価格の端数をJIS式で丸める

割引価格: [価格]*(1-[割引率])

Round関数: Round([割引価格])

[割引価格]フィールドの端数をRound関数で丸めます。

❶ クエリのデザインビューで、フィールドに式を入力します。

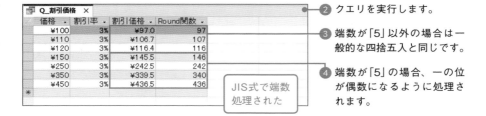

JIS式で端数処理された

❷ クエリを実行します。

❸ 端数が「5」以外の場合は一般的な四捨五入と同じです。

❹ 端数が「5」の場合、一の位が偶数になるように処理されます。

COLUMN

Round関数

一般的な四捨五入では切り捨てが「1、2、3、4」の4つ、切り上げが「5、6、7、8、9」の5つなので、計算の過程で四捨五入を繰り返すと数値が大きいほうに偏ってしまいます。一方JIS丸めでは「1、2、3、4」の4つを切り捨て、「6、7、8、9」の4つを切り上げます。「5」は、1つ上の桁が偶数になるように処理します。例えば「1.5」「3.5」は切り上げて「2」「4」になり、「2.5」「4.5」は切り捨てて「2」「4」になるという具合です。「5」を切り上げる場合と切り捨てる場合が半々なので、四捨五入で生じるような偏りを抑える効果があります。

書式	Round(数値 , [桁])
説明	小数点以下に指定した [桁] が残るように [数値] をJIS丸めします。[桁] を省略した場合は 0 を指定したものと見なされ、戻り値は整数になります。[桁] に負数を指定することはできません。

数値を四捨五入して整数にする

Accessには一般的な四捨五入を行う関数がありません。正数だけを四捨五入するのであれば、数値に「0.5」を加えてFix関数かInt関数で端数を取り除きます。負数も四捨五入する場合は、加える数値の正負を調整する必要があります。

□ 数値を四捨五入して整数にする

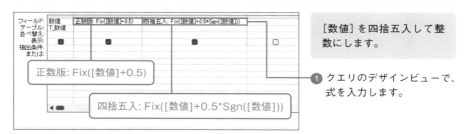

[数値]を四捨五入して整数にします。

① クエリのデザインビューで、式を入力します。

正数版: Fix([数値]+0.5)

四捨五入: Fix([数値]+0.5*Sgn([数値]))

四捨五入された

② クエリを実行します。

③ 数値が四捨五入されます。

④ 「正数版」では正数の数値のみが正しく四捨五入されます。

--- COLUMN ---

四捨五入の考え方

Sgn関数（402ページ参照）は引数が正数の場合に「1」、「0」の場合に「0」、負数の場合に「-1」を返す関数です。「0.5*Sgn([数値])」の結果は、[数値]が正数の場合に「0.5」、負数の場合に「-0.5」となります。これを[数値]に加えてFix関数（168ページ参照）で端数を削除すると、四捨五入になります。

・正数「1.4」の四捨五入 : Fix(1.4+0.5) → Fix(1.9) → 1
・正数「1.5」の四捨五入 : Fix(1.5+0.5) → Fix(2.0) → 2
・正数「1.6」の四捨五入 : Fix(1.6+0.5) → Fix(2.1) → 2
・負数「-1.4」の四捨五入 : Fix(-1.4-0.5) → Fix(-1.9) → -1
・負数「-1.5」の四捨五入 : Fix(-1.5-0.5) → Fix(-2.0) → -2
・負数「-1.6」の四捨五入 : Fix(-1.6-0.5) → Fix(-2.1) → -2

数値を指定した桁で四捨五入する

四捨五入する桁を指定したい場合は、小数点の位置をずらして四捨五入してから、小数点の位置を戻します。例えば小数点第2位を四捨五入したいときは、数値を10倍して四捨五入してから10で割ります。

□ 数値の小数点第2位を四捨五入する

四捨五入：Fix([数値]*10+0.5*Sgn([数値]))/10

[数値]の小数点第2位を四捨五入します。

① クエリのデザインビューで、式を入力します。

指定した桁で四捨五入された

② クエリを実行します。

③ 小数点第2位が四捨五入されました。

 MEMO　データ型の注意とFormat関数による四捨五入

倍精度浮動小数点型や単精度浮動小数点型では、小数の計算の過程で誤差が出ることがあります。正確な計算を行うには、フィールドのデータ型を通貨型にしておくとよいでしょう。通貨型では小数点以下4桁の数値を扱えます。なお、「Val(Format([数値],"0.0"))」のように、Format関数（111ページ参照）を使用して数値を指定した桁で四捨五入して文字列化し、Val関数（402ページ参照）で数値に変換し直す裏技的な方法もあります。

— COLUMN —

いろいろな桁で四捨五入する

掛ける数値と割る数値を調整すると、さまざまな桁で四捨五入できます。

四捨五入する桁	式	「123.456」の計算結果
小数点第3位	Fix([数値]*100+0.5*Sgn([数値]))/100	123.46
小数点第2位	Fix([数値]*10+0.5*Sgn([数値]))/10	123.5
小数点第1位	Fix([数値]+0.5*Sgn([数値]))	123
一の位	Fix([数値]/10+0.5*Sgn([数値]))*10	120

SECTION
098

特定の日付を基準に
「前月○日」や「翌月○日」を求める

日付から「年」を取り出すYear関数と「月」を取り出すMonth関数を、年月日から日付を
作成するDateSerial関数と組み合わせると、特定の日付を基準に「前月○日」「当月○日」
「翌月○日」「翌々月○日」などを求めることができます。

□ 基準日の「翌月10日」を求める

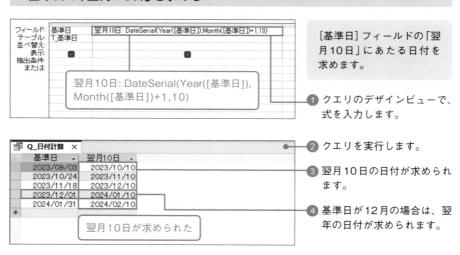

フィールド:	基準日	翌月10日: DateSerial(Year([基準日]),Month([基準日])+1,10)
テーブル:	T_基準日	
並べ替え:		
表示:	☑	☑
抽出条件:		
または:		

翌月10日: DateSerial(Year([基準日]),
Month([基準日])+1,10)

[基準日] フィールドの「翌
月10日」にあたる日付を
求めます。

❶ クエリのデザインビューで、
式を入力します。

❷ クエリを実行します。

Q_日付計算 ×	
基準日	翌月10日
2023/09/03	2023/10/10
2023/10/24	2023/11/10
2023/11/18	2023/12/10
2023/12/01	2024/01/10
2024/01/31	2024/02/10

翌月10日が求められた

❸ 翌月10日の日付が求められ
ます。

❹ 基準日が12月の場合は、翌
年の日付が求められます。

COLUMN

DateSerial関数

DateSerial関数は、年月日の3つの数値から日付を作成する関数です。日付作成の際に、自動調整機
能が働きます。例えば「DateSerial(2023,13,10)」と指定すると、「13」月が翌年1月の日付に調整さ
れて戻り値は「2024/01/10」になります。
月に加減算する数値を調整すれば、「前月10日」「当月10日」などが求められます。

・前月10日　　：DateSerial(Year([基準日]),Month([基準日])-1,10)
・当月10日　　：DateSerial(Year([基準日]),Month([基準日]),10)
・翌々月10日　：DateSerial(Year([基準日]),Month([基準日])+2,10)

書式	DateSerial(年 , 月 , 日)
説明	[年] [月] [日] の数値から日付を作成します。指定した [年] [月] [日] をそのまま日付に できない場合は、年月日が繰り上げ／繰り下げされて、正しい日付に自動調整されます。

SECTION
· · ·
099

特定の日付を基準に
「当月末日」や「翌月末日」を求める

DateSerial関数とYear関数、Month関数を組み合わせて「次の月の0日」の日付を計算すると、特定の日付を基準に月末日の日付を求めることができます。例えば「翌月末日」を求めるには、「翌月の次の月の0日」の日付を計算します。

基準日の「翌月末日」を求める

翌月末日: DateSerial(Year([基準日]),
Month([基準日])+2,0)

[基準日] フィールドの「翌月末日」にあたる日付を求めます。

① クエリのデザインビューで、式を入力します。

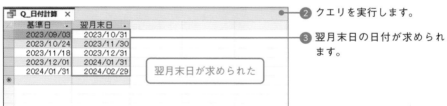

② クエリを実行します。

③ 翌月末日の日付が求められます。

翌月末日が求められた

--- COLUMN ---

「0日」が「前月末日」の日付になる

DateSerial関数の第3引数 [日] に日付としてあり得ない数値を指定すると、前月や次月の日付に調整されます。例えば「DateSerial(2023,11,0)」は、「0日」を「1日」の1日前と見なして戻り値は「2023/10/31」になります。

--- COLUMN ---

Year関数とMonth関数

Year関数は「Year(日付)」の書式で日付から「年」を取り出します。また、Month関数は「Month(日付)」の書式で日付から「月」を取り出します。例えば「Year(#2023/09/03#)」の結果は「2023」、「Month(#2023/09/03#)」の結果は「9」となります。

SECTION 100 「10日締め翌月4日払い」の支払日を求める

購入日を基準に「10日締め翌月4日払い」を求めるには、購入日の「日」が10以下かどうかをIif関数（160ページ参照）で判定し、10以下の場合は「翌月4日」、そうでない場合は「翌々月4日」の日付を求めます。

□ 「10日締め翌月4日払い」の支払日を求める

支払日: DateSerial(Year([購入日]),Month([購入日])
+Iif(Day([購入日])<=10,1,2),4)

購入日	支払日
2023/09/16	2023/11/04
2023/10/08	2023/11/04
2023/11/17	2024/01/04
2023/12/04	2024/01/04
2024/01/10	2024/02/04
2024/01/11	2024/03/04
2024/02/10	2024/03/04

10日締めの翌月4日が求められた

[購入日] フィールドを基準に「10日締め翌月4日払い」の支払日を求めます。

① クエリのデザインビューで、式を入力します。

② クエリを実行します。

③ 支払日が求められます。

④ 購入日が「1月10日」の支払日は翌月の「2月4日」、「1月11日」の支払日は翌々月の「3月4日」となります。

MEMO 購入日が「10日」以前かどうかで支払月を切り替える

「Iif(Day([購入日])<=10,1,2)」は、購入日の「日」が10以下であれば1、10より大きければ2を返します。購入日が「2023/9/16」の場合、10より大きいので2が返り、「DateSerial(2023,9+2,4)」が計算されて結果は「2023/11/4」となります。

— COLUMN —

Day関数

Day関数は、日付から「日」を取り出す関数です。

書式	Day(日付)
説明	[日付] から「日」の数値を返します。

生年月日と今日の日付から年齢を求める

年齢を求めるには、DateDiff関数をはじめとする複数の関数を使用します。式が長くなるので、[式ビルダー] を使用するなど見やすい環境で入力してください。なお、年齢を求める関数の自作方法を318ページで紹介するので参考にしてください。

▫ 生年月日と今日の日付から年齢を求める

[生年月日] フィールドをもとに年齢を求めます。

❶ クエリのデザインビューで、式を入力します。

```
年齢: IIf(Format(Date(),"mmdd")<Format([生年月日],
"mmdd"),DateDiff("yyyy",[生年月日],Date())-1,DateDiff
("yyyy",[生年月日],Date()))
```

❷ クエリを実行します。

❸ 年齢が求められます。

年齢が求められた

MEMO **年齢計算の考え方**

年齢を求めるには、まずDateDiff関数で生年月日から今日までの「1月1日」の回数を求めます。IIf関数を使用して、今日の月日が誕生日以降の場合は「1月1日」の回数をそのまま年齢とし、誕生日前の場合は「1月1日」の回数から1を引いて年齢とします。今日の日付はDate関数（404ページ参照）、月日はFormat関数（111ページ参照）で求めます。

— COLUMN —

DateDiff関数

DateDiff関数は、2つの日時の間隔を返す関数です。書式は以下のとおりです。

書式	DateDiff(単位 , 日時 1, 日時 2) ※左記のほかに省略可能な引数を持ちます。
説明	[日時 1] と「日時 2」の間に指定した [単位] の基準日時が何回あるかをカウントします。[単位] の設定値については 407 ページを参照してください。

日付から「○月始まり」の会計年度を求める

日付から「○月始まり」の年度を求めるには、日付を「○-1」カ月分だけ前にずらして「年」を取り出します。例えば「2024/2/6」の「4月始まり」の年度は、「4-1」カ月前の「2023/11/6」から「2023」を取り出せば求められます。

□ 受注日から4月始まりの年度を求める

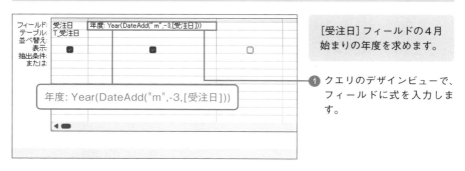

年度: Year(DateAdd("m",-3,[受注日]))

[受注日]フィールドの4月始まりの年度を求めます。

❶ クエリのデザインビューで、フィールドに式を入力します。

年度が求められた

❷ クエリを実行します。

❸ 4月始まりの年度が求められます。

COLUMN

DateAdd関数

DateAdd関数は、指定した時間を日時に加算する関数です。「DateAdd("m",-3,[受注日])」とすると、受注日の3カ月前の日付が求められます。対応する日付がない場合は自動調整されます。例えば、「2023/5/28」～「2023/5/31」の3カ月前はいずれも「2023/2/28」になります。

書式	DateAdd(単位 , 時間 , 日時)
説明	[日時]に、指定した[単位]（407ページ参照）の[時間]を加算します。例えば「○カ月後」を求めるには[単位]に「"m"」を指定します。

SECTION 103

日付から「○月始まり」の四半期を求める

DatePart関数で引数［単位］に「"q"」を指定すると、1～3月を第1四半期とする四半期が求められます。4～6月を第1四半期としたい場合は、DateAdd関数（176ページ参照）を使用して日付を3カ月前にずらしてから、DatePart関数で四半期を求めます。

□ 受注日から4月始まりの四半期を求める

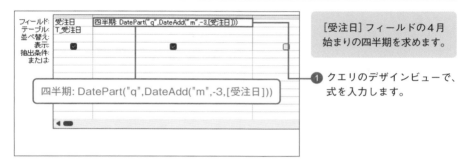

［受注日］フィールドの4月始まりの四半期を求めます。

四半期: DatePart("q",DateAdd("m",-3,[受注日]))

❶ クエリのデザインビューで、式を入力します。

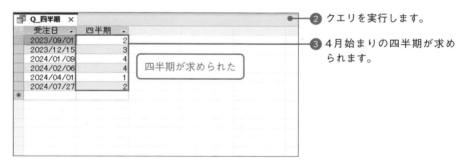

❷ クエリを実行します。

❸ 4月始まりの四半期が求められます。

四半期が求められた

COLUMN

DatePart関数

DatePart関数は、日付から年月日や四半期などの数値を取り出す関数です。Format関数でも同様に年月日や四半期を取り出せますが、戻り値が数値か文字列かの違いがあります。

書式	DatePart(単位 , 日時)
説明	［日時］から、指定した［単位］（407ページ参照）の数値を取り出します。例えば四半期を求めるには［単位］に「"q"」を指定します。

8桁の数字を日付に変換する

文字列として入力された「19860425」のような8桁の数字を、「1986/04/25」のような日付に変換したいことがあります。Format関数を使用して「1986/04/25」という文字列に変換してから、CDate関数で日付に変換します。

□ 8桁の数字を日付に変換する

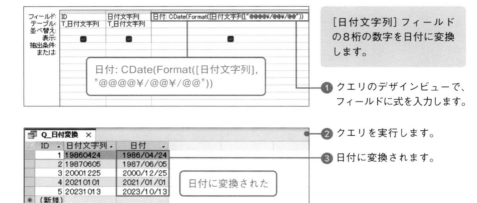

[日付文字列] フィールドの8桁の数字を日付に変換します。

日付: CDate(Format([日付文字列], "@@@@¥/@@¥/@@"))

❶ クエリのデザインビューで、フィールドに式を入力します。

❷ クエリを実行します。

❸ 日付に変換されます。

日付に変換された

 Format関数で書式を整える

Format関数（111ページ参照）は、値に書式を設定した結果の文字列を返す関数です。「@」は文字を表す書式指定文字です。「19860425」という文字列に「@@@@¥/@@¥/@@」という書式を設定すると、「1986/04/25」という文字列が返されます。

— COLUMN —

CDate関数

CDate関数は、数値や文字列を日付に変換する関数です。例えば「CDate(45651)」では、数値の45651をシリアル値と見なして、それに対応する「2024/12/25」という日付が返されます。また、「CDate("2024/12/25")」では、文字列の「2024/12/25」を日付の「2024/12/25」に変換します。

書式	CDate(値)
説明	[値] を日付型の値に変換します。変換不能な場合はエラーになります。

SECTION 105 文字列から空白を取り除く

Accessには文字列から空白を取り除くTrim関数、LTrim関数、RTrim関数が用意されていますが、これらの関数で取り除けるのは先頭や末尾の空白です。途中の空白を取り除くには、文字列を置換するReplace関数を利用します。空白を空文字「""」で置換すると、文字列の先頭、末尾、途中の空白を一気に削除できます。なお、連続する空白を1つ残す方法を374ページで紹介するので参考にしてください。

文字列中のすべての空白を削除する

空白削除: Replace([住所]," 　","")

[住所] フィールドの文字列から空白を削除します。

1 クエリのデザインビューで、フィールドに式を入力します。

2 クエリを実行します。

Q_空白削除		
ID	住所	空白削除
1	青森県 青森市 浜田	青森県青森市浜田
2	岩手県 盛岡市 本宮	岩手県盛岡市本宮
3	宮城県 石巻市 茜平	宮城県石巻市茜平
4	秋田県 大仙市和合	秋田県大仙市和合
5	山形県山形市若宮	山形県山形市若宮
6	福島県 福島市太田町	福島県福島市太田町
*	(新規)	

3 住所から全角と半角のすべての空白が削除されます。

空白が削除された

COLUMN

Replace関数

Replace関数は、文字列の中の特定の文字列を別の文字列に置き換える関数です。例えば「Replace(" 赤紫","紫","茶")」の戻り値は、「赤紫」の「紫」が「茶」に置き換えられて「赤茶」になります。ここで行ったように、[置換文字列] に空文字「""」を指定すると [検索文字列] が削除されます。例えば「Replace("赤紫","紫","")」の戻り値は「赤」です。なお、第6引数 [比較モード] については181ページを参照してください。

書式	Replace(文字列 , 検索文字列 , 置換文字列 , [開始位置] , [置換回数] , [比較モード])
説明	[文字列] の中の [検索文字列] を [置換文字列] に置き換えます。[検索文字列] がない場合は [文字列] がそのまま返されます。[開始位置] [置換回数] を省略した場合、[文字列] の1文字目から検索が開始され、すべての [検索文字列] が置換されます。

空白で区切られた氏名を
姓と名に分割する

空白で区切られた氏名を姓と名に分割するには、まずInStr関数を使用して空白の位置を求めます。求めた位置を手掛かりとして、Left関数で空白の手前まで取り出せば姓、Mid関数で空白より後ろを取り出せば名となります。

□ [氏名] フィールドから姓と名を取り出す

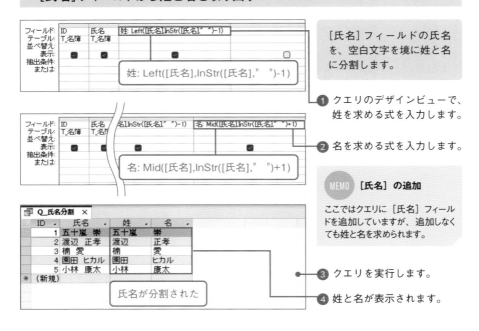

フィールド:	ID	氏名	姓: Left([氏名],InStr([氏名]," ")-1)
テーブル:	T_名簿	T_名簿	
並べ替え:			
表示:	☑	☑	☑
抽出条件:			
または:			

姓: Left([氏名],InStr([氏名]," ")-1)

[氏名] フィールドの氏名を、空白文字を境に姓と名に分割します。

❶ クエリのデザインビューで、姓を求める式を入力します。

フィールド:	ID	氏名	名]InStr([氏名]" ")-1)	名: Mid([氏名],InStr([氏名]" ")+1)
テーブル:	T_名簿	T_名		
並べ替え:				
表示:	☑	☑	☑	☑
抽出条件:				
または:				

名: Mid([氏名],InStr([氏名]," ")+1)

❷ 名を求める式を入力します。

MEMO [氏名] の追加

ここではクエリに [氏名] フィールドを追加していますが、追加しなくても姓と名を求められます。

Q_氏名分割

ID	氏名	姓	名
1	五十嵐 崇	五十嵐	崇
2	渡辺 正孝	渡辺	正孝
3	楠 愛	楠	愛
4	園田 ヒカル	園田	ヒカル
5	小林 康太	小林	康太
*	(新規)		

氏名が分割された

❸ クエリを実行します。

❹ 姓と名が表示されます。

COLUMN

InStr 関数

InStr関数は、文字列の中から特定の文字列の位置を求める関数です。例えば「InStr("五十嵐　崇"," ")」では、「五十嵐　崇」の中の空白の位置である「4（文字目）」が返されます。なお、引数 [比較モード] を指定する場合は、[開始位置] も指定しないとエラーになります。

書式	InStr([開始位置] ,文字列 ,検索文字列 ,[比較モード])
説明	[文字列] から [検索文字列] を検索し、何文字目に見つかったか、最初に見つかった位置を返します。見つからなかった場合は0を返します。[開始位置] を省略した場合、[文字列] の1文字目から検索が開始されます。

Left関数とMid関数

Left関数は左端から、Mid関数は指定位置から部分文字列を取り出す関数です。例えば「五十嵐　崇」の空白の位置は「4」なので、姓の文字数はそこから1を引いて「3文字」、名の開始位置は1を足して「5文字目」とわかります。Left関数で氏名の左端から3文字取り出せば姓となります。また、Mid関数で氏名の5文字目以降を取り出せば名となります。

書式	Left(文字列 , 文字数)
説明	[文字列] の左端から [文字数] 分の文字列を返します。

書式	Mid(文字列 , 開始位置 , [文字数])
説明	[文字列] の [開始位置] から [文字数] 分の文字列を返します。[文字数] を省略した場合、[開始位置] 以降のすべての文字列を返します。[開始位置] が [文字列] の長さより大きい場合、戻り値は空文字「""」になります。

Replace関数とInStr関数の引数[比較モード]

Replace関数（179ページ参照）とInStr関数は、[比較モード]という引数を持ちます。これらの関数をクエリで使用する場合の既定値は「2」で、Accessの既定の設定はテキストモードです。したがって[比較モード]を省略した場合、全角と半角などの区別をせずに検索が行われます。[検索文字列]に全角の空白を指定した場合でも、半角の空白も検索されます。

引数[比較モード]の設定値

設定値	説明
-1	Option Compare ステートメントの設定にしたがう　※ VBA で使用する設定値です
0	バイナリモード（全角／半角、大文字／小文字、ひらがな／カタカナを区別する）
1	テキストモード（全角／半角、大文字／小文字、ひらがな／カタカナを区別しない）
2	Access の設定にしたがう

引数[比較モード]の使用例

使用例	戻り値	説明
InStr("abABAB","AB")	1	テキストモードで大文字／小文字を区別せずに1文字目から検索が行われ、1文字目の「ab」が検索されます。
InStr(1,"abABAB","AB",0)	3	バイナリモードで大文字／小文字を区別して1文字目から検索が行われ、3文字目の「AB」が検索されます。
InStr(4,"abABAB","AB",0)	5	バイナリモードで大文字／小文字を区別して4文字目から検索が行われ、5文字目の「AB」が検索されます。
Replace("abABAB","AB","XX",1,1,0)	abXXAB	バイナリモードで大文字／小文字を区別して1文字目から検索が行われ、最初に見つかった「AB」が1回だけ「XX」に置換されます。

氏名欄に「名」がない場合の エラーに対処する

前ページでは、氏名に含まれる空白の位置を手掛かりに氏名を姓と名に分割する方法を紹介しました。この方法では、氏名欄に姓しか入力されていない場合にエラーになります。ここではエラーを回避する方法を紹介します。

□ エラーを出さずに［氏名］フィールドから姓と名を取り出す

「名」がなくても氏名を姓と名に分割できるようにします。

❶ ［氏名］フィールドに姓しか入力されていない場合、［姓］にエラー、［名］に姓が表示されてしまいます。

❷ デザインビューに切り替え、各式のInStr関数の第1引数の「[氏名]」の末尾に空白を追加して「[氏名] & " "」と修正します。

❸ クエリを実行します。

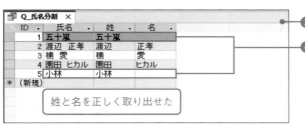

姓と名を正しく取り出せた

❹ 姓しか入力されていない場合でも、正しく姓が取り出され、名は空欄になります。

COLUMN

空白を追加して文字数が負数になるのを防ぐ

氏名の末尾に空白を追加してからInStr関数で空白を検索すると、元々氏名に空白が含まれる場合は最初に見つかった元々の空白の位置が返され、空白が含まれていなかった場合は姓の後ろに追加した空白の位置が返されます。いずれの場合も姓の文字数より1大きい数値が返されるので、1を引けば正しく姓の文字数になります。

関数を使用して住所を都道府県とそれ以降に分割する

住所の先頭に必ず都道府県が含まれている場合は、関数を使用して簡単に都道府県を取り出せます。都道府県の文字数は「神奈川県」「和歌山県」「鹿児島県」が4文字で、それ以外は3文字です。したがって、住所の4文字目が「県」であれば住所の先頭4文字が都道府県名、それ以外は先頭3文字が都道府県名と判断できます。

□ ［住所］フィールドから都道府県と市区町村を取り出す

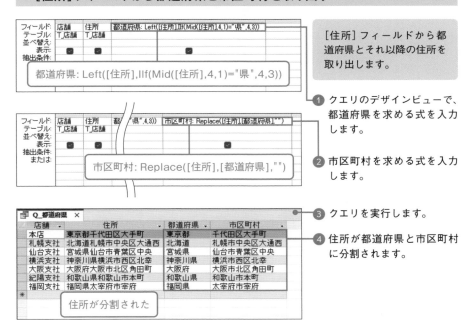

都道府県: Left([住所],Iif(Mid([住所],4,1)="県",4,3))

市区町村: Replace([住所],[都道府県],"")

［住所］フィールドから都道府県とそれ以降の住所を取り出します。

① クエリのデザインビューで、都道府県を求める式を入力します。

② 市区町村を求める式を入力します。

③ クエリを実行します。

④ 住所が都道府県と市区町村に分割されます。

住所が分割された

COLUMN

Iif関数で4文字目が「県」かどうかを判定する

住所から都道府県を取り出すには、Iif関数（160ページ参照）を使用して住所の4文字目を判定し、取り出す文字数を切り替えます。取り出しにはLeft関数（181ページ参照）を使用します。

・4文字目が「県」である　→　住所の先頭4文字を取り出す
・4文字目が「県」でない　→　住所の先頭3文字を取り出す

住所から都道府県名を削除すれば、市区町村を取り出せます。都道府県名の削除には、Replace関数（179ページ参照）を使用します。

都道府県テーブルを使用して住所を確実に都道府県とそれ以降に分割する

[住所] フィールドに都道府県を含まないレコードが存在する場合、前ページで紹介した関数による分割方法では正しく分割できません。例えば住所が「千代田区大手町」の場合、都道府県名として「千代田」、市区町村名として「区大手町」が取り出されてしまいます。都道府県が含まれる場合は都道府県を取り出し、含まれない場合は空欄にするには、都道府県テーブルを用意して突き合わせを行います。

□ [住所] フィールドから都道府県と市区町村を取り出す

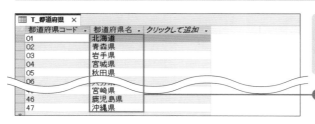

住所に都道府県が含まれていない場合でも、正しく分割できるようにします。

❶ 47都道府県の名前を入力した [T_都道府県] テーブルを作成しておきます。

❷ 前ページで紹介した関数による分解方法では、[住所] フィールドに都道府県が入力されていない場合、正しく分割されないことを確認しておきます。

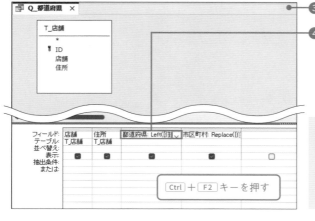

❸ デザインビューに切り替え、

❹ [都道府県] フィールドをクリックして、[Ctrl] + [F2] キーを押します。

Ctrl + F2 キーを押す

MEMO テーブルは追加しない

[T_都道府県] テーブルをクエリに追加する必要はありません。[T_都道府県] テーブルは、このあとサブクエリで使用します。

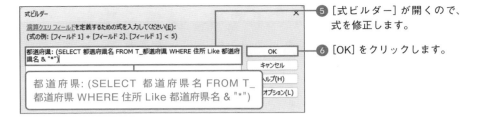

⑤ [式ビルダー] が開くので、式を修正します。

⑥ [OK] をクリックします。

⑦ 市区町村を求める式も修正します。

MEMO 修正の目的

手順⑦で式を修正しないと、[都道府県] がNullの場合にReplace関数の引数 [検索文字列] がNullになり、エラーが発生します。手順⑦の式では、[都道府県] がNullの場合にNullを空文字「""」に変換しています。その結果、住所がそのまま [市区町村] として表示されるようになります。

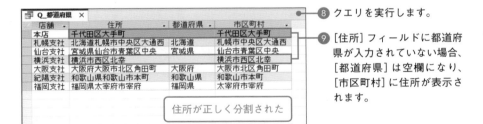

住所が正しく分割された

⑧ クエリを実行します。

⑨ [住所] フィールドに都道府県が入力されていない場合、[都道府県] は空欄になり、[市区町村] に住所が表示されます。

— COLUMN —

サブクエリで [T_都道府県] と突き合わせる

手順⑤で入力したサブクエリを独立したクエリとしてデザインビューに表示すると、右図のようなパラメータークエリになります。このパラメータークエリを実行して「東京都千代田区大手町」というパラメーターを入力した場合、「東京都」が抽出されます。「千代田区大手町」と入力した場合は、何も抽出されません。
手順⑧のクエリを実行すると、1レコードずつ [住所] がサブクエリのパラメーターとして渡され、都道府県が入力されている場合は都道府県名が表示され、入力されていない場合はNullとなります。

大文字／小文字、全角／半角、ひらがな／カタカナを統一する

StrConv関数を使用すると大文字と小文字、全角と半角、ひらがなとカタカナを簡単に統一できます。インポートしたデータの文字種が不揃いだった時などに便利です。「全角カタカナ」「半角大文字」など、組み合わせの指定も可能です。

□ [シメイ] フィールドの文字列を全角カタカナに統一する

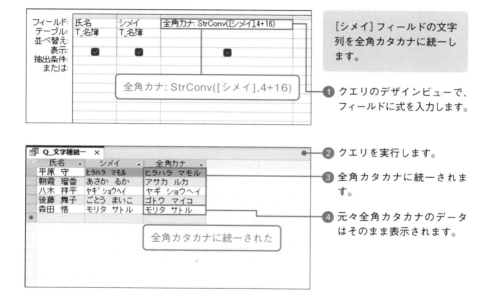

[シメイ] フィールドの文字列を全角カタカナに統一します。

全角カナ: StrConv([シメイ],4+16)

❶ クエリのデザインビューで、フィールドに式を入力します。

❷ クエリを実行します。

❸ 全角カタカナに統一されます。

全角カタカナに統一された

❹ 元々全角カタカナのデータはそのまま表示されます。

COLUMN

StrConv関数

StrConv関数は、文字列を指定した文字種に変換する関数です。例えば全角文字に変換するには引数 [変換形式] に「4」を、カタカナに変換するには引数 [変換形式] に「16」を指定します。また、全角のカタカナに変換するには、「4」と「16」を「+」で加算して、「4+16」または「20」を指定します。[変換形式] の設定値については、407ページを参照してください。

書式	StrConv(文字列 , 変換形式 , [国別情報識別子])
説明	[文字列] を [変換形式] で指定した内容に変換します。[国別情報識別子] は日本語を使用している限り指定する必要はありません。

テーブルのデータを関数の戻り値で置き換える

選択クエリで関数を使用して文字種を揃えたり、余分な空白を削除したりしても、その結果はクエリのデータシートに表示されるだけで、テーブルのデータは元のままです。テーブルのデータ自体を関数の結果で置き換えたいときは、更新クエリを使用します。

▢ テーブルの[シメイ]フィールドを全角カタカナに統一する

[T_名簿]テーブルの[シメイ]フィールドを全角カタカナに統一します。

❶ [T_名簿]テーブルを開き、[シメイ]フィールドに半角カタカナやひらがなが含まれていることを確認してテーブルを閉じます。

❷ デザインビューで新規クエリを作成し、[T_名簿]テーブルを追加しておきます。

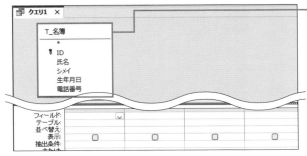

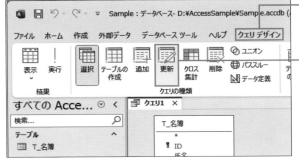

❸ [クエリデザイン]タブをクリックして、

❹ [更新]をクリックします。

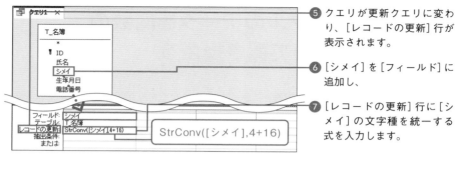

⑤ クエリが更新クエリに変わり、[レコードの更新] 行が表示されます。

⑥ [シメイ] を [フィールド] に追加し、

⑦ [レコードの更新] 行に [シメイ] の文字種を統一する式を入力します。

StrConv([シメイ],4+16)

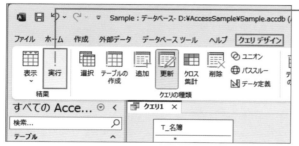

⑧ [実行] をクリックします。

Microsoft Access

15 件のレコードが更新されます。

⚠ [はい] をクリックするとレコードは更新され、元に戻すことはできなくなります。
レコードを更新してもよろしいですか?

はい(Y)　　いいえ(N)

⑨ 確認のメッセージ画面が表示されるので [はい] をクリックします。

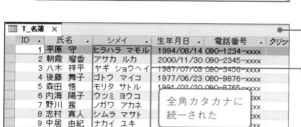

⑩ クエリを保存して閉じ、[T_名簿] テーブルを開きます。

⑪ [シメイ] が全角カタカナに統一されました。

全角カタカナに
統一された

--- COLUMN ---

新しいフィールドも更新できる

更新クエリでは、新しいフィールドにデータを追加することもできます。例えばテーブルの [氏名] フィールドを [姓] と [名] に分割したいときは、テーブルに [姓] フィールドと [名] フィールドを追加してから、更新クエリを使用して [姓] と [名] にデータを追加します。

第 4 章

フォーム作成と
コントロール活用のテクニック

SECTION 112 フォーム作成の基本を理解する

フォームは、データの表示画面や入力画面として使用するオブジェクトです。「オートフォーム」や「フォームウィザード」など、自動作成機能を利用してフォームを作成後、レイアウトや各種設定を整えて使いやすいフォームにしていくのが効率的です。

□ オートフォームで単票形式のフォームを作成する

　ナビゲーションウィンドウでテーブルかクエリを選択し、[作成]タブの[フォーム]をクリックすると、1件のレコードを1画面に表示する「単票形式」のフォームが作成されます。フォーム上のコントロールには「集合形式」というコントロールレイアウトが適用されるので、配置やサイズの調整をスムーズに行えます。

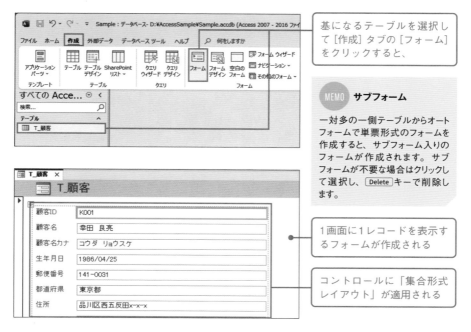

基になるテーブルを選択して[作成]タブの[フォーム]をクリックすると、

MEMO サブフォーム

一対多の一側テーブルからオートフォームで単票形式のフォームを作成すると、サブフォーム入りのフォームが作成されます。サブフォームが不要な場合はクリックして選択し、Delete キーで削除します。

1画面に1レコードを表示するフォームが作成される

コントロールに「集合形式レイアウト」が適用される

MEMO コントロールレイアウト

「集合形式レイアウト」「表形式レイアウト」はコントロールを自動整列するグループ化の機能で、総称して「コントロールレイアウト」と呼びます。フォームの作成方法によって、コントロールレイアウトが適用される場合とされない場合があります。コントロールレイアウトの操作は、204〜211ページで紹介します。

□ オートフォームで表形式のフォームを作成する

　ナビゲーションウィンドウでテーブルかクエリを選択し、[作成] タブの [その他の
フォーム] → [複数のアイテム] をクリックすると、「表形式」のフォームが作成されます。
コントロールには「表形式レイアウト」が適用されます。

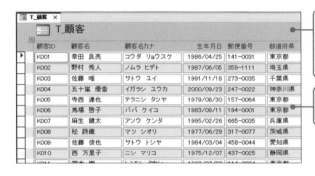

[複数のフォーム] でフォームを作成すると、表形式のフォームが作成される（図はサイズ調整後のフォーム）

コントロールに「表形式レイアウト」が適用される

> **MEMO　その他の作成方法**
>
> [作成] タブの [フォームウィザード] をクリックすると [フォームウィザード] が起動し、基になるテーブルやクエリ、フィールド、表形式か単票形式か、などの細かい指定をしながらフォームを作成できます。また、[作成]タブの[フォームデザイン] をクリックすると、白紙の状態から手動でコントロールを配置してフォームを作成できます。

□ さまざまなコントロールを使用できる

　フォームでは「コントロール」と呼ばれる部品を使用してデータを入力／表示します。
さまざまなコントロールを使用することで、作業の効率化を図れます。

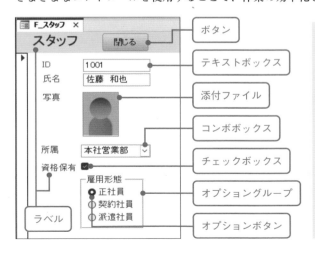

ボタン

テキストボックス

添付ファイル

コンボボックス

チェックボックス

オプショングループ

オプションボタン

ラベル

> **MEMO　コントロールの分類**
>
> テーブルのフィールドの値を表示／入力するためのコントロールを「連結コントロール」、フィールドの値ではないデータを表示／入力するコントロールを「非連結コントロール」、計算結果を表示するコントロールを「演算コントロール」と呼びます。オートフォームを作成すると、一般的なデータ型はテキストボックス、ルックアップが設定されたフィールドはコンボボックス、Yes ／ No型のフィールドはチェックボックスという連結コントロールが作成されます。

第4章　フォーム作成とコントロール活用のテクニック

191

フォームのセクションを理解する

フォームは、フォームヘッダー、詳細、フォームフッターというセクションから構成されます。ここではセクションの位置や選択方法、表示／非表示の切り替え方法などを押さえておきましょう。

□ セクションの種類

下図は表形式のフォームのデザインビューとフォームビューです。フォームのデザインビューではセクションが明確に区切られており、セクション単位の書式やプロパティの設定をわかりやすく行えます。

デザインビュー

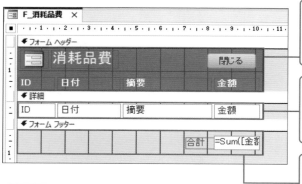

フォームヘッダー
フォームのタイトルやボタンなどの表示領域、フォームの上部に表示される

詳細
レコードの表示領域、レコードの数だけ繰り返し表示される

フォームフッター
レコードの集計値などの表示領域、フォームの下部に表示される

フォームビュー

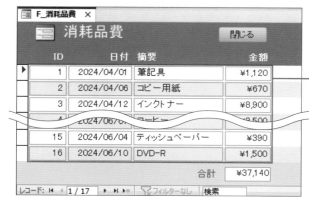

詳細
表形式では、詳細セクションはレコードの数だけ上下に並んで表示される

MEMO 単票形式の場合

単票形式では1画面に1レコード（1詳細セクション）だけ表示されます。レコードの数だけ画面を切り替えられます。

□ フォームやセクションの選択

　フォームで各種設定を行うには、設定対象を選択する必要があります。フォームはフォームセレクターを、セクションはセクションバーをクリックして選択します。

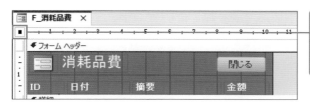

フォームセレクター
これをクリックすると黒い正方形が表示され、フォームが選択される

セクションバー
クリックすると黒く反転し、クリックしたセクションが選択される

□ セクションの表示切り替え

　フォームヘッダー／フッターを使用しない場合は、あらかじめ領域内のコントロールをすべて削除したうえで、領域の下端をドラッグして非表示にします。非表示にした領域を再表示したいときは、セクションバーの下端を下方向にドラッグします。

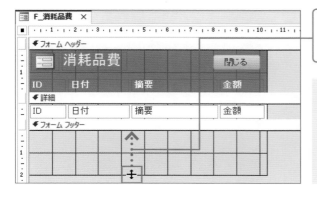

領域の下端をセクションバーまでドラッグすると、セクションが非表示になる

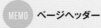

> **MEMO　ページヘッダー**
>
> フォームのセクションには印刷時に各ページの上部／下部に表示されるページヘッダー／ページフッターもありますが、標準では非表示に設定されています。

> **MEMO　ヘッダー／フッターの表示をまとめて切り替える**
>
> いずれかのセクションバーを右クリックして［フォームヘッダー／フッター］をクリックすると、フォームヘッダー／フッターをまとめて表示または非表示にできます。非表示にする場合は、あらかじめコントロールを削除してください。ヘッダーとフッターの一方だけを表示したい場合は両方を表示したうえで、不要な方をドラッグして非表示にします。

フォームのビューを理解する

フォームには、データを表示／入力するための「フォームビュー」「データシートビュー」と、設計を行うための「レイアウトビュー」「デザインビュー」があります。特徴を理解して使い分けましょう。

□ フォームビュー

データの入力はテーブルでも行えますが、フォームを使えばテキストボックスやコンボボックス、チェックボックスなどのコントロールを利用して、データを格段に効率よく入力できます。また、プログラムを割り当てたボタンを配置して、処理の自動化を行える点もメリットです。

	会員ID	会員名	ランク	Eメール	配信希望
▶	K001	幸田 良亮	ゴールド	kouda@example.com	☑
	K002	野村 秀人	レギュラー	hideo@example.com	☑
	K003	佐藤 唯	シルバー	satoyui@example.com	☐
	K004	五十嵐 優香	レギュラー	yuuka@example.com	☑
	K005	寺西 達也	レギュラー	tatsuya@example.com	☑
	K006	馬場 啓子	シルバー	baba@example.com	☑
	K007	麻生 健太	レギュラー	asou@example.com	☐
	K008	松 詩織	シルバー	matsu@example.com	☐
	K009	佐藤 俊也	ゴールド	toshi@example.com	☑
	K010	西 万里子	レギュラー	nishi@example.com	☑
	K011	富本 崇	レギュラー	takashi@example.com	☑

会員連絡先　会員検索　［閉じる］

フォームビュー
さまざまなコントロールを配置して、データを効率よく入力できる

MEMO　データシートビュー

フォームのデータシートビューは、テーブルのデータシートと同様の画面にレコードだけを表示します。デザインビューでボタンなどを配置しても、データシートには表示されません。

COLUMN

ビューの切り替え

［ホーム］タブにある［表示］の上側をクリックすると、フォームビューとレイアウトビューが交互に切り替わります。ほかのビューに切り替えるには、［表示］の一覧からビューを選択します。なお、［表示］のメニューに［データシートビュー］がない場合は、フォームの［データシートビューの許可］プロパティを［はい］に変更すると表示できます。

□ レイアウトビューとデザインビュー

フォームの設計画面には、レイアウトビューとデザインビューがあります。レイアウトビューはフォームビューに似た画面に実際のデータを表示した状態で設計を行えるので、コントロールの位置やサイズの調整、フォント関連の書式設定に向いています。ただし、データシートビューでは行えない設定もあります。詳細な設定を行うには、デザインビューを使用します。

レイアウトビュー
実際のフォームビューの見た目で設計が行える

MEMO **列が選択される**

レイアウトビューでは、詳細セクションのコントロールをクリックすると、クリックした列全体が選択されます。

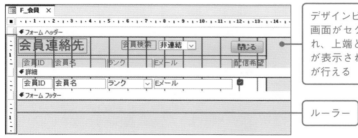

デザインビュー
画面がセクションで区切られ、上端と左端にルーラーが表示され、本格的な設計が行える

ルーラー

第 4 章 フォーム作成とコントロール活用のテクニック

 フォームを開く

ナビゲーションウィンドウでフォーム名をダブルクリックすると、フォームビューが開きます。そのほかのビューを開きたいときは、フォーム名を右クリックして一覧からビューの種類を選択します。

COLUMN

デザインビューとレイアウトビューで操作が異なる

コントロールの選択や移動、サイズ変更は、デザインビューとレイアウトビューのどちらでも行えますが、ビューによって操作方法が異なります。例えば、デザインビューでは画面上をドラッグして複数のコントロールを一括選択できますが、レイアウトビューではできません。
なお、これらの操作は、コントロールレイアウトが適用されているかどうかによっても変わります。

フォームのソースをSQLに置き換えて
オブジェクトが増えるのを防ぐ

クエリを基にオートフォームでフォームを作成すると、[レコードソース] プロパティ
にクエリ名が設定されます。これをSQLステートメントに置き換えると、基になるク
エリを削除でき、クエリが増えていくのを防げます。ここでは [F_受注一覧] フォーム
のレコードソースを、[Q_受注一覧] クエリからそのSQLステートメントに置き換えま
す。同様の操作でレポートのレコードソースを置き換えることも可能です。

□レコードソースをSQLステートメントに置き換える

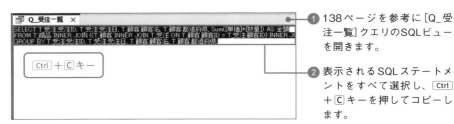

① 138ページを参考に [Q_受
注一覧] クエリのSQLビュー
を開きます。

② 表示される SQLステートメ
ントをすべて選択し、[Ctrl]
＋[C] キーを押してコピーし
ます。

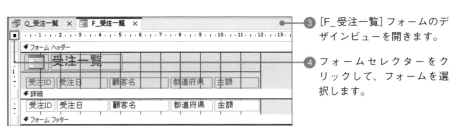

③ [F_受注一覧] フォームのデ
ザインビューを開きます。

④ フォームセレクターをク
リックして、フォームを選
択します。

⑤ [フォームデザイン] タブの
[プロパティシート] をク
リックします。

MEMO フォームのデザインビューを開く

フォームのデザインビューを開くには、ナビゲーションウィンドウで
フォームを右クリックし、[デザインビュー] をクリックします。

MEMO ショートカットキー

[F4] キー、または [Alt] ＋ [Enter] キーを
押すと、プロパティシートを表示できます。

⑥ プロパティシートが表示されます。

⑦ [データ]タブをクリックし、

⑧ [レコードソース]欄の「Q_受注一覧」の文字を選択して、[Ctrl]+[V]キーを押します。

⑨ [レコードソース]欄にSQLステートメントが設定されます。

MEMO レコードソース

「レコードソース」は、フォームに表示するレコードの取得元です。フォームの作成方法によっては、最初からSQLステートメントが設定されていることもあります。

⑩ フォームビューに切り替えて、レコードが正しく表示されることを確認します。

⑪ [Q_受注一覧]クエリは、閉じたあとで削除してかまいません。

COLUMN

レコードソースを編集するには

レコードソースをSQLステートメントに置き換えたあとで編集するには、[レコードソース]プロパティの⋯をクリックします。クエリのデザインビューと同様の画面が表示されるので、そこで編集を行います。

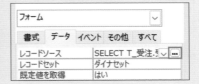

単票形式のレコードを
上下に並べて表示する

オートフォームやフォームウィザードで単票形式のフォームを作成すると、1画面に1レコードが表示されます。同じ画面にレコードを連続して表示したい場合は、[既定のビュー]プロパティの設定を[単票フォーム]から[帳票フォーム]に変更します。

□ [既定のビュー]プロパティで[帳票フォーム]に変更する

[F_商品入力]フォームに
複数のレコードを表示さ
せます。

❶ [F商品入力]フォームの
フォームビューを開き、1
画面に1レコードずつ表示
されることを確認します。

❷ デザインビューに切り替え、
196ページを参考にプロパ
ティシートを表示し、

❸ [書式]タブの[既定の
ビュー]欄で[帳票フォーム]
を選択します。

❹ フォームビューに切り替え、
複数のレコードが表示され
ることを確認します。

MEMO　既定のビュー

通常、表形式のフォームの[既
定のビュー]には[帳票フォーム]、
単票形式のフォームの[既定の
ビュー]には[単票フォーム]が
設定されています。[帳票フォーム]
ではレコードが連続表示され、[単
票フォーム]では1画面に1レコー
ドずつ表示されます。

連続表示できた

セクションの背景色や縞模様の色を変更する

フォームの背景色は、セクションごとに設定できます。フォームヘッダー／フッターは、[背景色]で設定します。詳細セクションは、[背景色]で全体の色を、[交互の行の色]で偶数行の色を設定します。

□ [塗りつぶしの色]と[交互の行の色]を設定する

フォームヘッダーと詳細セクションの色を変更します。

1 デザインビューでフォームヘッダーのセクションバーをクリックし、

2 [書式]タブの[背景色]から色を選択します。

3 詳細セクションのセクションバーをクリックし、

4 [書式]タブの[交互の行の色]から色を選択します。

MEMO 交互の行の色

ここでは詳細セクションの[背景色]が既定値の[自動（白）]のまま、[交互の行の色]を薄い黄色に変更します。設定効果はフォームビューで確認してください。なお、[交互の行の色]で[色なし]を選択すると、すべての行が[背景色]で設定した色になります。

商品ID	商品名	単価	分類
BS101	防災セット1人用28点	¥10,000	防災セット
BS102	防災セット1人用32点	¥12,000	防災セット
BS103	防災セット2人用48点	¥15,000	防災セット
BS104	防災セット2人用62点	¥18,000	防災セット
BS201	車載防災セット	¥2,800	防災
PS101	ポータブル電源700W	¥110,000	ポータブル電源
PS102	ポータブル電源2000W	¥280,000	ポータブル電源

色を設定できた

5 フォームビューに切り替えて、色を確認します。

ラベルとテキストボックスを別々に移動する

フォームでもっともよく使われるコントロールは「ラベル」と「テキストボックス」です。単票形式のフォームでは、これらが2つで1組になっています。コントロールレイアウト（204ページ参照）が適用されていない場合、デザインビューでテキストボックスを移動するとラベルも連動しますが、ここでは別々に移動する方法を紹介します。

▫ 移動ハンドルを使用してテキストボックスだけを移動する

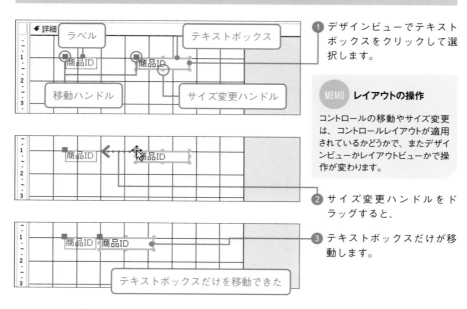

① デザインビューでテキストボックスをクリックして選択します。

> **MEMO** レイアウトの操作
>
> コントロールの移動やサイズ変更は、コントロールレイアウトが適用されているかどうかで、またデザインビューかレイアウトビューかで操作が変わります。

② サイズ変更ハンドルをドラッグすると、

③ テキストボックスだけが移動します。

テキストボックスだけを移動できた

COLUMN

コントロールの移動とサイズ変更

コントロールレイアウトが適用されていない場合、デザインビューでドラッグするコントロールの位置によって次のように挙動が変わります。

ドラッグする位置	マウスポインター	挙動
枠線		ラベルとテキストボックスが一緒に移動します。
移動ハンドル		ドラッグしたコントロールが単体で移動します。
サイズ変更ハンドル	↕、↔	ドラッグしたコントロールのサイズが変わります。

コントロールのサイズを
ウィンドウサイズに連動させる

[アンカー設定] の機能を使うと、コントロールのサイズをフォームのサイズに連動させることができます。コントロールを最大限のサイズで利用したいときに便利です。なお、デザインビューで設定したコントロールのサイズより小さくなることはありません。

□ [アンカー設定]を設定する

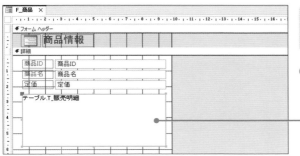

コントロールの高さを
フォームに連動させます。

1 デザインビューでコントロール（ここではサブフォーム／サブレポートコントロール）をクリックして選択し、

2 [配置] タブの [アンカー設定] をクリックし、

3 [上下に引き伸ばし] をクリックします。

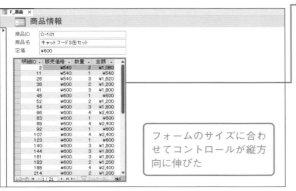

4 フォームビューに切り替えて、コントロールがフォームに合わせて上下に伸びたことを確認します。

フォームのサイズに合わせてコントロールが縦方向に伸びた

> **MEMO そのほかの設定項目**
>
> コントロールを横方向に引き伸ばすには [左右上に引き伸ばし]、縦横両方向に引き伸ばすには [上下左右に引き伸ばし] を選択します。また、既定値に戻すには [左上] を選択します。

SECTION
120

コントロールを整列する

デザインビューの[配置]タブにある[配置]ボタンを使用すると、複数のコントロールの位置をぴったり揃えることができます。また[サイズ/間隔]ボタンを使用すると、複数のコントロールのサイズ、間隔を揃えられます。コントロールレイアウトが適用されていないコントロールの配置の調整に役立ちます。

□ 複数のコントロールを選択する

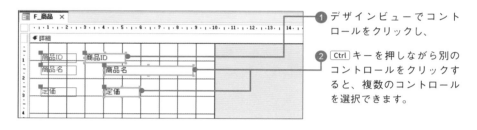

① デザインビューでコントロールをクリックし、

② Ctrl キーを押しながら別のコントロールをクリックすると、複数のコントロールを選択できます。

MEMO **そのほかの選択方法**

Ctrl キーによるコントロールの複数選択はデザインビューとレイアウトビューのどちらでも使えます。デザインビューではこのほか、ドラッグによる選択方法（204ページ参照）とルーラーによる選択方法（210ページ参照）も使えます。なお、フォームの何もないところをクリックすると、選択を解除できます。

□ 複数のコントロールの配置を揃える

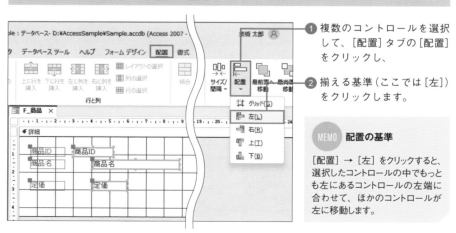

① 複数のコントロールを選択して、[配置]タブの[配置]をクリックし、

② 揃える基準（ここでは[左]）をクリックします。

MEMO **配置の基準**

[配置]→[左]をクリックすると、選択したコントロールの中でもっとも左にあるコントロールの左端に合わせて、ほかのコントロールが左に移動します。

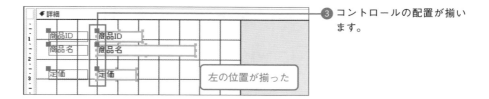

③ コントロールの配置が揃います。

左の位置が揃った

複数のコントロールの間隔を均等に揃える

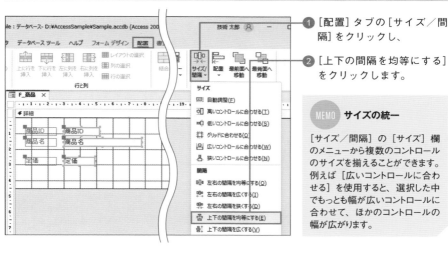

① [配置] タブの [サイズ/間隔] をクリックし、

② [上下の間隔を均等にする] をクリックします。

MEMO サイズの統一

[サイズ/間隔] の [サイズ] 欄のメニューから複数のコントロールのサイズを揃えることができます。例えば [広いコントロールに合わせる] を使用すると、選択した中でもっとも幅が広いコントロールに合わせて、ほかのコントロールの幅が広がります。

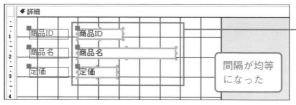

③ 1番上と1番下のコントロールを基準に間にあるコントロールが移動して、間隔が均等になります。

間隔が均等になった

COLUMN

デザインビューのグリッド線

標準ではデザインビューに1cm間隔でグリッド線が表示されますが、実際には1mm間隔でグリッドが存在します。コントロールを選択して矢印キーを押したりドラッグしたりすると、1mm間隔で移動します。グリッドの間隔は、フォームの [X軸グリッド数] [Y軸グリッド数] プロパティに1cmの分割数で指定します。初期設定は「10」ですが、例えば「2」に変更すると、コントロールは5mm（1cm÷2）単位で移動/サイズ変更するようになります。なお、手順①の [サイズ/間隔] の一覧から [スナップをグリッドに合わせる] をオフにすると、グリッドに縛られずにコントロールを自由に移動/サイズ変更できるようになります。

集合形式レイアウトを適用して
コントロールを自動整列させる

「コントロールレイアウト」とは、コントロールを自動整列させるグループ化の機能です。
ここではコントロールレイアウトの1つである「集合形式レイアウト」を設定します。
コントロールの移動やサイズ変更のときに自動で整列するので、大変便利です。

□ 集合形式レイアウトを適用する

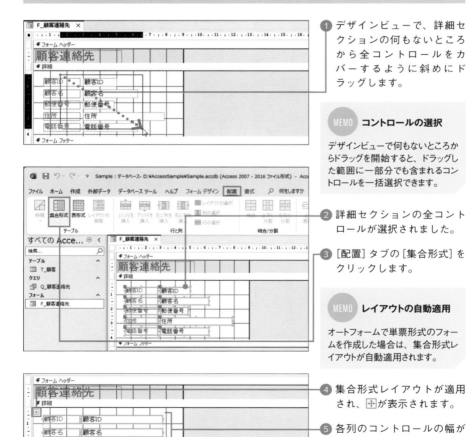

1 デザインビューで、詳細セクションの何もないところから全コントロールをカバーするように斜めにドラッグします。

MEMO コントロールの選択

デザインビューで何もないところからドラッグを開始すると、ドラッグした範囲に一部分でも含まれるコントロールを一括選択できます。

2 詳細セクションの全コントロールが選択されました。

3 [配置] タブの [集合形式] をクリックします。

MEMO レイアウトの自動適用

オートフォームで単票形式のフォームを作成した場合は、集合形式レイアウトが自動適用されます。

4 集合形式レイアウトが適用され、田が表示されます。

5 各列のコントロールの幅が揃います。

集合形式レイアウト
が適用された

COLUMN

コントロールがグループ化される

集合形式レイアウトを適用すると、コントロールがグループ化されます。レイアウト内の任意のコントロールをクリックすると、左上に⊞が表示されます。それをクリックすると、レイアウト内の全コントロールを選択できます。また、⊞をドラッグすると、レイアウト内の全コントロールをまとめて移動できます。

COLUMN

幅は共通、高さは個別に設定

集合形式レイアウトでは、常に列の幅が揃います。高さは個別に変更できます。高さを変更すると、その下のコントロールが自動でずれ、バランスが保たれます。サイズ変更はレイアウトビューで行うと、データの収まり具合を見ながら調整できます。

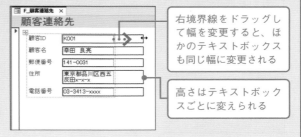

右境界線をドラッグして幅を変更すると、ほかのテキストボックスも同じ幅に変更される

高さはテキストボックスごとに変えられる

COLUMN

コントロールの移動や削除も簡単

集合形式レイアウトでは、コントロールの移動や削除をしたときにほかのコントロールが自動でずれて、常にレイアウトが保たれます。例えば [電話番号] のラベルとテキストボックスを選択して2行上までドラッグすると、自動で [郵便番号] と [住所] が1行下にずれます。

COLUMN

コントロールレイアウトを解除するには

デザインビューでコントロールレイアウト内の全コントロールを選択して、[配置] タブの [レイアウトの削除] をクリックすると、コントロールレイアウトを解除できます。一部のコントロールを選択して実行した場合は、部分的に解除できます。

コントロールレイアウト内の
コントロールの間隔を変更する

コントロールレイアウト内のコントロールの間隔は、[スペースの調整] ボタンを使用して変更できます。デザインビューとレイアウトビューのどちらでも操作できます。なお、[スペースの調整] ボタンは、コントロールレイアウトが適用されていないコントロールでは使えません。

□ コントロールの間隔を狭くする

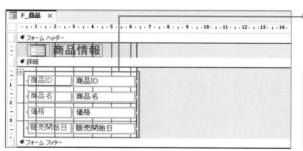

① デザインビューで、コントロールレイアウト内の全コントロールを選択し、

MEMO レイアウトの選択

レイアウト内の任意のコントロールを選択し、田 をクリックすると、全コントロールを選択できます。

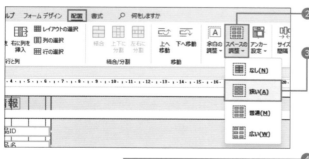

② [配置] タブの [スペースの調整] をクリックして、

③ 設定したい間隔 (ここでは [狭い]) をクリックすると、

④ コントロールの間隔が狭くなります。

MEMO 個別に設定するには

コントロールを選択して、プロパティシートの [書式] タブの [上スペース] [下スペース] [左スペース] [右スペース] プロパティにcm単位で数値を設定すると、上下左右の間隔をそれぞれ変更できます。

SECTION 123　集合形式レイアウトを2段組にする

コントロールに集合形式レイアウトを適用すると、ラベルとテキストボックスがそれぞれ縦1列に並びます。2段組にしたい場合は、コントロールをドラッグして、移動先に表示されるピンクのラインを目安にドロップします。

▫ 集合形式レイアウトを2段組にする

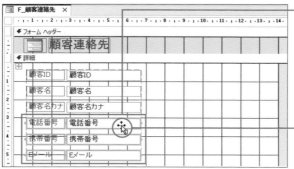

1. デザインビューで、2段目に移動するコントロールを選択し、

2. 選択したいずれかのコントロールにマウスポインターを合わせます。

3. 1番上のコントロールの右端までドラッグし、ピンクのラインが表示されたところでドロップします。

4. コントロールが2段目に移動します。

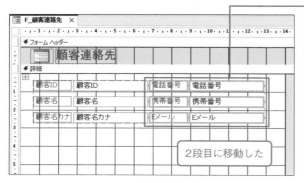

2段目に移動した

MEMO　列間のスペース

1段目と2段目の間のスペースを大きくしたい場合は、2段目の任意のラベルを選択して、プロパティシートの [書式] タブの [左スペース] プロパティで設定されている数値を大きくします。

なお、すべてのコントロール間のスペースを変更する方法は、206ページを参照してください。

集合形式レイアウトの
コントロールの幅を個別に変更する

集合形式レイアウトでは、同じ列のコントロールは自動的に同じ幅に揃います。特定の行にだけデータを2組表示したいときなど、異なる幅にしたい場合は、空白セルを挿入して調整します。

□ 空白セルを利用してコントロールの幅を調整する

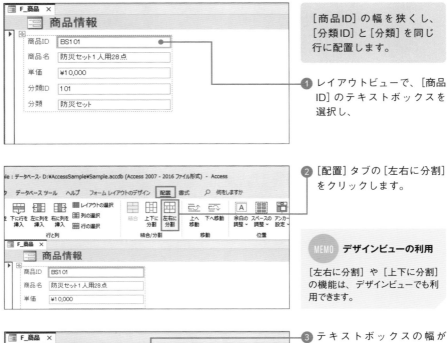

[商品ID] の幅を狭くし、[分類ID] と [分類] を同じ行に配置します。

① レイアウトビューで、[商品ID] のテキストボックスを選択し、

② [配置] タブの [左右に分割] をクリックします。

> MEMO **デザインビューの利用**
>
> [左右に分割] や [上下に分割] の機能は、デザインビューでも利用できます。

③ テキストボックスの幅が1/2になり、隣に空白セルが挿入されます。

④ 同様に [分類ID] のテキストボックスを選択して、[左右に分割] を2回クリックすると幅が1/4になり、隣に1/4幅と1/2幅の空白セルが挿入されます。

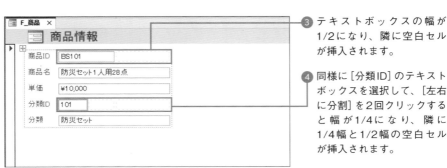

⑤ [分類] のラベルを空白セル
までドラッグします。

⑥ 同様に [分類] のテキスト
ボックスを空白セルまでド
ラッグしておきます。

⑦ 元の [分類] の位置に空白セ
ルが2つ残るので、2つま
とめて選択して [Delete] キー
で削除します。

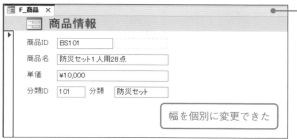

⑧ コントロールの幅を個別に
変更できました。

幅を個別に変更できた

COLUMN

セルの結合もできる

[配置] タブの [結合] を使用すると、隣り合う
セルを結合できます。例えば1つのテキスト
ボックスを4分割したあとで、そのうち3つ
分を結合して幅を調整するというような使い
方ができます。

表形式レイアウトを適用して
コントロールを自動整列させる

コントロールレイアウトの1つである「表形式レイアウト」を適用すると、コントロールの移動やサイズ変更のときに常に表の体裁を保ちます。適用していない場合に比べ、レイアウトに掛かる負担を大幅に軽減できます。

□ 表形式レイアウトを適用する

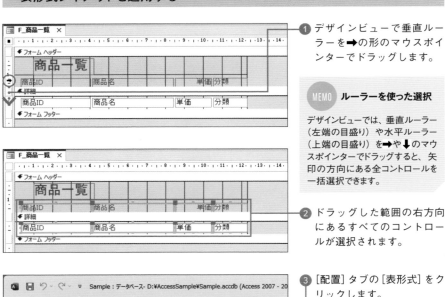

表形式レイアウトが
適用された

❶ デザインビューで垂直ルーラーを➡の形のマウスポインターでドラッグします。

MEMO ルーラーを使った選択

デザインビューでは、垂直ルーラー（左端の目盛り）や水平ルーラー（上端の目盛り）を➡や⬇のマウスポインターでドラッグすると、矢印の方向にある全コントロールを一括選択できます。

❷ ドラッグした範囲の右方向にあるすべてのコントロールが選択されます。

❸ [配置] タブの [表形式] をクリックします。

❹ 表形式レイアウトが適用され、田が表示されます。

MEMO 適用の見分け方

コントロールを選択したときに田が表示される場合、そのコントロールにはコントロールレイアウトが適用されています。

レイアウト作業が楽になる

表形式レイアウトでは行の高さは共通ですが、列の幅は個別に変更できます。列幅を変更したときにそれ以降の列が自動でずれて、常に表の体裁を保てます。列幅の変更はレイアウトビューで行うと、データの収まり具合を見ながら調整できます。

[商品ID] の列幅を狭くすると、

[商品名] [単価] [分類]の列が自動で左にずれます

列の入れ替えも簡単

ラベルとテキストボックスを選択して水平方向にドラッグし、ピンクのラインが表示されたところでドロップすると、ラインの位置に列全体を移動できます。ほかの列は自動でずれて、表の体裁を保てます。

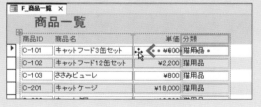

罫線の追加

コントロールレイアウト内のコントロールを選択して、[配置] タブの [枠線] から罫線の種類を選択すると、自動で罫線を引くことができます。右図のフォームは、[枠線] から [下] を選択し、さらに [書式] タブの [図形の枠線] で [透明] を設定したものです。具体的な操作方法は262ページを参考にしてください。

商品ID	商品名	分類	単価
C-101	キャットフード3缶セット	猫用品	¥600
C-102	キャットフード12缶セット	猫用品	¥2,200
C-103	ささみピューレ	猫用品	¥800
C-201	キャットケージ	猫用品	¥18,000
C-202	キャットタワー	猫用品	¥12,800
C-203	キャットランド	猫用品	¥27,000
C-301	猫砂	猫用品	¥1,300
D-101	ドライフード5kg	犬用品	¥4,200
D-102	ドライフード2kg	犬用品	¥2,000
D-103	はみがきガム	犬用品	¥800

第4章 フォーム作成とコントロール活用のテクニック

211

フォームにテキストボックスを
追加して計算結果を表示する

フォームに新しいテキストボックスを追加して計算結果を表示させるには、テキスト
ボックスの［コントロールソース］プロパティに「=式」を設定します。計算結果を表示
させるコントロールのことを「演算コントロール」と呼びます。

□ 新しいテキストボックスを追加する

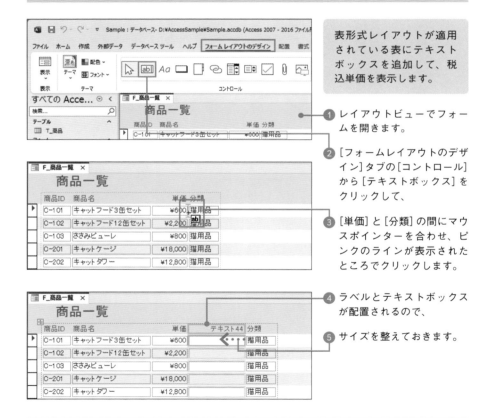

表形式レイアウトが適用
されている表にテキスト
ボックスを追加して、税
込単価を表示します。

① レイアウトビューでフォームを開きます。

② ［フォームレイアウトのデザイン］タブの［コントロール］から［テキストボックス］をクリックして、

③ ［単価］と［分類］の間にマウスポインターを合わせ、ピンクのラインが表示されたところでクリックします。

④ ラベルとテキストボックスが配置されるので、

⑤ サイズを整えておきます。

MEMO **表の体裁が保たれる**

コントロールレイアウト内に新しいコントロールを追加するときは、レイアウトビューで操作すると既存のコントロール
が自動でずれてレイアウトを保てます。コントロールレイアウトが適用されていない場合は、新しいコントロールの
追加後に手動でレイアウトを整える必要があります。

▫ テキストボックスに計算式を設定する

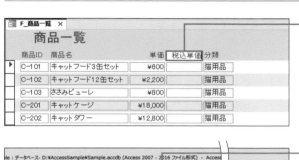

❶ ラベルをクリックして選択し、もう1度クリックするとカーソルが表示されるので、「税込単価」と入力します。

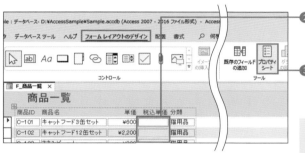

❷ 列内の任意のテキストボックスをクリックすると、列全体が選択されます。

❸ [フォームレイアウトデザイン] タブの [プロパティシート] をクリックします。

MEMO ショートカットキー

F4 キー、または Alt + Enter キーを押すと、プロパティシートを表示できます。

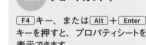

❹ プロパティシートの [データ] タブの [コントロールソース] 欄に式を入力し、

❺ [書式] タブの [書式] 欄から [通貨] を選択します。

❻ テキストボックスに計算結果が表示されます。

計算結果が表示された

コントロールのカーソルの移動順を設定する

フォームに新しいコントロールを追加したり、配置を変えたりすると、フォームビューで Tab キーや Enter キーを押したときのカーソルの移動順が乱れることがあります。カーソルの移動順は［タブオーダー］ダイアログボックスで修正できます。

タブオーダーを設定する

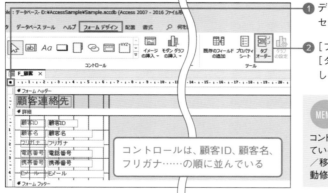

コントロールは、顧客ID、顧客名、フリガナ……の順に並んでいる

❶ デザインビューでフォームセレクターをクリックして、

❷ ［フォームデザイン］タブの［タブオーダー］をクリックします。

MEMO レイアウトの適用

コントロールレイアウトが適用されている場合、コントロールを追加／移動したときにタブオーダーは自動修正されます。

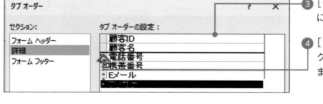

❸ ［フリガナ］の順序が最下位になっています。

❹ ［フリガナ］行の先頭の■をクリックし、［顧客名］の下までドラッグします。

カーソルの移動順をコントロールの配置どおりに変更できた

❺ ［OK］をクリックします。

MEMO タブ移動順

手順❺の画面で設定した順序は、各コントロールの［タブ移動順］プロパティに反映されます。［顧客ID］が0、［顧客名］が1というように0から始まる連番が［タブ移動順］プロパティに設定されます。

編集不要のコントロールに
カーソルが移動しないようにする

オートナンバー型や自動入力を設定したふりがなのコントロール、演算コントロールなどでは、[タブストップ]プロパティを既定値の[はい]から[いいえ]に変更すると、Tab キーや Enter キーを押したときにカーソルが移動しなくなります。編集可能なコントロールだけをテンポよく移動しながら効率よく入力できます。

▫ [タブストップ]プロパティを設定する

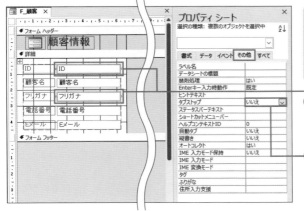

オートナンバー型の[ID]、自動入力を設定した[フリガナ]にカーソルが移動しないようにします。

① デザインビューで[ID][フリガナ]のテキストボックスを選択します。

② 213ページを参考にプロパティシートを表示し、[その他]タブの[タブストップ]欄で[いいえ]を選択します。

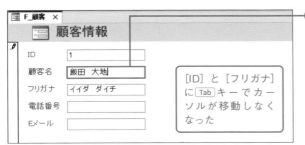

[ID]と[フリガナ]に Tab キーでカーソルが移動しなくなった

③ フォームを上書き保存して開き直すと、[ID]を飛ばして[顧客名]にカーソルが移動します。顧客名を入力して Tab キーを押すと、[フリガナ]を飛ばして順にカーソルが移動します。

> **MEMO** **[タブストップ]プロパティ**
>
> [タブストップ]プロパティは、Tab キーを押したときにそのコントロールにカーソルを移動するかどうかを制御するプロパティです。[いいえ]を設定すると Tab キーによる移動は不可になりますが、クリックした場合は移動します。ここでは Tab キーによって[フリガナ]にカーソルが移動しないように設定しましたが、修正が必要な場合はクリックすれば編集できます。

215

コントロールの編集を禁止する

テキストボックスなど入力用のコントロールの [編集ロック] プロパティに [はい] を設定すると、コントロールがロックされ、編集できない状態になります。ここではさらに [使用可能] プロパティで [いいえ] を設定して、コントロールにカーソルが移動しないようにします。

□ [編集ロック] プロパティと [使用可能] プロパティを設定する

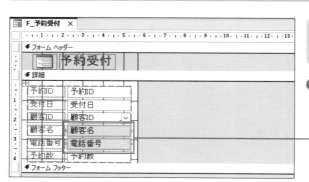

参照用の [顧客名][電話番号] の編集を禁止します。

❶ デザインビューで [顧客名] をクリックし、Ctrl キーを押しながら [電話番号] のテキストボックスをクリックして選択します。

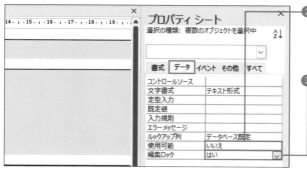

❷ 213ページを参考にプロパティシートを表示し、[データ] タブの [使用可能] 欄で [いいえ] を選択し、

❸ [編集ロック] 欄で [はい] を選択します。

MEMO **参照用のコントロールに設定すると便利**

オートルックアップクエリ（128ページ参照）を基に作成したフォームでは、多側テーブルから配置したフィールドは入力用、一側テーブルから配置したフィールドは参照用になります。[編集ロック] の機能は、そのようなフォームで誤って一側テーブルのデータ（ここでは [顧客名][電話番号]）が書き換えられるのを防ぐのに有効です。なお、サンプルでは [顧客名][電話番号] は編集できないことが見た目で伝わるように、背景色や枠線の色などの書式を変えています。

□ 設定効果を確認する

① フォームビューに切り替え、[予約ID] [受付日] [顧客ID] を入力して Tab キーを押すと、

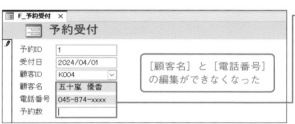

[顧客名] と [電話番号] の編集ができなくなった

② [顧客名] [電話番号] が自動表示され、[予約数] にカーソルが移動します。

③ [顧客名] や [電話番号] は、クリックしてもカーソルを移動できません。

MEMO [使用可能] プロパティと [タブストップ] プロパティ

[使用可能] と [タブストップ] (215ページ参照) は、どちらもコントロールへのカーソルの移動を制御するプロパティです。[使用可能] では完全に移動が禁止され、キー操作でもマウス操作でもカーソルを移動できません。それに対して [タブストップ] では Tab キーや Enter キーでの移動は禁止されますが、クリックすればカーソルが移動します。[編集ロック] に [はい]、[タブストップ] に [いいえ] を設定した場合、データの編集はできないものの、データを選択してコピーする操作は可能です。

COLUMN

[編集ロック] プロパティと [使用可能] プロパティ

[編集ロック] プロパティは、コントロールのデータが編集可能か編集不可かを指定します。既定値は [いいえ] です。また、[使用可能] プロパティは、コントロールにカーソルを移動させるかどうかを指定します。既定値は [はい] で、[いいえ] を設定した場合は Tab キーでもクリックでもカーソルが移動せず、結果として編集不可となります。

		使用可能	
		はい（既定値）	いいえ
編集ロック	はい	データの編集：不可 カーソル移動：可	データの編集：不可 カーソル移動：不可
	いいえ （既定値）	データの編集：可 カーソル移動：可	データの編集：不可 カーソル移動：不可 ※コントロールは淡色表示に変わる

フォームでレコードの
編集を禁止する

[レコードセット] プロパティを使用すると、フォームに表示されているレコードの編集可能／不可を制御できます。既定値は [ダイナセット] です。これを [スナップショット] に変更すると、レコードの追加、削除、更新を禁止できます。

□ [レコードセット] プロパティを設定する

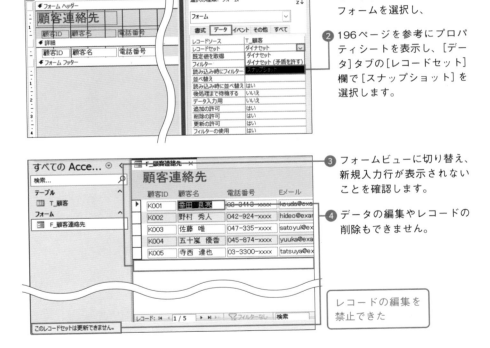

❶ デザインビューでフォームセレクターをクリックしてフォームを選択し、

❷ 196ページを参考にプロパティシートを表示し、[データ] タブの [レコードセット] 欄で [スナップショット] を選択します。

❸ フォームビューに切り替え、新規入力行が表示されないことを確認します。

❹ データの編集やレコードの削除もできません。

> レコードの編集を
> 禁止できた

COLUMN

レコードの追加・削除・更新を個別に禁止するには

手順❷の画面の画面で [追加の許可] [削除の許可] [更新の許可] プロパティを使用すると、レコードの追加・削除・更新を個別に禁止できます。例えばフォームでレコードの削除だけを禁止したい場合は、[レコードセット] を既定値の [ダイナセット] のまま [削除の許可] で [いいえ] を設定します。

フォームの入力で
ほかのユーザーとの競合を避ける

Accessではネットワーク上のユーザーが同時にデータベースを操作できます。フォームで複数のユーザーが同じレコードを同時に編集できないようにするには、[レコードロック]プロパティで[すべてのレコード]か[編集済みレコード]を選択します。

□ [レコードロック]プロパティを設定する

❶ デザインビューでフォームセレクターをクリックしてフォームを選択し、

❷ 196ページを参考にプロパティシートを表示し、[データ]タブの[レコードロック]欄で[編集済みレコード]を選択します。

❸ フォームビューで、ほかのユーザーが編集しているレコードを編集しようとすると、レコードセレクターに❷が表示され、レコードがロックされていることが示されます。

レコードをロックできた

COLUMN

レコードロックの既定値を設定するには

76ページを参考に[Accessのオプション]ダイアログボックスを開き、[クライアントの設定]の画面の[既定のレコードロック]欄でレコードロックの既定値を設定できます。例えば[編集済みレコード]を設定すると、その後作成するクエリやフォームの[レコードロック]プロパティに自動で[編集済みレコード]が設定されます。

SECTION 132
条件に合致するデータだけ 色を付けて目立たせる

条件に合致するデータを強調したい場合は、コントロールに条件付き書式を設定します。デザインビューとレイアウトビューのどちらでも設定できますが、ここでは設定効果をすぐに確認できるレイアウトビューを使用します。

□ [条件付き書式]を設定する

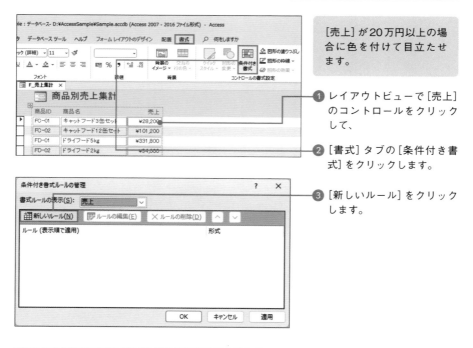

[売上]が20万円以上の場合に色を付けて目立たせます。

1 レイアウトビューで[売上]のコントロールをクリックして、

2 [書式]タブの[条件付き書式]をクリックします。

3 [新しいルール]をクリックします。

4 ルールの種類として[現在のレコードの値を確認するか、式を使用する]をクリックして、

5 条件(ここでは[フィールドの値][次の値以上][20000])を指定します。

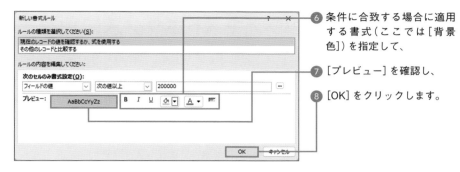

⑥ 条件に合致する場合に適用する書式（ここでは［背景色］）を指定して、

⑦ ［プレビュー］を確認し、

⑧ ［OK］をクリックします。

⑨ 手順③の画面に戻るので条件と書式を確認し、

⑩ ［OK］をクリックします。

MEMO **ルールの編集**

手順⑨の画面でルールを選択し、［ルールの編集］をクリックすると、条件や書式を編集できます。また、［ルールの削除］をクリックすると、条件付き書式を解除できます。

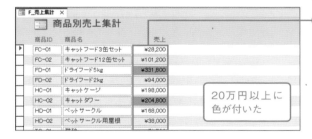

⑪ 20万円以上の売上に背景色が表示されます。

20万円以上に色が付いた

COLUMN

複数条件の設定

手順⑨の画面で再度［新しいルール］をクリックすると、同じコントロールに複数のルールを設定できます。その際「20万円以上は赤、10万円以上は緑」というように、優先順位の高い順に設定を行います。ルールの優先順位は、あとから ∧ や ∨ をクリックして変更することも可能です。

商品ID	商品名	売上
FC-01	キャットフード3缶セット	¥28,200
FC-02	キャットフード12缶セット	¥101,200
FD-01	ドライフード5kg	¥331,800
FD-02	ドライフード2kg	¥94,000
HC-01	キャットケージ	¥198,000
HC-02	キャットタワー	¥204,800
HD-01	ペットサークル	¥168,000
HD-02	ペットサークル用屋根	¥38,000

SECTION 133 未入力のテキストボックスに色を付けて「必須入力」と表示する

条件付き書式を利用して未入力のテキストボックスに色を付けるには、IsNull関数を使用して未入力かどうかを判定します。ここでは入力してほしいフィールドに色を付け、さらに [書式] プロパティを使用して「（必須入力）」と表示します。なお、確実に入力させるには 48 ページを参考に基のテーブルで値要求の設定をしてください。

□ [書式]プロパティを設定する

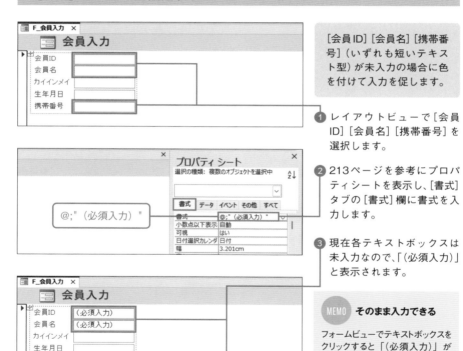

[会員ID] [会員名] [携帯番号]（いずれも短いテキスト型）が未入力の場合に色を付けて入力を促します。

❶ レイアウトビューで [会員ID] [会員名] [携帯番号] を選択します。

❷ 213 ページを参考にプロパティシートを表示し、[書式] タブの [書式] 欄に書式を入力します。

❸ 現在各テキストボックスは未入力なので、「（必須入力）」と表示されます。

MEMO **そのまま入力できる**

フォームビューでテキストボックスをクリックすると「（必須入力）」が消え、そのままデータを入力できます。

MEMO **文字列の書式**

短いテキスト型では、「文字列の書式;長さ0の文字列／Null値の書式」のように2つのセクションを指定できます。ここでは「@;"（必須入力）"」と指定して、Null値の場合に「（必須入力）」と表示しました。「@」は入力された文字列をそのまま表示するための書式指定文字です。

□ [条件付き書式] を設定する

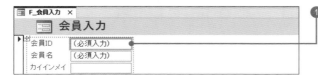

① [会員ID] を選択し、条件付き書式を設定するために 220 ページの手順②～④を実行します。

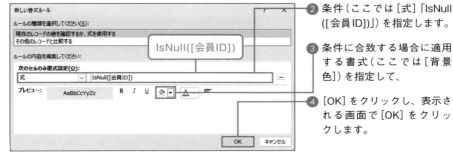

IsNull([会員ID])

② 条件 (ここでは [式] 「IsNull([会員ID])」) を指定します。

③ 条件に合致する場合に適用する書式 (ここでは [背景色]) を指定して、

④ [OK] をクリックし、表示される画面で [OK] をクリックします。

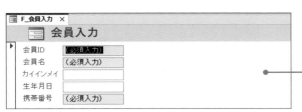

⑤ 同様に [会員名] [携帯番号] にも条件付き書式を設定しておきます。

⑥ フォームビューに切り替えます。

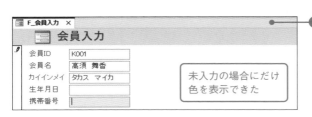

⑦ 「(必須入力)」と表示されている赤いテキストボックスにデータを入力すると、白に変わります。

未入力の場合にだけ色を表示できた

--- COLUMN ---

IsNull 関数

IsNull 関数の引数にコントロール名やテキストボックス名を指定すると、未入力かどうかを判定できます。

書式	IsNull(評価対象)
説明	[評価対象] が Null の場合に True、それ以外の場合に False を返します。

チェックボックスがオンのときだけ
コントロールを使用可能にする

条件付き書式では、背景色やフォントの色のほかに、コントロールの有効化を切り替える機能があります。ここでは、[入金済み]にチェックが付くまで[出荷日]テキストボックスが無効になるように設定します。

□ [条件付き書式]を設定する

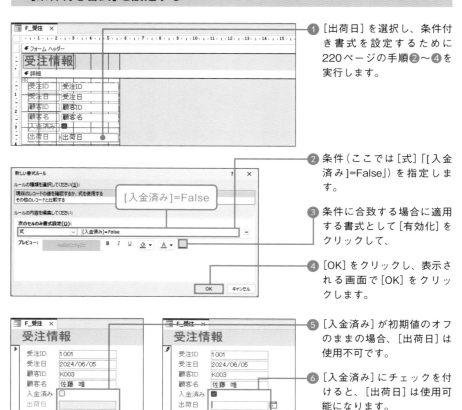

❶ [出荷日]を選択し、条件付き書式を設定するために220ページの手順❷〜❹を実行します。

❷ 条件(ここでは[式]「[入金済み]=False」)を指定します。

❸ 条件に合致する場合に適用する書式として[有効化]をクリックして、

❹ [OK]をクリックし、表示される画面で[OK]をクリックします。

❺ [入金済み]が初期値のオフのままの場合、[出荷日]は使用不可です。

❻ [入金済み]にチェックを付けると、[出荷日]は使用可能になります。

MEMO **再びオフにした場合**

[入金済み]を再度オフにした場合、[出荷日]は使用不可になり、[出荷日]に入力したデータは淡色表示になります。

単票フォームで新規レコードに
自動で連番を振る

単票形式のフォームでは[既定値]プロパティとDMax関数を使用して、新規レコード
の数値型のフィールドに自動で連番を振ることができます。連番は、既存のデータの「最
大値+1」で求めます。表形式のフォームでは機能しないので注意してください。

▫ [既定値]プロパティに式を設定する

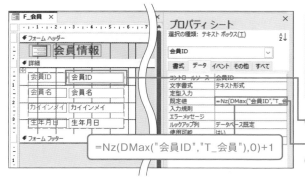

=Nz(DMax("会員ID","T_会員"),0)+1

[T_会員]テーブルをレ
コードソースとするフォー
ムで、数値型の[会員ID]
フィールドに連番を入力し
ます。

❶ [会員ID]のテキストボック
スをクリックし、

❷ 213ページを参考にプロパ
ティシートを表示し、[デー
タ]タブの[既定値]欄に式
を入力します。

連番を入力できた

❸ 新規レコードの[会員ID]に、
テーブルにレコードが存在
しない場合は「1」、存在す
る場合は既存の[会員ID]の
連番が表示されます。

— COLUMN —

DMax関数

DMax関数は、指定したフィールドの最大値を求める関数です。フィールドにデータが存在しない場
合に結果がNull値となります。そこでここではNz関数(159ページ参照)を使用してNull値の場合に
「1」を表示するようにしました。

書式	DMax(フィールド名 , テーブル名 , 条件式)
説明	指定したテーブルから[条件式]が成立するレコードを取り出し、指定したフィールドに含まれる値の最大値を求めます。[フィールド名][テーブル名]は文字列で指定します。[テーブル名]にはクエリも指定可能です。

コンボボックスを使用して
一覧から選択入力する

コンボボックスは、直接データを入力することも、リストから選択して入力することも
できるコントロールです。コンボボックスウィザードを使用して作成する方法もありま
すが、あとから修正する場合はプロパティを使用することになるので、ここでは最初か
らプロパティを使った作成方法を紹介します。

□ コンボボックスを配置する

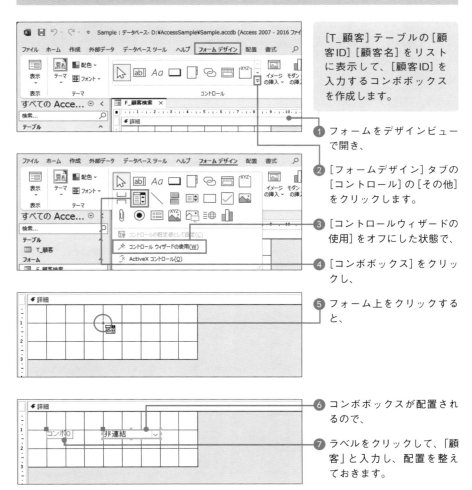

[T_顧客] テーブルの [顧客ID] [顧客名] をリストに表示して、[顧客ID] を入力するコンボボックスを作成します。

1 フォームをデザインビューで開き、

2 [フォームデザイン] タブの [コントロール] の [その他] をクリックします。

3 [コントロールウィザードの使用] をオフにした状態で、

4 [コンボボックス] をクリックし、

5 フォーム上をクリックすると、

6 コンボボックスが配置されるので、

7 ラベルをクリックして、「顧客」と入力し、配置を整えておきます。

□ コンボボックスの設定をする

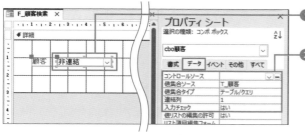

① コンボボックスをクリックして選択し、

② 213ページを参考にプロパティシートを表示し、下表のように設定します。

タブ	プロパティ	設定値	説明
データ	コントロールソース	（設定しない）	コンボボックスで入力した値を保存するフィールドを指定します。フィールドに保存しない場合は空欄にしておきます。
	値集合ソース	T_顧客	［値集合タイプ］で［テーブル／クエリ］を選択した場合はテーブルまたはクエリ名を設定します。［値リスト］を選択した場合は、リストに表示する値を「;」で区切って指定します。
	値集合タイプ	テーブル／クエリ	［テーブル／クエリ］を選択するとテーブルの値を、［値リスト］を選択すると指定した値をリストに一覧表示できます。
	連結列	1	リストに表示する列の中で何列目の値をコンボボックスのテキストボックス部分に表示するかを指定します。
	入力チェック	はい	リストの選択肢以外の値の入力を禁止するには［はい］、許可するには［いいえ］を設定します。
書式	列数	2	テーブルの左から何列分をリストに表示するかを指定します。
	列幅	1.5cm;3cm	各列の幅を「;」で区切って cm 単位（「cm」は省略可）で指定します。表示しない列には「0」を指定します。確定すると各数値の小数点以下に端数が付く場合がありますが、気にする必要はありません。
	リスト幅	4.5cm	入力リスト全体の幅を cm 単位（「cm」は省略可）で指定します。選択肢が多い場合は、スクロールバーの分の幅も計算に入れて設定します。
その他	名前	cbo 顧客	コントロールの名前を設定します。コントロールをマクロや VBA などで使用する場合は、わかりやすい名前を付けておきます。

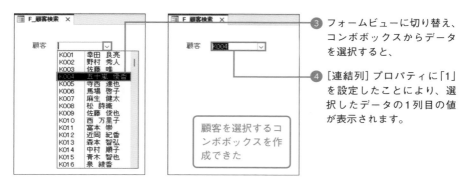

③ フォームビューに切り替え、コンボボックスからデータを選択すると、

④ ［連結列］プロパティに「1」を設定したことにより、選択したデータの1列目の値が表示されます。

顧客を選択するコンボボックスを作成できた

コンボボックスの2列目の値を別のテキストボックスに表示する

コンボボックスのリストに複数列のデータを表示した場合でも、テキストボックス部分に表示されるのは [連結列] プロパティに指定した列の値1つです。そのほかの列の値を表示したい場合は、別途テキストボックスを配置して、[コントロールソース] プロパティに「[コンボボックス名].[Column](列番号)」を指定します。列番号は、1列目を0、2列目を1、3列目を2……、と数えた番号で指定してください。

▫ テキストボックスのコントロールソースを設定する

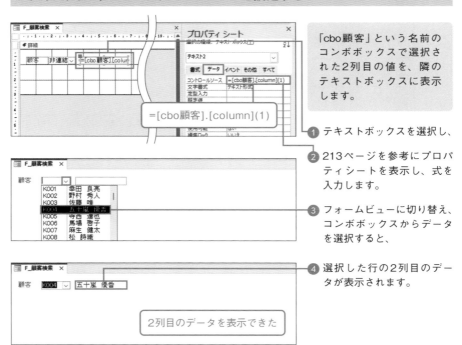

`=[cbo顧客].[column](1)`

「cbo顧客」という名前のコンボボックスで選択された2列目の値を、隣のテキストボックスに表示します。

❶ テキストボックスを選択し、

❷ 213ページを参考にプロパティシートを表示し、式を入力します。

❸ フォームビューに切り替え、コンボボックスからデータを選択すると、

❹ 選択した行の2列目のデータが表示されます。

2列目のデータを表示できた

MEMO **非連結のコンボボックスの使い道**

上図のようなテーブルのフィールドに連結しない（[コントロールソース] プロパティが空欄の）コンボボックスは、検索や抽出の条件の指定欄としてよく利用されます。具体例を248ページで紹介しているので参考にしてください。

MEMO **フィールドに連結するコンボボックス**

オートフォームやフォームウィザードでフォームを作成すると、テーブルでルックアップが設定されているフィールドの連結コントロールはコンボボックスになります。コンボボックスにはテーブルのルックアップの設定が継承されます。

コンボボックスで指定したレコードを検索してフォームに表示する

コンボボックスウィザードを使用すると、フォームからレコードを検索するシステムを作成できます。ウィザードの流れにしたがって設定を進めるだけで、コンボボックスの作成と、検索用のマクロの作成が簡単に行えます。

▫ コンボボックスウィザードを起動して設定する

[T_顧客] テーブルを基に作成したフォームのフォームヘッダーに、顧客検索用のコンボボックスを作成します。

❶ フォームをデザインビューで開き、[フォームデザイン] タブの [コントロール] の [その他] をクリックします。

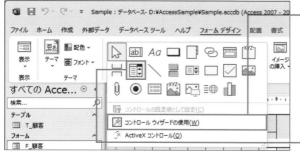

❷ [コントロールウィザードの使用] をオンにした状態で、

❸ [コンボボックス] をクリックし、

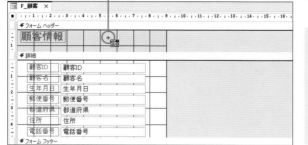

❹ フォームヘッダーをクリックします。

> **MEMO　自動作成の条件**
>
> フォームの [レコードソース] プロパティに何も設定されていない場合、コンボボックスウィザードに次ページの手順❻の選択肢が表示されず、検索用のコンボボックスを作成できません。

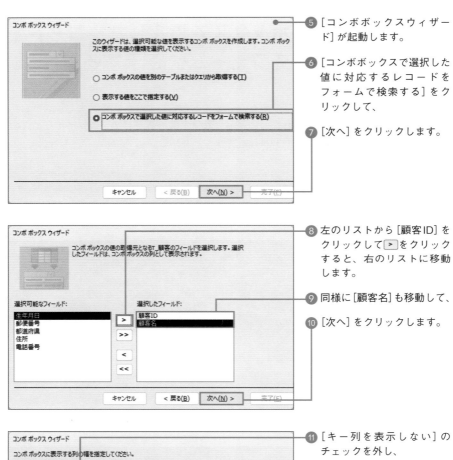

⑤ [コンボボックスウィザード] が起動します。

⑥ [コンボボックスで選択した値に対応するレコードをフォームで検索する] をクリックして、

⑦ [次へ] をクリックします。

⑧ 左のリストから [顧客ID] をクリックして ▶ をクリックすると、右のリストに移動します。

⑨ 同様に [顧客名] も移動して、

⑩ [次へ] をクリックします。

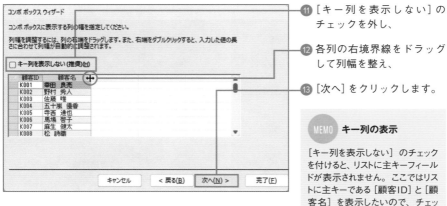

⑪ [キー列を表示しない] のチェックを外し、

⑫ 各列の右境界線をドラッグして列幅を整え、

⑬ [次へ] をクリックします。

> **MEMO** **キー列の表示**
>
> [キー列を表示しない] のチェックを付けると、リストに主キーフィールドが表示されません。ここではリストに主キーである [顧客ID] と [顧客名] を表示したいので、チェックを外しました。

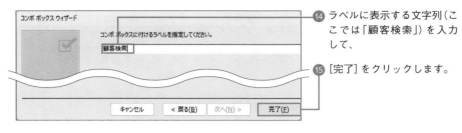

⑭ ラベルに表示する文字列（ここでは「顧客検索」）を入力して、

⑮ [完了]をクリックします。

⑯ 検索用のコンボボックスが作成されるので、位置とサイズを整えておきます。

MEMO　マクロが作成される

コンボボックスウィザードで検索用のコンボボックスを作成すると、自動的に埋め込みマクロが作成され、[更新後処理] イベントに設定されます。

□ 動作を確認する

❶ フォームビューに切り替え、

❷ コンボボックスから顧客を選択すると、

MEMO　列幅の修正

リストの列幅とデータのバランスが悪いときは、デザインビューに戻り、227ページの表を参考にコンボボックスの [列幅] [リスト幅] を調整します。

❸ 選択した顧客のレコードに切り替わります。

レコードを検索できた

231

SECTION 139
オプショングループを使用して複数の項目から1つを選択する

オプショングループを使用すると、「男」「女」「回答しない」などの項目をクリックで選択できるようになります。1つをオンにすると、ほかの項目が自動でオフになるのが特徴です。各項目に割り当てた数値がフィールドに入力されるので、連結するフィールドは数値型にしてください。ここではウィザードを使用して設定を行います。

▫ オプショングループウィザードを起動して設定する

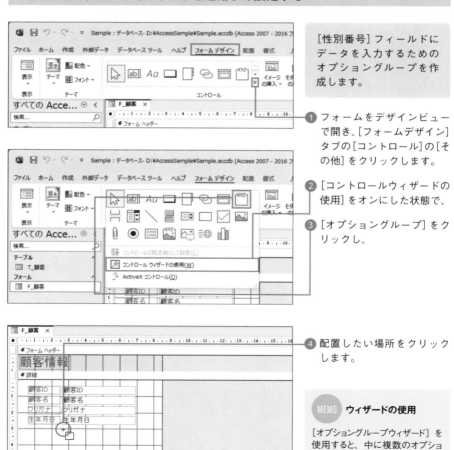

[性別番号] フィールドにデータを入力するためのオプショングループを作成します。

❶ フォームをデザインビューで開き、[フォームデザイン] タブの [コントロール] の [その他] をクリックします。

❷ [コントロールウィザードの使用] をオンにした状態で、

❸ [オプショングループ] をクリックし、

❹ 配置したい場所をクリックします。

MEMO **ウィザードの使用**

[オプショングループウィザード] を使用すると、中に複数のオプションボタンが配置されたオプショングループを簡単に作成できます。

232

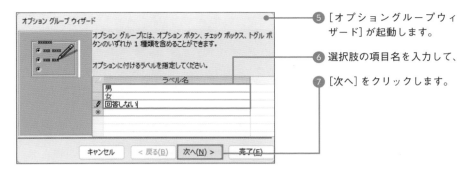

⑤ [オプショングループウィザード] が起動します。

⑥ 選択肢の項目名を入力して、

⑦ [次へ] をクリックします。

⑧ 既定値として [回答しない] を選択して、

⑨ [次へ] をクリックします。

第4章 フォーム作成とコントロール活用のテクニック

> **MEMO** 既定のオプション
>
> 手順⑧で [回答しない] を既定値にすると、新規レコードで [回答しない] が選択されます。また、オプショングループの [既定値] プロパティに手順⑩で指定する数値の「3」が設定されます。

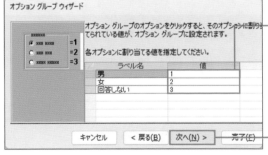

⑩ 各オプションボタンに割り当てる数値を入力して、

⑪ [次へ] をクリックします。

> **MEMO** 数値型を設定する
>
> 手順⑫で指定した [性別番号] フィールドには、手順⑩で割り当てた数値が入力されます。したがって [性別番号] フィールドのデータ型は数値型にする必要があります。

⑫ [次のフィールドに保存する] をクリックして、[性別番号] フィールドを選択し、

⑬ [次へ] をクリックします。

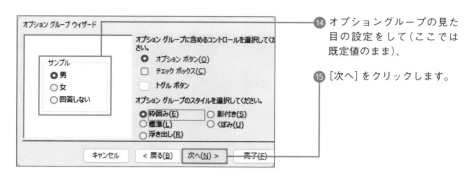

⑭ オプショングループの見た目の設定をして（ここでは既定値のまま）、

⑮ [次へ] をクリックします。

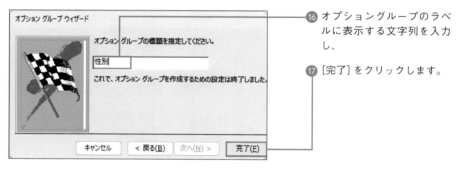

⑯ オプショングループのラベルに表示する文字列を入力し、

⑰ [完了] をクリックします。

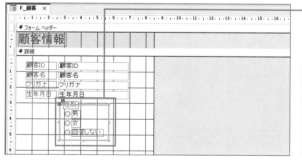
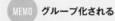

⑱ 3つのオプションボタンを含むオプショングループが作成されます。

MEMO グループ化される

3つのオプションボタンはグループ化されます。オプショングループの枠をドラッグすると、中のオプションボタンも一緒に移動します。

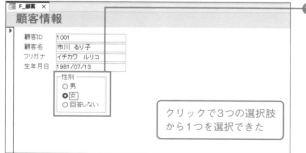

⑲ フォームビューで新規レコードを表示すると、[回答しない] が選択されます。[女] をクリックすると [回答しない] がオフになります。

> クリックで3つの選択肢から1つを選択できた

234

オプションボタンの設定

各オプションボタンの [オプション値] プ
ロパティには、手順⑩で指定した数値が
設定されます。オプショングループにあ
とから手動でオプションボタンを追加し
た場合、追加したオプションボタンの [オ
プション値] プロパティに既存のオプショ
ン値と重ならい数値を設定してください。

オプショングループの設定

オプショングループの [コントロールソー
ス] プロパティに手順⑫で指定した [性別
番号]、[既定値] プロパティに手順⑧で選
択したオプションボタンのオプション値
が設定されます。手順⑧で [既定のオプシ
ョンを設定しない] を選択した場合、[既
定値] プロパティは空欄になります。

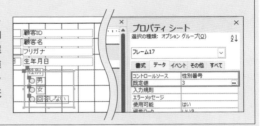

[性別番号] フィールドに入力された数値を文字列データに変換するには

オプショングループのコントロールソースである [性別番号] フィールドには、選択したオプション
ボタンのオプション値が入力されます。例えば [女] を選択した場合、[性別番号] フィールドに [女]
のオプション値である「2」が入力されます。この数値を「男」「女」などの文字列に変換するには、下
図のようにクエリでChoose関数を使用した演算フィールドを作成します。

なお、VBAを使用してフィールドに直接「男」などの文字列を入力する方法を356ページで紹介して
いるので参考にしてください。

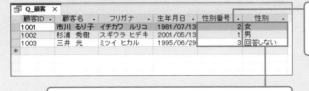

[性別番号] フィールド
にはオプション値の数
値が入力される

性別: Choose([性別番号],"男","女","回答しない")

書式	Choose(インデックス , 選択肢 1, 選択肢 2, ……)
説明	[インデックス] の値が1の場合は [選択肢1]、2の場合は [選択肢2] ……、というように [インデックス] に対応する選択肢を返します。

SECTION 140

フォームで添付ファイルの写真を追加／表示する

写真や文書ファイルをデータベースに保存するには、「添付ファイル」というデータ型を使用します。添付ファイル型のフィールドを含むテーブルからフォームを作成すると、自動で「添付ファイル」というコントロールが作成されますが、ここでは作成済みのフォームにあとから添付ファイル型フィールドを追加する方法と入力方法を紹介します。

□ 添付ファイル型のフィールドをフォームに追加する

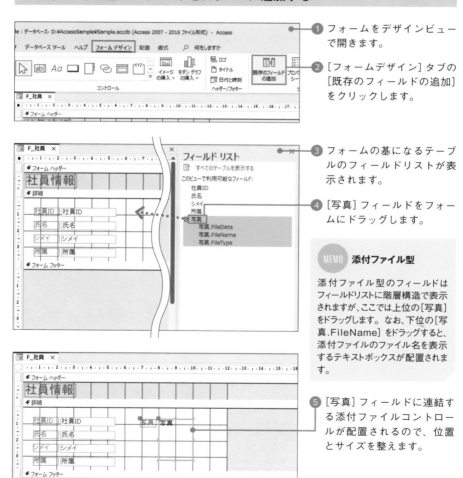

① フォームをデザインビューで開きます。

② [フォームデザイン] タブの [既存のフィールドの追加] をクリックします。

③ フォームの基になるテーブルのフィールドリストが表示されます。

④ [写真] フィールドをフォームにドラッグします。

MEMO 添付ファイル型

添付ファイル型のフィールドはフィールドリストに階層構造で表示されますが、ここでは上位の[写真]をドラッグします。なお、下位の[写真.FileName]をドラッグすると、添付ファイルのファイル名を表示するテキストボックスが配置されます。

⑤ [写真] フィールドに連結する添付ファイルコントロールが配置されるので、位置とサイズを整えます。

□ 添付ファイルコントロールに写真を追加する

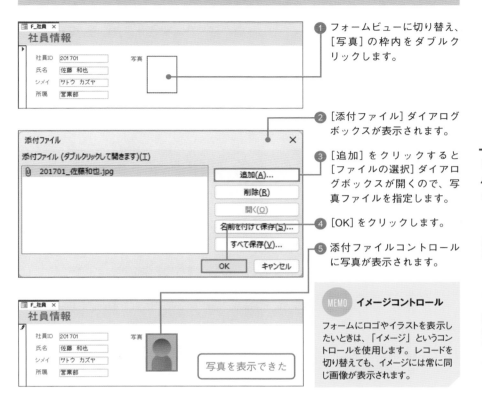

① フォームビューに切り替え、[写真]の枠内をダブルクリックします。

② [添付ファイル]ダイアログボックスが表示されます。

③ [追加]をクリックすると[ファイルの選択]ダイアログボックスが開くので、写真ファイルを指定します。

④ [OK]をクリックします。

⑤ 添付ファイルコントロールに写真が表示されます。

写真を表示できた

MEMO イメージコントロール

フォームにロゴやイラストを表示したいときは、「イメージ」というコントロールを使用します。レコードを切り替えても、イメージには常に同じ画像が表示されます。

COLUMN

添付ファイル型には複数のファイルを保存できる

添付ファイル型には、画像、Wordファイル、PDFなどさまざまなファイルを保存できます。元のファイルとは切り離され、データベースファイル内に圧縮して保存されます。手順③の画面で[追加]をクリックすると、同じレコードの同じフィールドに複数のファイルを追加できます。フォームビューで添付ファイルコントロールをクリックすると表示されるミニツールバーから、コントロールに表示されるファイルを切り替えられます。文書ファイルを保存した場合は、ファイルアイコンが表示されます。ファイルの中身を確認するには、手順③の画面で一覧からファイルをダブルクリックします。

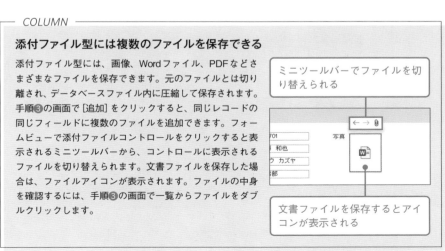

ミニツールバーでファイルを切り替えられる

文書ファイルを保存するとアイコンが表示される

フォームの中にフォームを埋め込んで
メイン／サブフォームを作成する

メイン／サブフォームを利用すると、一対多のリレーションシップが設定された2つの
テーブルの一側テーブルをメインフォームに、多側テーブルをサブフォームに配置して
親レコードと子レコードを同じ画面に整理して表示できます。ここではフォームウィ
ザードを使用してメイン／サブフォームを作成する方法を紹介します。

□ 基になるテーブルと作成するフォームの関係を確認する

　ここでは受注データを入力するためのメイン／サブフォームを作成します。メイン
フォームで[T_受注]テーブル、サブフォームで[T_受注明細]フォームのレコードを
入力します。入力した顧客IDや商品IDに対応する顧客名や商品名を参照するために、
[T_顧客][T_商品]テーブルも使用します。

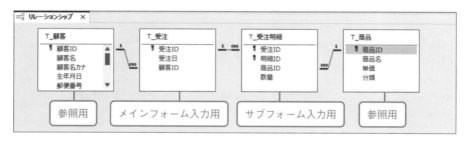

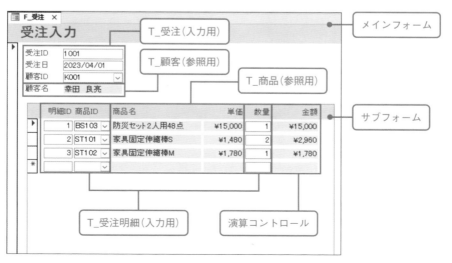

□ フォームウィザードでメイン／サブフォームを作成する

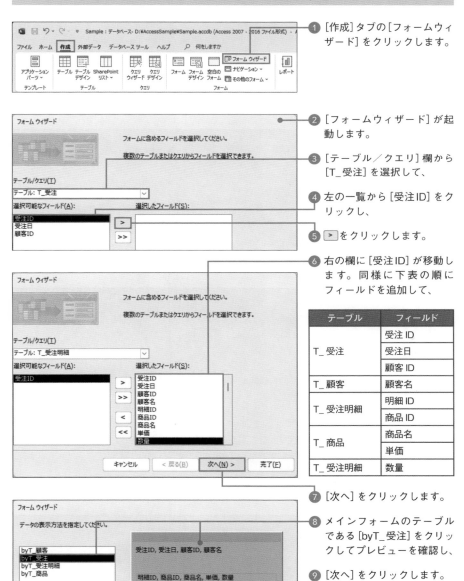

1. [作成] タブの [フォームウィザード] をクリックします。

2. [フォームウィザード] が起動します。

3. [テーブル／クエリ] 欄から [T_受注] を選択して、

4. 左の一覧から [受注ID] をクリックし、

5. ＞ をクリックします。

6. 右の欄に [受注ID] が移動します。同様に下表の順にフィールドを追加して、

テーブル	フィールド
T_受注	受注 ID
	受注日
	顧客 ID
T_顧客	顧客名
T_受注明細	明細 ID
	商品 ID
T_商品	商品名
	単価
T_受注明細	数量

7. [次へ] をクリックします。

8. メインフォームのテーブルである [byT_受注] をクリックしてプレビューを確認し、

9. [次へ] をクリックします。

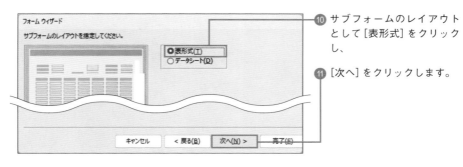

⑩ サブフォームのレイアウトとして [表形式] をクリックし、

⑪ [次へ] をクリックします。

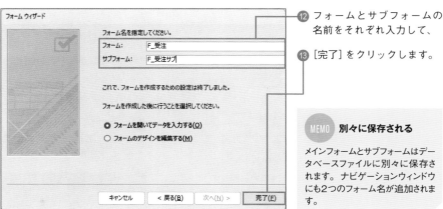

⑫ フォームとサブフォームの名前をそれぞれ入力して、

⑬ [完了] をクリックします。

MEMO 別々に保存される

メインフォームとサブフォームはデータベースファイルに別々に保存されます。ナビゲーションウィンドウにも2つのフォーム名が追加されます。

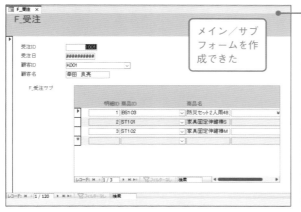

メイン/サブフォームを作成できた

⑭ メイン/サブフォームが作成され、フォームビューが表示されます。

⑮ 次ページを参考に書式やレイアウトを整えておきます。

MEMO レコードの入力

メイン/サブフォームでレコードを入力するときは、必ずメインフォームで先にレコードを入力します。

MEMO レコードの並べ替え

フォームウィザードで作成したフォームでは、レコードが意図した順序で並ばないことがあります。そのようなときは、242ページを参考に並べ替えの設定をしてください。

フォームの書式とレイアウトを整える

メイン／サブフォームを作成すると、メインフォームの中にサブフォームコントロール（正式名称は
サブフォーム／サブレポートコントロール）というコントロールが配置されます。サブフォームコン
トロールの［ソースオブジェクト］プロパティに、コントロール内に表示するフォーム名が自動設定
されます。また、［リンク親フィールド］［リンク子フィールド］プロパティにメインフォームのレコ
ードと結合するためのフィールドが自動設定されます。

238ページの図のメイン／サブフォームは、フォームウィザードで作成されたフォームを下表のよ
うに設定したものです。メインフォームの中にあるサブフォームの設定を行うには、まずクリック
してサブフォームコントロールを選択し、全体がオレンジ色の枠で囲まれた状態になったら、その
中の設定対象をクリックして設定します。もしくは、メインフォームをいったん閉じ、サブフォー
ム単体をデザインビューかレイアウトビューで開いて設定を行ってもよいでしょう。なお、下表の
設定を終えたときにフォームやサブフォームの右端と下端に大きな空きスペースができるようなら、
フォームの幅と詳細セクションの高さを調整してスペースを小さくしましょう。

メインフォームの修正内容

対象	修正内容	参照
タイトルのラベル	ラベルの文字を「F_受注」から「受注入力」に変更します。	213ページ
フォームヘッダー	高さと色を調整します。	199ページ
詳細セクションの
コントロール	集合形式レイアウトを適用してサイズとコントロール間のス
ペースを調整します。	204ページ
206ページ
サブフォームの
ラベル	「F_受注サブ」と表示されたラベルをクリックし、Delete キー
を押して削除します。	
サブフォーム	サブフォームをクリックし、全体がオレンジ色の枠で囲まれ
たことを確認して、位置とサイズを調整します。さらに［アン
カー設定］で［上下に引き伸ばし］を設定します。	201ページ
［顧客名］テキスト
ボックス	［編集ロック］プロパティで［はい］、［タブストップ］プロパ
ティで［いいえ］を設定して、色を変更します。	215ページ
216ページ

サブフォームの修正内容

対象	修正内容	参照
フォームヘッダー	ラベルを上方向にずらしてから、高さと色を調整します。	199ページ
コントロール	表形式レイアウトを適用してサイズを調整します。	210ページ
テキストボックスの
追加	表の右端にテキストボックスを追加し、ラベルを「金額」に
変更します。テキストボックスの［コントロールソース］プロ
パティに「=[単価]*[数量]」を設定し、［書式］プロパティで
［通貨］を設定します。	212ページ
［商品名］［単価］［金
額］テキストボックス	［編集ロック］プロパティで［はい］、［タブストップ］プロパ
ティで［いいえ］を設定して、色を変更します。	215ページ
216ページ
詳細セクション	［交互の行の色］を［色なし］にします。	199ページ
フォーム	［移動ボタン］プロパティを［いいえ］にします。	252ページ

第4章　フォーム作成とコントロール活用のテクニック

SECTION 142

フォームウィザードで作成した
フォームのレコードの並び順を設定する

フォームウィザードで複数のテーブルを基にフォームを作成した場合、レコードが意図した順序で並ばないことがあります。そのようなときは、フォームの［レコードソース］プロパティからクエリビルダーを起動して並べ替えの設定を行います。

□ クエリビルダーで並べ替えを設定する

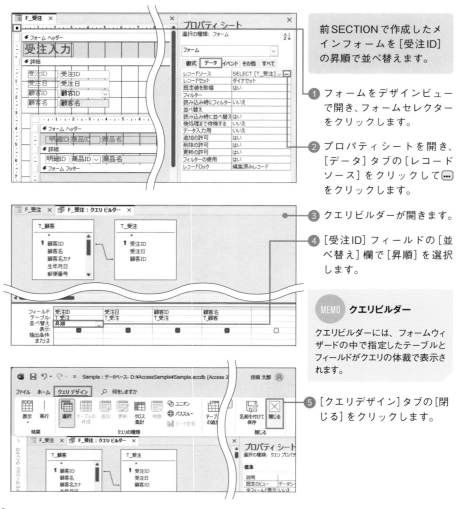

前SECTIONで作成したメインフォームを［受注ID］の昇順で並べ替えます。

1. フォームをデザインビューで開き、フォームセレクターをクリックします。

2. プロパティシートを開き、［データ］タブの［レコードソース］をクリックして ... をクリックします。

3. クエリビルダーが開きます。

4. ［受注ID］フィールドの［並べ替え］欄で［昇順］を選択します。

MEMO クエリビルダー

クエリビルダーには、フォームウィザードの中で指定したテーブルとフィールドがクエリの体裁で表示されます。

5. ［クエリデザイン］タブの［閉じる］をクリックします。

242

⑥ 更新確認のメッセージが表示されるので[はい]をクリックします。

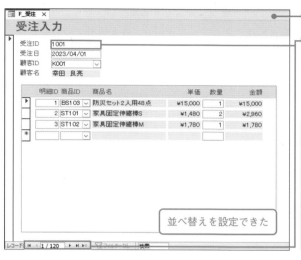

⑦ フォームビューに切り替え、

⑧ 移動ボタンでレコードを切り替えて[受注ID]フィールドが「1001、1002、1003……」と昇順で表示されることを確認します。

第 4 章 フォーム作成とコントロール活用のテクニック

MEMO 移動ボタン

241ページでサブフォームの[移動ボタン]プロパティを[いいえ]に設定したので、サブフォームには移動ボタンがありません。サブフォームのレコード数が増えると、自動で垂直スクロールバーが表示されます。

並べ替えを設定できた

COLUMN

サブフォームのレコードの並べ替えを設定するには

サブフォームで並べ替えを設定するには、まずクリックしてサブフォームコントロールを選択し、全体がオレンジ色の枠で囲まれた状態になったら、サブフォームのフォームセレクターをクリックし、手順②以降を実行します。もしくは、メインフォームをいったん閉じ、サブフォーム単体をデザインビューで開き直して設定を行ってもよいでしょう。

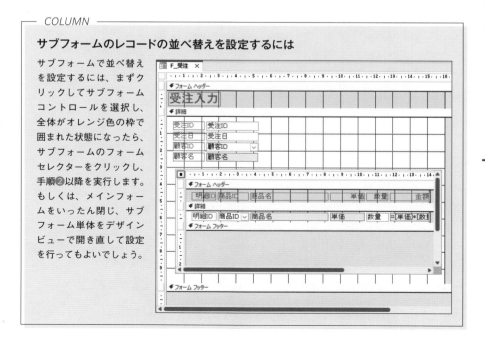

レコードの合計やデータ数を
フォームフッターに表示する

表形式のフォームのフォームフッターにテキストボックスを配置し、コントロールソースにSum関数などのSQL集合関数を設定すると、フォームに表示されている全レコードを対象に集計を行えます。

□ サブフォームに金額の合計を表示する

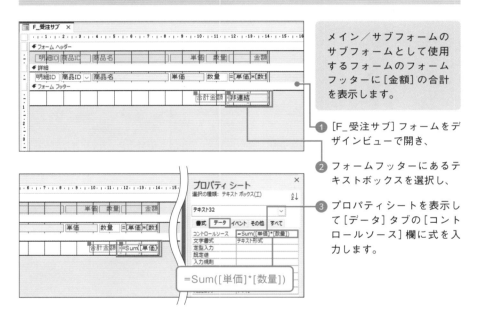

メイン／サブフォームのサブフォームとして使用するフォームのフォームフッターに[金額]の合計を表示します。

❶ [F_受注サブ]フォームをデザインビューで開き、

❷ フォームフッターにあるテキストボックスを選択し、

❸ プロパティシートを表示して[データ]タブの[コントロールソース]欄に式を入力します。

=Sum([単価]*[数量])

□ Sum関数の結果を確認する

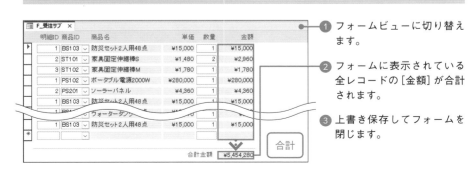

❶ フォームビューに切り替えます。

❷ フォームに表示されている全レコードの[金額]が合計されます。

❸ 上書き保存してフォームを閉じます。

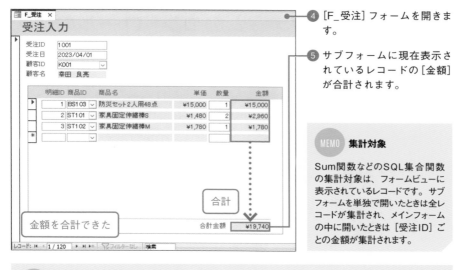

④ [F_受注] フォームを開きます。

⑤ サブフォームに現在表示されているレコードの [金額] が合計されます。

MEMO 集計対象

Sum関数などのSQL集合関数の集計対象は、フォームビューに表示されているレコードです。サブフォームを単独で開いたときは全レコードが集計され、メインフォームの中に開いたときは [受注ID] ごとの金額が集計されます。

第4章 フォーム作成とコントロール活用のテクニック

 テキストボックスの設定

[合計金額] のテキストボックスには、[書式] プロパティに [通貨]、[編集ロック] プロパティに [はい]、[タブストップ] プロパティに [いいえ] を設定してあります。また、背景色と枠線の色も変えてあります。

 直線の配置

[コントロール] の一覧には [直線] や [四角形] といった図形が含まれており、フォームの領域を区切りたいときに使用できます。このSECTIONのサンプルではサブフォームのフォームフッターの上端に [直線] を使用して水平線を引いているので、合計金額の上に水平線が表示されます。

COLUMN

Sum関数

Sum関数は「SQL集合関数」の1つで、クエリやフォーム、レポートのレコードソースを集計するために使用します。引数に指定できるのは、レコードソースに含まれるフィールド名だけです。ここで入力した「=Sum([単価]*[数量])」の [単価] と [数量] はレコードソースに含まれますが、[金額] はレコードソースに含まれないので「=Sum([金額])」とすることはできません。レコードソースにどのフィールドが含まれるかは、クエリビルダー（242ページ参照）で確認できます。
SQL関数にはさまざまな種類があります。例えば「=Count([明細ID])」と入力すると、テキストボックスに明細件数を表示できます。

書式	Sum(フィールド)
説明	指定した [フィールド] の合計値を求めます。Null 値は無視されます。

245

サブフォームのコントロールの値を
メインフォームに表示する

メインフォームのテキストボックスにサブフォームのコントロールの値を表示するには、テキストボックスの[コントロールソース]プロパティに「=[サブフォームコントロール名].[Form]![コントロール名]」を設定します。

□ サブフォームの[合計金額]の値をメインフォームに表示する

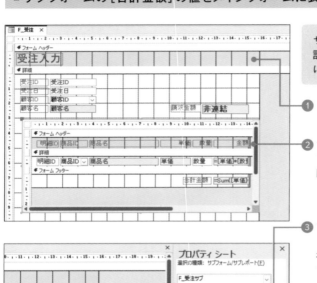

サブフォームで求めた合計金額をメインフォームに表示します。

① [F_受注]フォームをデザインビューで開き、

② サブフォームをクリックして全体がオレンジ色の枠で囲まれたことを確認します。

③ プロパティシートを表示し、[その他]タブの[名前]欄で名前(ここでは「F_受注サブ」)を確認します。

MEMO コントロール名が必要

ナビゲーションウィンドウに表示されるフォーム名ではなく、メインフォームに配置されたサブフォームコントロールとしての名前が必要です。ここでは両者が同じ名前ですが、異なる場合は必ずコントロール名のほうを使用してください。

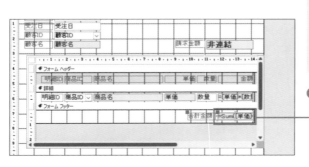

④ サブフォームコントロールが選択された状態で[合計金額]のテキストボックスをクリックすると、テキストボックスが選択されます。

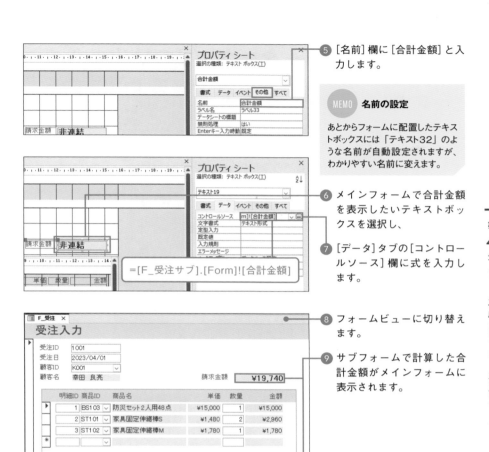

⑤ [名前] 欄に [合計金額] と入力します。

MEMO **名前の設定**

あとからフォームに配置したテキストボックスには「テキスト32」のような名前が自動設定されますが、わかりやすい名前に変えます。

⑥ メインフォームで合計金額を表示したいテキストボックスを選択し、

⑦ [データ] タブの [コントロールソース] 欄に式を入力します。

=[F_受注サブ].[Form]![合計金額]

⑧ フォームビューに切り替えます。

⑨ サブフォームで計算した合計金額がメインフォームに表示されます。

合計金額を表示できた

第4章 フォーム作成とコントロール活用のテクニック

COLUMN

コントロールの参照

テキストボックスに別のコントロールの値を表示するには、テキストボックスとコントロールがどこにあるかによって下表の式を使い分けます。

テキストボックスとコントロールの位置	式
2つが同じフォームに配置されている場合	[コントロール名]
2つが別のフォームに配置されている場合	[Forms]![フォーム名]![コントロール名]
サブフォームのコントロールをメインフォームのテキストボックスに表示する場合	[サブフォームコントロール名].[Form]![コントロール名]

145 パラメータークエリの抽出条件を フォームで指定できるようにする

パラメータークエリでは実行時に [パラメーターの入力] ダイアログボックスで抽出条件を指定しますが、ここでは [パラメーターの入力] ダイアログボックスの代わりにフォームで抽出条件を指定する仕組みを作成します。さらに、[コマンドボタンウィザード] を使用して、クエリをボタンのクリックで実行できるようにします。

□ パラメータークエリの抽出条件を設定する

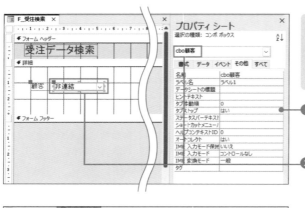

フォームのコンボボックスで指定した顧客の受注データをクエリで抽出します。

① 抽出条件を指定するフォーム（ここでは [F_受注検索]）をデザインビューで開き、

② 抽出条件の指定用のコンボボックスを選択して、プロパティシートで名前（ここでは「cbo顧客」）を確認しておきます。

③ クエリ（ここでは [Q_受注]）をデザインビューで開き、

④ [顧客ID] の [抽出条件] 欄に [F_受注検索] フォームの [cbo顧客] コンボボックスを参照する式を入力します。

⑤ クエリを上書き保存して閉じておきます。

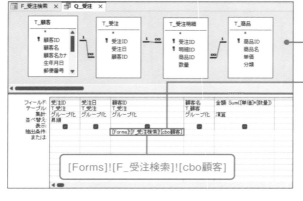

[Forms]![F_受注検索]![cbo顧客]

MEMO [cbo顧客] コンボボックス

[cbo顧客] コンボボックスは、226ページで作成したコンボボックスです。一覧に [顧客ID] と [顧客名] の2列を表示します。選択された行の [顧客ID] がコンボボックスの値となります。

□パラメータークエリを実行するためのボタンを作成する

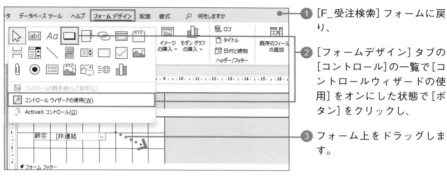

① [F_受注検索] フォームに戻り、

② [フォームデザイン] タブの [コントロール] の一覧で [コントロールウィザードの使用] をオンにした状態で [ボタン] をクリックし、

③ フォーム上をドラッグします。

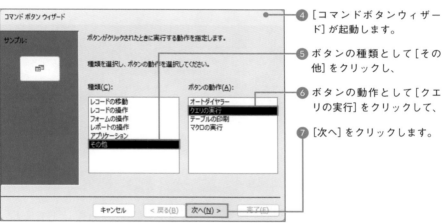

④ [コマンドボタンウィザード] が起動します。

⑤ ボタンの種類として [その他] をクリックし、

⑥ ボタンの動作として [クエリの実行] をクリックして、

⑦ [次へ] をクリックします。

⑧ 実行するクエリ (ここでは [Q_受注]) をクリックして、

⑨ [次へ] をクリックします。

> **MEMO ボタンのウィザード**
>
> [コマンドボタンウィザード] は、ボタンをクリックしたときの処理を自動設定する機能です。「フォームを開く」「レポートを印刷する」「クエリを実行する」など、さまざまな処理を自動化できます。

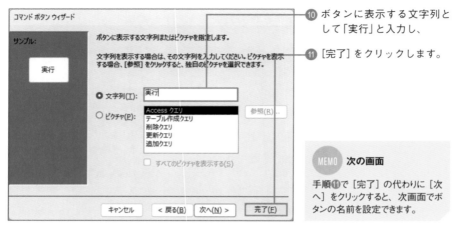

⑩ ボタンに表示する文字列として「実行」と入力し、

⑪ [完了] をクリックします。

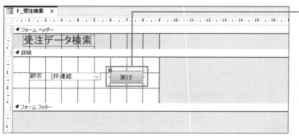

⑫ ボタンが作成されます。

□ ボタンをクリックして実行確認する

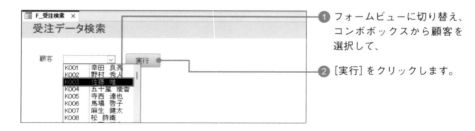

① フォームビューに切り替え、コンボボックスから顧客を選択して、

② [実行] をクリックします。

③ [Q_受注] クエリが実行され、

④ コンボボックスで指定した顧客の受注データが抽出されます。

250

COLUMN

抽出条件の指定例

抽出条件に演算子を組み合わせると、「いつからいつまで」「〇〇を含む」のようなさまざまな抽出条件を表現できます。例えば、下図のようなフォームで [受注日 From] テキストボックスの日付から [受注日 To] テキストボックスの日付までのデータを抽出するには、クエリの [受注日] フィールドの抽出条件に Between And 演算子を使用します。また、[顧客名] テキストボックスに入力した氏名の一部で抽出するには、クエリの [顧客名] フィールドの抽出条件に Like 演算子とワイルドカード文字の「*」を使用します。

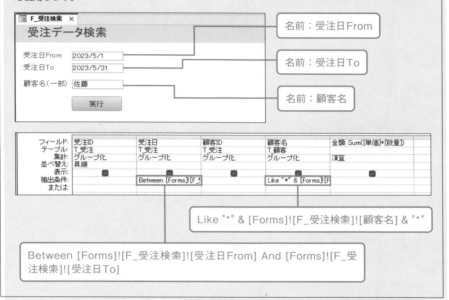

COLUMN

フォームやレポートのレコードを抽出するには

このSECTIONで紹介したパラメータークエリを基にフォームやレポートを作成し、[コマンドボタンウィザード] でフォームやレポートを開くボタンを作成すれば、[F_受注検索] フォームで指定した条件に合致するレコードをフォームやレポートで表示できます。なお、パラメータークエリからフォームやレポートを作成するときは、いったん抽出条件を削除しておくと作成しやすいです。

フォームをメニュー画面の体裁にする

メニュー画面のようにレコードを表示しないフォームは、レコードセレクターや移動ボタンが不要です。これらの部品を非表示にするとメニュー画面の体裁が整います。ここではそのようなフォームの設定方法を紹介します。メニュー上のボタンの具体的な作成方法は、前SECTIONや第6章を参照してください。

□ フォームをメニュー画面の体裁にする

❶ 初期状態の設定では、フォームにレコードセレクターや移動ボタン、スクロールバーのための領域が表示されます。

❷ デザインビューに切り替え、フォームセレクターをクリックして196ページを参考にプロパティシートを表示し、

❸ [書式] タブの [レコードセレクタ] 欄と [移動ボタン] 欄でそれぞれ [いいえ] を選択し、

❹ [スクロールバー] 欄で [なし] を選択します。

❺ フォームビューに切り替え、レコードセレクター、移動ボタン、スクロールバーの表示領域が非表示になったことを確認します。

メニューの体裁になった

SECTION 147

フォームがダイアログボックス形式で開くようにする

フォームをダイアログボックス形式で開くと最前面に表示され、そのフォームを閉じない限りほかのオブジェクトを扱えません。このようなフォームを「モーダルフォーム」と呼びます。ここではモーダルフォームの設定方法を紹介します。

□ フォームをダイアログボックス形式にする

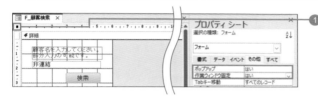

❶ デザインビューでフォームセレクターをクリックして、196ページを参考にプロパティシートを表示し、下表のようにプロパティを設定します。

タブ	プロパティ	設定値	
書式	標題	顧客検索	ダイアログボックスのタイトルバーに表示する文字列を設定します。
	境界線スタイル	ダイアログ	[ダイアログ] を設定すると、ウィンドウサイズを変更できなくなり、タイトルバーにある [最小化] [最大化] ボタンが非表示になります。既定値は [サイズ変更可] です。
	レコードセレクタ	いいえ	レコードセレクターを表示するかどうかを指定します。既定値は [はい] です。
	移動ボタン	いいえ	移動ボタンを表示するかどうかを指定します。既定値は [はい] です。
	スクロールバー	なし	スクロールバーを表示するかどうかを指定します。既定値は [水平/垂直] です。
その他	ポップアップ	はい	[はい] を設定すると、フォームが独立したウィンドウとして最前面に表示されます。既定値は [いいえ] です。
	作業ウィンドウ固定	はい	[はい] を設定すると、そのフォームを閉じない限り、ほかのオブジェクトを操作できなくなります。既定値は [いいえ] です。

❷ フォームビューに切り替えると、ダイアログボックス形式で表示されます。

> **MEMO ビューの切り替え**
>
> デザインビューに戻るには、フォームを右クリックして [デザインビュー] をクリックします。

ダイアログボックス形式で開いた

データベースの起動時に
メニュー画面を自動表示する

データベースの起動時に自動でメニュー画面が表示されるように設定しておくと、使い勝手が上がります。また、ナビゲーションウィンドウやリボンの一部のタブを非表示にすれば不慣れなユーザーによる誤操作を防げます。

起動時の設定を行う

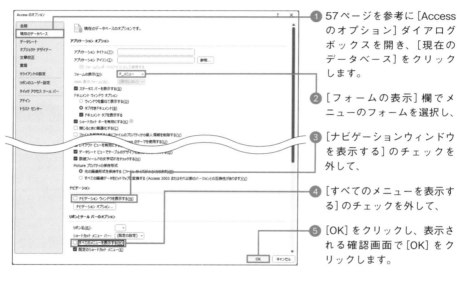

1. 57ページを参考に[Accessのオプション]ダイアログボックスを開き、[現在のデータベース]をクリックします。

2. [フォームの表示]欄でメニューのフォームを選択し、

3. [ナビゲーションウィンドウを表示する]のチェックを外して、

4. [すべてのメニューを表示する]のチェックを外して、

5. [OK]をクリックし、表示される確認画面で[OK]をクリックします。

メニュー画面が自動表示された

6. ファイルを開き直すとメニュー画面が自動表示されます。[ファイル][ホーム]以外のタブとナビゲーションウィンドウは表示されません。

MEMO 起動時の設定を無視して開くには

Shift キーを押しながらファイルアイコンをダブルクリックすると、ここで行った設定を無視してファイルが開きます。なお、起動時の設定で開いた場合でも F11 キーを押せばナビゲーションウィンドウを表示できます。

第 5 章

レポートによる
データ印刷のテクニック

レポート作成の基本を理解する

レポートは、データを印刷するためのオブジェクトです。[作成] タブにある [オートレポート] や [レポートウィザード] を使用すると、一覧表や伝票などのさまざまな形式のレポートを簡単に作成できます。

□ レポートを作成する

オートレポートでは、コントロールに表形式レイアウトが適用されたレポートが作成されます。レポートウィザードでは表形式か単票形式か、グループ化するかどうかなどを指定して、さまざまな印刷物を作成できます。

オートレポート機能で作成したレポート

オートレポートで作成したレポートには表形式レイアウトが適用されているので、レイアウト作業が楽にできる

MEMO 操作はフォームと同じ

コントロールの追加やプロパティの設定方法、コントロールレイアウトの操作は、基本的にフォームの場合と同じです。

レポートウィザード機能で作成したレポート

レポートウィザードではグループ化した表など、複雑な表を作成できる

MEMO ラベルやハガキの宛名

[作成] タブにある [宛名ラベル] [はがきウィザード] [伝票ウィザード] を使用すれば、市販のラベルやはがき、宅配便伝票の宛名をスムーズに作成できます。

□ レポートの設計を行うビュー

　レポートの設計画面には、レイアウトビューとデザインビューがあります。レイアウトビューでは用紙の余白が表示され、コントロールの収まり具合を確認できるので表の列幅の調整に向いています。ただし、詳細な設定はデザインビューで行います。

レイアウトビューでは余白や改ページ位置が破線で表示される

コントロールの右端を破線の内側までドラッグすると、

コントロールが1ページ目に収まり、次ページに表示されていた縞模様が消え、印刷の無駄を回避できる

□ レポートの印刷プレビュー

　テーブルやフォームの印刷プレビューは［ファイル］タブの［印刷］から表示しますが、レポートではビューを切り替えるだけで印刷プレビューを確認できます。

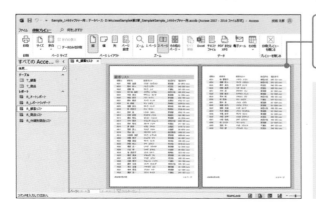

［ホーム］タブの［表示］ボタンから印刷プレビューを表示できる

MEMO　レポートビュー

レポートビューは、レポートに印刷するデータを画面上で確認するためのビューで、印刷イメージどおりには表示されません。印刷イメージを確認するには印刷プレビューを使用してください。

レポートのセクションを理解する

レポートを思い通りの構成に仕上げるには、セクションの知識が不可欠です。どのセクションがどの位置に印刷されるのかを理解してコントロールを配置すれば、データを意図した位置に印刷できます。

□ セクションの種類

　レポートで使用できるセクションは以下の7種類です。詳細セクションはレコードを表示するベースとなる領域で、それ以外は必要に応じて表示／非表示を切り替えます。例えば表の見出しをレポートヘッダーに配置した場合、見出しは1ページ目だけに印刷されます。ページヘッダーに配置した場合は各ページの先頭に印刷され、グループヘッダーに配置した場合はグループが切り替わるたびに印刷されます。

デザインビュー

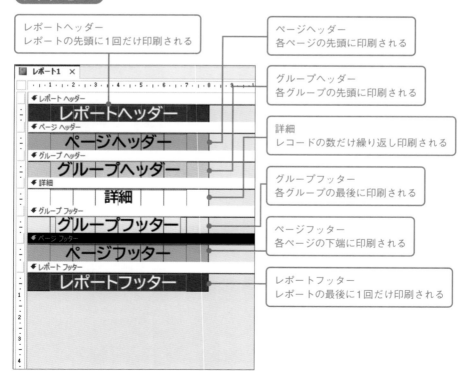

印刷結果（1ページ目）

印刷結果（2ページ目）

> グループが3つ、各グループにレコードが4件ずつあるレポート

第5章 レポートによるデータ印刷のテクニック

□ セクションの表示／非表示

レポートヘッダー／フッターとページヘッダー／フッターは、セクションバーを右クリックして表示されるメニューから表示できます。一方、グループヘッダー／フッターは、「グループ化」の設定を行った場合に限り表示できます。

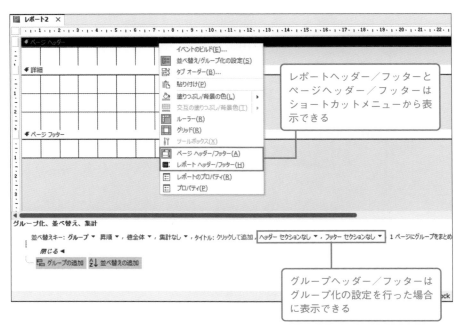

> レポートヘッダー／フッターとページヘッダー／フッターはショートカットメニューから表示できる

> グループヘッダー／フッターはグループ化の設定を行った場合に表示できる

表形式レイアウトの
適用後のずれを修正する

レポート上のコントロールの配置を整えるには、表形式レイアウトを設定するのが早道です。しかし、表形式レイアウトを適用したときに、ラベルの下に正しくテキストボックスが配置されないことがあります。ここではその対処方法を紹介します。なお、表形式レイアウトの基本については210ページを参照してください。

□ 表形式レイアウトを正しく適用する

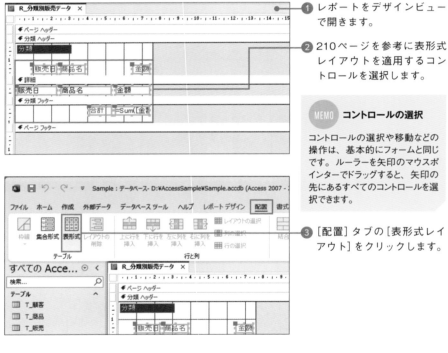

❶ レポートをデザインビューで開きます。

❷ 210ページを参考に表形式レイアウトを適用するコントロールを選択します。

MEMO コントロールの選択

コントロールの選択や移動などの操作は、基本的にフォームと同じです。ルーラーを矢印のマウスポインターでドラッグすると、矢印の先にあるすべてのコントロールを選択できます。

❸ [配置] タブの [表形式レイアウト] をクリックします。

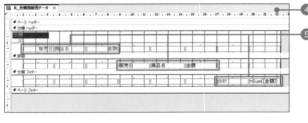

❹ フォームの幅が広がり、

❺ ラベルとテキストボックスが左右に分かれた状態で表形式レイアウトが適用され、その上下に空白セルが挿入されます。

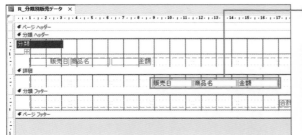

⑥ 詳細セクションのテキスト
ボックスを選択します。

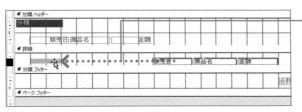

⑦ テキストボックスを左端の
空白セルまでドラッグし、
セル内にピンクの長方形が
表示されたところでドロッ
プします。

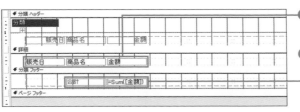

⑧ テキストボックスがラベル
の下に移動します。

⑨ 同様にグループフッターの
コントロールも移動します。

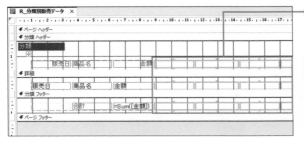

⑩ 右側の空白セルを選択し、
Delete キーを押します。

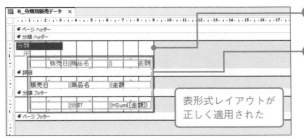

⑪ 空白セルが削除されるので、
フォームの幅を調整します。

⑫ 表形式レイアウトが正しく
適用されたので、列幅を調
整しておきます。

表形式レイアウトが
正しく適用された

コントロールレイアウトを
利用して罫線表を作成する

コントロールレイアウトには、枠線の自動描画機能があります。直線コントロールを使用するのに比べて、断然効率よく罫線を引けます。ただし、注意しないとセクションの背景色や交互の行の色が罫線表からはみ出ることがあります。ここでは表形式レイアウトに格子罫線を引くのを例として、罫線設定の手順とコツを紹介します。

□ 表形式レイアウトに格子罫線を設定する

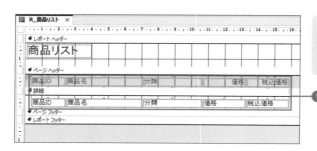

表形式レイアウトが適用されているコントロールに格子罫線を引きます。

① 210ページを参考にデザインビューでページヘッダーと詳細セクションのコントロールを選択します。

② [配置] タブの [スペースの調整] → [なし] をクリックします。

> **MEMO コントロールの枠線**
>
> コントロール自体に枠線が引かれている場合は、コントロールレイアウトの枠線を設定すると線が二重になってしまいます。[書式] タブの [図形の枠線] から [透明] を選択してコントロールの枠線を非表示にしましょう。

③ 各コントロールの左右の境界線がぴったり重なります。

④ [配置] タブの [枠線] → [水平／垂直] をクリックします。

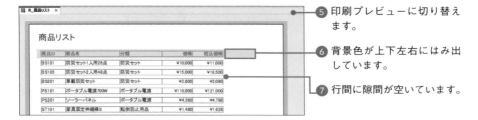

⑤ 印刷プレビューに切り替えます。

⑥ 背景色が上下左右にはみ出しています。

⑦ 行間に隙間が空いています。

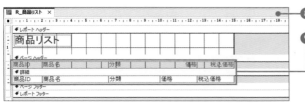

⑧ デザインビューに戻り、

⑨ 下のMEMOを参考にフォームやセクションの境界線とコントロールの間に隙間ができないように調整します。

第5章　レポートによるデータ印刷のテクニック

MEMO　左右の調整と上下の調整

左右の隙間をなくすには、表形式レイアウト内の全コントロールを選択し、フォームの左端までドラッグして移動したうえで、フォームの右端を［税込価格］の右境界線までドラッグして隙間をなくします。
上下の隙間の調整はセクションごとに行います。セクション内の全コントロールを選択してセクションの上端に移動したうえで、セクションの下端をコントロールの下端までドラッグして隙間をなくします。

罫線表を作成できた

⑩ 印刷プレビューに切り替えて、背景色のはみ出しと行間の隙間が解消されたことを確認します。

COLUMN

スペースの大きさと枠線の関係

コントロールレイアウトの枠線は、設定されているスペースの大きさによって引かれる位置が変わります。例えば上下左右のスペースが3mmの場合、コントロールから3mm離れた位置に枠線が引かれます。右図は、集合形式レイアウトに青い枠線、各コントロールにグレーの枠線を引いたものです。スペースを［なし］にすると、青い線とグレーの線が重なります。

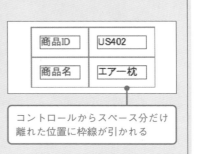

コントロールからスペース分だけ離れた位置に枠線が引かれる

コントロール内の文字の位置を調整する

コントロール内の文字の横位置は［書式］タブの［左揃え］［中央揃え］［右揃え］で設定できますが、詳細な位置は余白のプロパティで調整します。例えば、左揃えのコントロールの場合、［上余白］と［左余白］を変更すると文字の開始位置を調整できます。

□ コントロールの余白を設定する

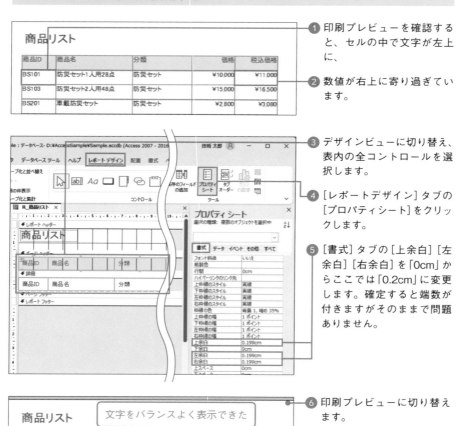

① 印刷プレビューを確認すると、セルの中で文字が左上に、

② 数値が右上に寄り過ぎています。

③ デザインビューに切り替え、表内の全コントロールを選択します。

④ ［レポートデザイン］タブの［プロパティシート］をクリックします。

⑤ ［書式］タブの［上余白］［左余白］［右余白］を「0cm」からここでは「0.2cm」に変更します。確定すると端数が付きますがそのままで問題ありません。

⑥ 印刷プレビューに切り替えます。

⑦ コントロールの上、左、右に余白ができ、文字がバランスよく表示されます。

文字をバランスよく表示できた

表を用紙の中で
バランスよく印刷する

レポートを用紙にバランスよく印刷するには、［ページ設定］で余白の調整を行います。
その際、用紙のサイズと表のサイズの差を計算して余白の設定値を求めます。ここでは、
表が用紙の左右中央に印刷されるように設定します。

□ ［ページ設定］ダイアログボックスで余白を設定する

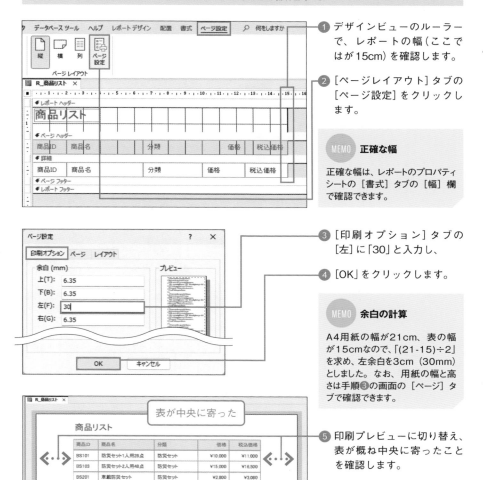

① デザインビューのルーラー
で、レポートの幅（ここで
は が15cm）を確認します。

② ［ページレイアウト］タブの
［ページ設定］をクリックし
ます。

MEMO 正確な幅

正確な幅は、レポートのプロパティ
シートの［書式］タブの［幅］欄
で確認できます。

③ ［印刷オプション］タブの
［左］に「30」と入力し、

④ 「OK」をクリックします。

MEMO 余白の計算

A4用紙の幅が21cm、表の幅
が15cmなので、「(21-15)÷2」
を求め、左余白を3cm（30mm）
としました。なお、用紙の幅と高
さは手順③の画面の［ページ］タ
ブで確認できます。

⑤ 印刷プレビューに切り替え、
表が概ね中央に寄ったこと
を確認します。

レポートのレコードを並べ替える

レポートでは、レコードがレコードソースと同じ順序にならないことがあります。その
ようなときは、[グループ化、並べ替え、集計] ウィンドウを使用して並べ替えの設定
を行います。デザインビューとレイアウトビューのどちらでも設定できますが、ここで
は並べ替えた結果を確認しながら操作できるレイアウトビューを使います。

□ 並べ替えの設定を行う

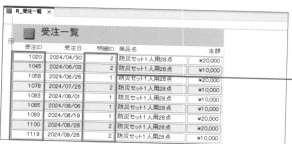

[受注ID]、[明細ID] の順
に並べ替えを行います。

① レポートをレイアウト
ビューで開き、現在のレコー
ドの順序を確認しておきま
す。

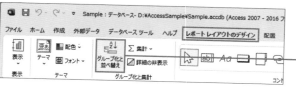

② [レポートレイアウトのデザイ
ン] タブの [グループ化と
並べ替え] をクリックしま
す。

③ [グループ化、並べ替え、集
計] ウィンドウが表示され
ます。

④ [並べ替えの追加] をクリッ
クします。

MEMO ウィンドウを閉じる

[グループ化、並べ替え、集計] ウィ
ンドウを閉じるには、再度手順②
の操作を行うか、ウィンドウの右上
にある×をクリックします。

266

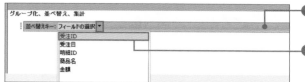

⑤ [並べ替えキー] の設定欄が表示されます。

⑥ [フィールドの選択] から最優先の並べ替えの基準となる [受注ID] を選択します。

⑦ [並べ替えの追加] をクリックします。

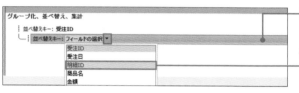

⑧ 新しい [並べ替えキー] の設定欄が表示されます。

⑨ [フィールドの選択] から2番目の並べ替えの基準となる [明細ID] を選択します。

⑩ レコードが [受注ID] 順に並べ替えられ、同じ [受注ID] の中では [明細ID] 順に並べ替えられます。

レコードが並べ替えられた

COLUMN

並べ替えの編集

[並べ替えキー] をクリックすると、設定欄がオレンジ色になります。その状態で、並べ替えのフィールドや順序、優先順位の変更などを行えます。また、✕をクリックすると、並べ替えの解除を行えます。

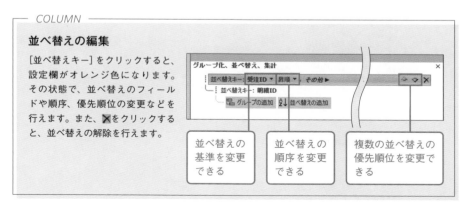

並べ替えの基準を変更できる

並べ替えの順序を変更できる

複数の並べ替えの優先順位を変更できる

分類ごとにグループ化して
印刷する

レポートウィザードではグループ化の設定を行えます。ウィザード完了後に書式や配置などを調整する必要があるものの、面倒なグループ化の設定を自動で行えるので便利です。ここではクエリを基に商品分類でグループ化したレポートを作成します。

□ レポートウィザードを使用してグループ化したレポートを作成する

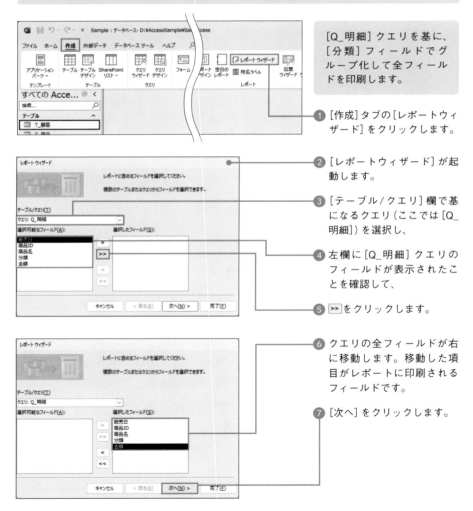

[Q_明細] クエリを基に、[分類] フィールドでグループ化して全フィールドを印刷します。

① [作成] タブの [レポートウィザード] をクリックします。

② [レポートウィザード] が起動します。

③ [テーブル/クエリ] 欄で基になるクエリ (ここでは [Q_明細]) を選択し、

④ 左欄に [Q_明細] クエリのフィールドが表示されたことを確認して、

⑤ >> をクリックします。

⑥ クエリの全フィールドが右に移動します。移動した項目がレポートに印刷されるフィールドです。

⑦ [次へ] をクリックします。

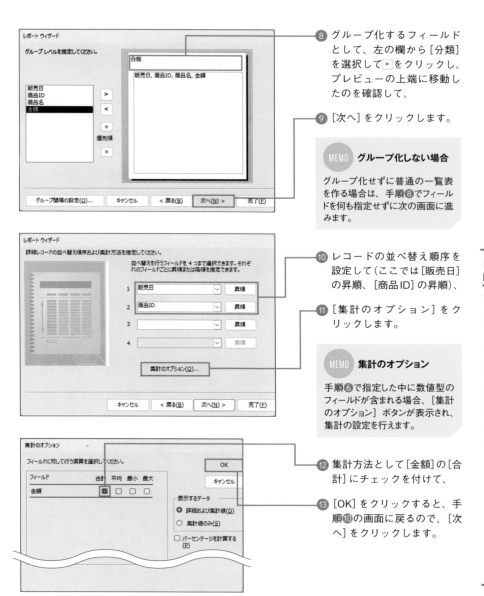

⑧ グループ化するフィールド
として、左の欄から［分類］
を選択して＞をクリックし、
プレビューの上端に移動し
たのを確認して、

⑨ ［次へ］をクリックします。

MEMO グループ化しない場合

グループ化せずに普通の一覧表
を作る場合は、手順⑧でフィール
ドを何も指定せずに次の画面に進
みます。

⑩ レコードの並べ替え順序を
設定して（ここでは［販売日］
の昇順、［商品ID］の昇順）、

⑪ ［集計のオプション］をク
リックします。

MEMO 集計のオプション

手順⑥で指定した中に数値型の
フィールドが含まれる場合、［集計
のオプション］ボタンが表示され、
集計の設定を行えます。

⑫ 集計方法として［金額］の［合
計］にチェックを付けて、

⑬ ［OK］をクリックすると、手
順⑩の画面に戻るので、［次
へ］をクリックします。

MEMO グループ化の設定

手順⑧の画面でフィールドを指定すると、そのフィールドでグループ化されたレポートが作成されます。手順⑧の
画面でプレビューの上端に意図しないフィールドが自動表示された場合は、＜をクリックして解除してください。な
お、グループ化にはフィールド単位のグループ化のほかに、テーブル単位のグループ化があります。テーブル単
位のグループ化については、274ページを参照してください。

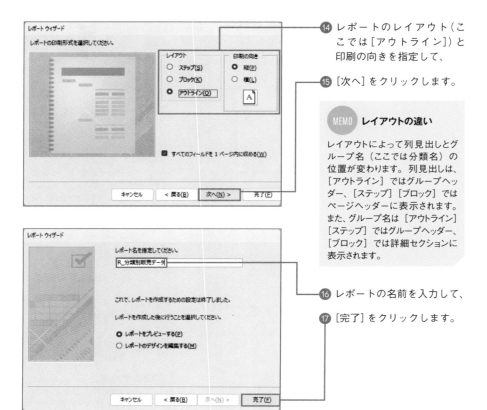

⑭ レポートのレイアウト(こ
こでは[アウトライン])と
印刷の向きを指定して、

⑮ [次へ]をクリックします。

⑯ レポートの名前を入力して、

⑰ [完了]をクリックします。

⑱ 商品分類ごとに販売データ
を印刷するレポートが作成
されます。

⑲ グループヘッダー/フッター
の背景は、奇数グループが
白、偶数グループが灰色に
なるので、必要に応じて交
互の行の色を解除します。

COLUMN

交互の行の色の解除

レポートウィザードでグループ化の設定を行うと、グループヘッダー／フッターに自動で交互の行の色が設定されるので、奇数グループのヘッダー／フッターは白、偶数グループのヘッダー／フッターは灰色になります。これを解除するにはセクションバーをクリックして、[書式] タブの [交互の行の色] から [色なし] を選択します。ヘッダーとフッターで別々に設定してください。

COLUMN

レポート上のコンボボックス

テーブルでルックアップが設定されているフィールドは、レポートではコンボボックスに表示されます。印刷するときに ⌄ ボタンは非表示になりますが、気になるようならコンボボックスを右クリックして、[コントロールの種類の変更] → [テキストボックス] を選択するとテキストボックスに変換できます。いずれにしてもコントロールの境界線が印刷されてしまうので、[書式] タブの [図形の枠線] から [透明] を選択して境界線を消しましょう。

COLUMN

グループ化の設定を修正するには

レポートウィザードで行ったグループ化の設定を修正するには、[レポートデザイン] タブの [グループ化と並べ替え] をクリックします。Accessの画面下部に [グループ化、並べ替え、集計] ウィンドウが開き、その中にグループ化と並べ替えの設定が優先順位の高い順に表示されます。左端に [グループ化] と表示されているバーをクリックすると、グループ化の設定の修正やグループ化の解除を行えます。[その他] を展開すると、グループ間隔の変更、集計の有無、グループヘッダー／フッターの表示／非表示など、詳細な設定を行えます。
ちなみにウィンドウ下部に表示される [グループの追加] をクリックすると、グループ化の設定を一から手動で行えます。

［グループ化、並べ替え、集計］ウィンドウ

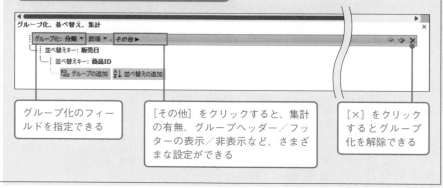

| グループ化のフィールドを指定できる | [その他] をクリックすると、集計の有無、グループヘッダー／フッターの表示／非表示など、さまざまな設定ができる | [×] をクリックするとグループ化を解除できる |

月ごとにグループ化して印刷する

レポートウィザードでグループ化するフィールドを指定する際に、グループ間隔を一緒に設定できます。例えば [販売日] フィールドでグループ化する場合、月ごと、四半期ごとなどのグループ間隔でグループ化して印刷できます。

□ レポートウィザードを使用して月ごとにグループ化する

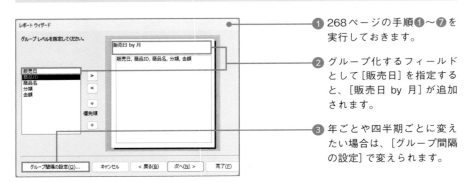

① 268ページの手順❶～❼を実行しておきます。

② グループ化するフィールドとして [販売日] を指定すると、[販売日 by 月] が追加されます。

③ 年ごとや四半期ごとに変えたい場合は、[グループ間隔の設定] で変えられます。

月でグループ化できた

④ 269ページの手順❾以降を実行すると、月でグループ化したレポートが作成されます。

MEMO　グループ間隔の設定

手順③の [グループ間隔の設定] の設定内容は、グループ化するフィールドのデータ型によって変わります。日付／時刻型の場合は [年][四半期] などを選べます。短いテキスト型の場合は [先頭の○文字] を選べるので、フリガナの最初の1文字を取り出してアイウエオの見出しを作ったり、コード番号の先頭から分類番号を取り出してグループ化したりできます。数値型の場合は [10単位][50単位] などから選べ、年代別、価格帯別のグループ化を行えます。なお、この間隔の設定は、[グループ化、並べ替え、集計] ウィンドウ（271ページ参照）で後から変更できます。

MEMO　月の書式を変える

「January 2024」と表示されているテキストボックスの [コントロールソース] プロパティには、Format$関数が設定されています。その第2引数を「"mmmm yyyy"」から「"yyyy￥年m￥月"」に変えると、「2024年1月」の形式で表示できます。

SECTION 158

グループの2ページ目にも グループヘッダーを印刷する

通常、グループヘッダーはグループの先頭に印刷されるだけなので、グループヘッダーに列見出しを配置した場合、2ページ目に列見出しが印刷されません。これを解決するには、グループヘッダーの[セクション繰り返し]プロパティを使用します。

□ **グループヘッダーの[セクション繰り返し]プロパティを設定する**

① レポートをデザインビューで開き、グループヘッダーのセクションバーをクリックします。

② 264ページを参考にプロパティシートを開き、[書式]タブの[セクション繰り返し]欄で[はい]を選択します。

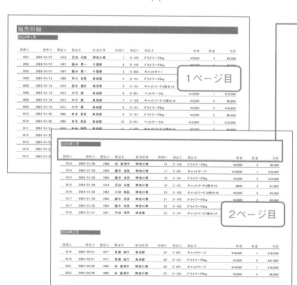

③ 印刷プレビューに切り替え、同じグループの2ページ目にもグループヘッダー(分類名や列見出し)が印刷されることを確認します。

列見出しを印刷できた

> **MEMO グループ化と列見出し**
>
> レポートウィザードでグループ化したときのレイアウトの選択肢には[ステップ][ブロック][アウトライン]があります。前者2つは列見出しのラベルがページヘッダーに配置されるので、どのページにも列見出しが印刷されます。[アウトライン]の場合、列見出しはグループヘッダーに配置されます。

第5章 レポートによるデータ印刷のテクニック

273

テーブル単位でグループ化して
受注明細書を作成する

レポートウィザードで複数のテーブルやクエリを指定した場合、テーブルやクエリ単位でグループ化を行えます。ここでは[Q_受注]と[Q_受注明細]の2つのクエリを基に[Q_受注]クエリでグループ化して受注明細書を作成します。

□ 作成するレポートの完成形をイメージする

　受注明細書のように上部に宛名や日付、下部に明細表を配置したレポートは、レポートウィザード後に種々の修正が必要です。修正の手間を軽減するためには、事前に完成形をイメージしてからレポートウィザードの設定に臨みましょう。

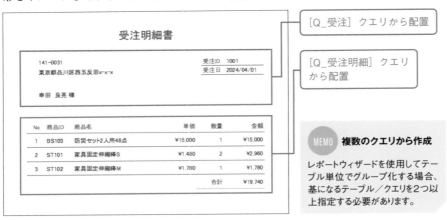

[Q_受注] クエリから配置

[Q_受注明細] クエリ
から配置

MEMO 複数のクエリから作成

レポートウィザードを使用してテーブル単位でグループ化する場合、基になるテーブル／クエリを2つ以上指定する必要があります。

□ レポートウィザードで受注明細書を作成する

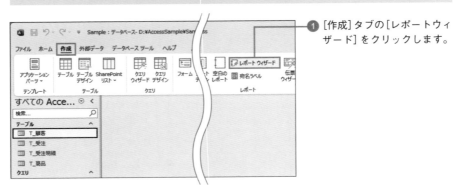

❶ [作成]タブの[レポートウィザード]をクリックします。

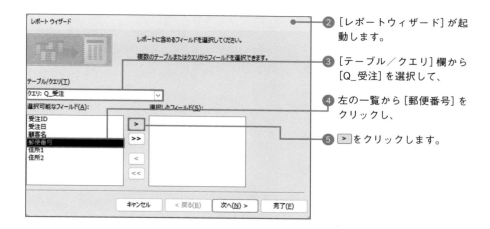

② [レポートウィザード] が起動します。

③ [テーブル／クエリ] 欄から [Q_受注] を選択して、

④ 左の一覧から [郵便番号] をクリックし、

⑤ ＞ をクリックします。

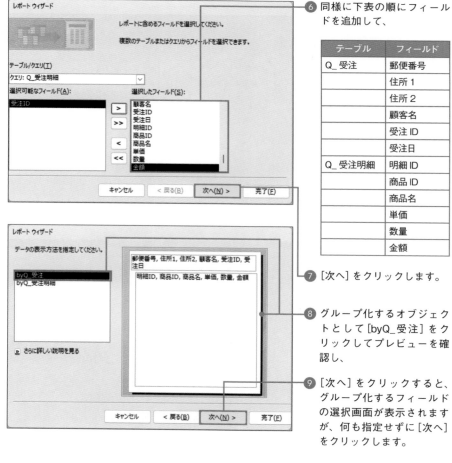

⑥ 同様に下表の順にフィールドを追加して、

テーブル	フィールド
Q_受注	郵便番号
	住所1
	住所2
	顧客名
	受注ID
	受注日
Q_受注明細	明細ID
	商品ID
	商品名
	単価
	数量
	金額

⑦ [次へ] をクリックします。

⑧ グループ化するオブジェクトとして [byQ_受注] をクリックしてプレビューを確認し、

⑨ [次へ] をクリックすると、グループ化するフィールドの選択画面が表示されますが、何も指定せずに [次へ] をクリックします。

275

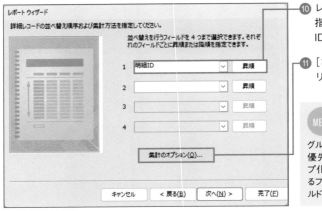

⑩ レコードの並べ替え順序を指定して（ここでは［明細ID］の昇順）、

⑪ ［集計のオプション］をクリックします。

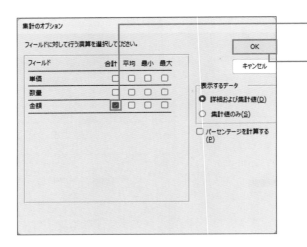

⑫ 集計方法として［金額］の［合計］にチェックを付けて、

⑬ ［OK］をクリックすると、手順⑩の画面に戻るので、［次へ］をクリックします。

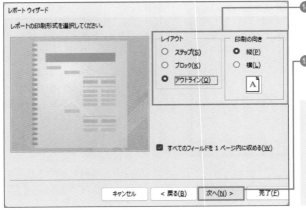

⑭ レポートのレイアウト（ここでは［アウトライン］）と印刷の向きを指定して、

⑮ ［次へ］をクリックします。

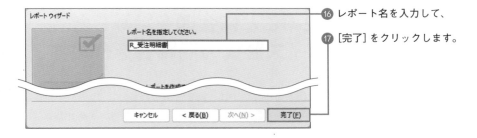

⑯ レポート名を入力して、

⑰ [完了]をクリックします。

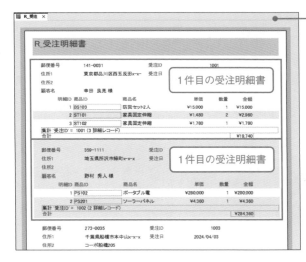

⑱ レポートが作成され、印刷プレビューが表示されます。

⑲ 下記のCOLUMNを参考に書式やレイアウトを整えておきます。

MEMO [明細ID] データ

このSECTIONのサンプルの[明細ID]は数値型で、[受注ID]ごとに1から始まる連番を入力してあります。

COLUMN

レポートの書式とレイアウトを整える

作成されたレポートを、274ページの図のようにするための主な修正点は以下のとおりです。このほかフォームの幅、セクションの高さ、コントロールの位置とサイズも適宜変更してください。

・郵便番号、住所1、住所2、顧客名のラベルを削除する
・グループフッターにあるレコード数表示用のテキストボックスを削除する
・ページフッターとレポートフッター上の全コントロールを削除し、セクションの高さを0にする
・レポートヘッダーのラベルをページヘッダーに移動し、文字を「受注明細書」に書き換える
・レポートヘッダーの高さを0にする
・グループヘッダー／フッター、詳細セクションの交互の行の色を解除する
・詳細セクションの商品IDとグループフッターの合計のテキストボックスの境界線を透明にする
・明細IDのラベルの文字を「No」に書き換える
・受注IDと受注日に集合形式レイアウトを適用して下線を引く
・明細表のコントロールに表形式レイアウトを適用して下線を引き、文字の位置を調整する
・グループフッターの後で改ページする

消費税率ごとに金額を計算した
インボイス形式の明細書を作成する

インボイス制度では、端数処理は消費税率ごとに1回と決められています。ここではインボイス制度のルールに沿って消費税を計算し、レポートに記載する方法を紹介します。なお、実際のインボイス（適格請求書）には登録番号などの記載が必要です。

□ 基になるクエリを確認する

① [Q_受注] クエリには、明細表の上部に配置するデータが含まれます。

② [Q_受注明細] クエリには、明細表用のデータが含まれます。

③ [K対象] は軽減税率、[H対象] は標準税率対象の金額です。

MEMO [明細ID] データ

このSECTIONのサンプルの[明細ID]はオートナンバー型で、全レコードを通しての連番が入力されています。あとで[受注ID]ごとの連番に変更します。

COLUMN

[K対象] [H対象] の計算

[Q_受注明細] クエリの[K対象] フィールドには、[軽減税率] フィールドにチェックが付いているレコードの[金額] を表示しています。また、[H対象] フィールドには、[軽減税率] フィールドにチェックが付いていないレコードの[金額] を表示しています。

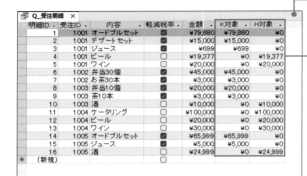

K対象: IIf([軽減税率],[金額],0)　　H対象: IIf([軽減税率],0,[金額])

□ レポートウィザードでレポートを作成する

❶ 274ページを参考にレポートウィザードを起動し、下表のフィールドを追加します。

テーブル	フィールド
Q_ 受注	郵便番号
	住所
	顧客名
	受注 ID
	受注日
Q_ 受注明細	明細 ID
	内容
	軽減税率
	金額
	K 対象
	H 対象

❷ Sec.159と同様にウィザードの設定を進めます。[集計のオプション] では [K対象][H対象] の [合計] にチェックを付けます。

❸ Sec.159と同様にウィザードの設定を進め、レポートを作成します。

❹ [K対象][H対象] の合計が表示されます。

MEMO **レポートウィザードの設定事項**

手順❶のレポートウィザードの画面では、[Q_受注明細] クエリの [受注ID] 以外のすべてのフィールドを追加します。[K対象][H対象] フィールドは明細表に表示しないフィールドですが、合計値が必要なのでウィザードで追加します。明細表に追加された [K対象][H対象] の列はあとで削除します。

作成したレポートを手直しする

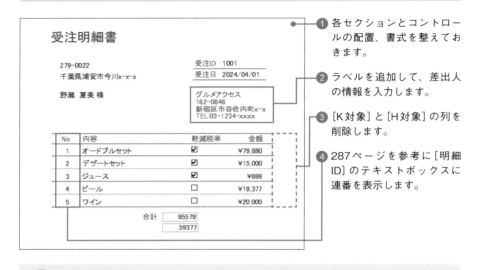

① 各セクションとコントロールの配置、書式を整えておきます。

② ラベルを追加して、差出人の情報を入力します。

③ [K対象] と [H対象] の列を削除します。

④ 287ページを参考に [明細ID] のテキストボックスに連番を表示します。

 ラベルの改行

ラベルに文字を入力する際に [Ctrl] キーを押しながら [Enter] キーを押すと改行できます。

グループフッターで消費税率別に金額を計算する

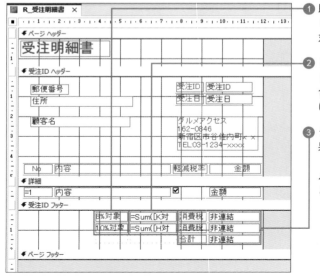

① 既存のラベルの下にラベルを配置し、「8%対象」「10%対象」と入力しておきます。

② レポートウィザードで作成された [K対象] [H対象] の合計を求めるラベルを上下に並べておきます。

③ グループフッターに計算結果を表示するためのテキストボックスを追加し、ラベルの文字を「消費税」「合計」と変更しておきます。

④ プロパティシートを表示し、グループフッターに配置されている5つのテキストボックスを下表のように設定します。

対象	[名前] プロパティ	[コントロールソース] プロパティ	[書式] プロパティ
Ⓐ	k 合計	=Sum([K 対象]) （変更なし）	通貨
Ⓑ	H 合計	=Sum([H 対象]) （変更なし）	通貨
Ⓒ	K 税	=Fix([K 合計]*CCur(0.08))	通貨
Ⓓ	H 税	=Fix([H 合計]*CCur(0.1))	通貨
Ⓔ	（変更なし）	=[K 合計]+[K 税]+[H 合計]+[H 税]	通貨

> **MEMO 書式を整える**
>
> テキストボックスの境界線を透明にしたり、集合形式レイアウトを適用して枠線を引いたりして、適宜書式を整えます。

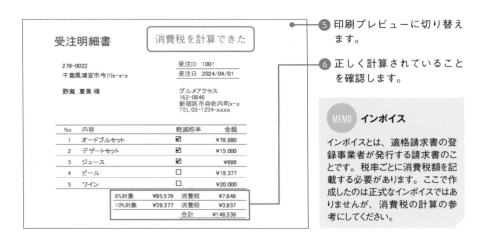

⑤ 印刷プレビューに切り替えます。

⑥ 正しく計算されていることを確認します。

> **MEMO インボイス**
>
> インボイスとは、適格請求書の登録事業者が発行する請求書のことです。税率ごとに消費税額を記載する必要があります。ここで作成したのは正式なインボイスではありませんが、消費税の計算の参考にしてください。

— COLUMN —

セクションによってSum関数の集計対象が変わる

Sum関数は、レコードソースに含まれるフィールドを合計する関数です。グループフッターに配置したテキストボックスにSum関数を入力した場合、グループ内のレコードが集計対象になります。また、レポートフッターに配置したテキストボックスにSum関数を入力した場合、全レコードが集計対象になります。

切りのよいところで改ページする

セクションの [改ページ] プロパティを使用すると、セクションの前、後、または前後で改ページを行えます。グループの後で改ページして切りよく印刷したり、レポートヘッダーの後で改ページしてレポートに表紙のページを設けたりできます。

□ グループフッターの [改ページ] プロパティを設定する

グループの末尾に改ページを入れます。

❶ 印刷プレビューで3つのグループが連続して印刷されることを確認しておきます。

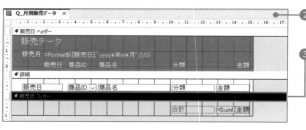

❷ デザインビューに切り替えて、

❸ グループフッターのセクションバーをクリックします。

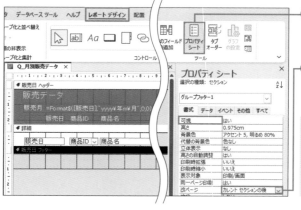

❹ [レポートデザイン] タブの [プロパティシート] をクリックし、

❺ [書式] タブの [改ページ] から [カレントセクションの後] を選択します。

MEMO 1ページに1件印刷

単票形式のレポートで詳細セクションの後で改ページすると、1ページに1レコードずつ印刷できます。

⑥ グループごとに改ページされます。

改ページできた

第5章 レポートによるデータ印刷のテクニック

COLUMN

[改ページ] プロパティ

[改ページ] プロパティは、レポートヘッダー／フッター、グループヘッダー／フッター、詳細セクションが持つプロパティです。選択肢には [しない] [カレントセクションの前] [カレントセクションの後] [カレントセクションの前後] の4種類があります。「カレントセクション」とは現在選択しているセクションのことです。

COLUMN

グループフッターが表示されていない場合

レポートウィザードでグループ化を指定する際に集計の指定をしなかった場合、レポートにグループフッターが表示されず、そのままでは改ページの設定を行えません。その場合、[レポートデザイン] タブの [グループ化と並べ替え] をクリックして [グループ化、並べ替え、集計] ウィンドウを表示し、[グループ化] のバーで [その他] を展開して [フッターセクション付き] を選択します。するとデザインビューにグループフッターが表示されるので、下端をドラッグして高さを0にし、[改ページ] プロパティの設定を行います。

グループ化、並べ替え、集計

グループ化: 販売日 ▼ 昇順 ▼ ・ 月 ▼ ・ 集計なし ▼ ・ タイトル: クリックして追加 ・ ヘッダー セクション付き ▼ ・ フッター セクションなし ▼ ・ 1 ページにグループ

フッター セクション付き
フッター セクションなし

└─ 並べ替えキー: 販売日
　　└─ 並べ替えキー: 商品ID
　　　　└─ 🔲 グループの追加　↓ 並べ替えの追加

COLUMN

表紙と背表紙を作成する

レポートヘッダーの後とレポートフッターの前に改ページを入れると、表紙と背表紙のページを作れます。その場合、フォームの [ページヘッダー] [ページフッター] プロパティで [レポート ヘッダー／フッター以外] を設定すると、表紙と背表紙のページにページヘッダーやページフッターが印刷されてしまうのを防げます。

幅の狭い表を同じページに 2列に折り返して印刷する

幅の狭い表を印刷するときに、同じページに2列に折り返して印刷すると用紙の節約になります。折り返し印刷の設定は[ページ設定]ダイアログボックスの[レイアウト]タブで行います。

□ [ページ設定]ダイアログボックスで列数と列間隔を指定する

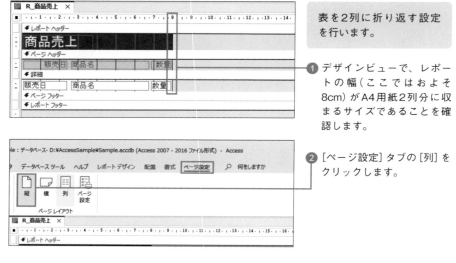

表を2列に折り返す設定を行います。

❶ デザインビューで、レポートの幅(ここではおよそ8cm)がA4用紙2列分に収まるサイズであることを確認します。

❷ [ページ設定]タブの[列]をクリックします。

❸ [ページ設定]ダイアログボックスの[レイアウト]タブが表示されます。

❹ [列数]に「2」、[列間隔]に「1cm」を入力し、

❺ デザインビューのレポートの幅を有効にするために[実寸]にチェックを付け、

❻ レコードの印刷方向として[左から右へ]をクリックし、

❼ [OK]をクリックします。

284

2列に折り返された

商品売上

8 印刷プレビューに切り替え、レポートが2列に折り返されることを確認します。

MEMO 各列のサイズ

ここではレポートの幅が8cm、列数が2、列間隔が1cmなので、全体の幅が17cmになります。

COLUMN

各列に列見出しを表示する

列を折り返しても、2列目の先頭に列見出しは表示されません。2列目にも列見出しを表示するには、ページヘッダーに1列目用と2列目用の列見出しを配置します。詳細セクションは1列目の分だけでOKです。[ページ設定]ダイアログボックスで[幅]に1列分の幅を設定すると、[詳細]セクションが2列目の列見出しの下に折り返して印刷されます。

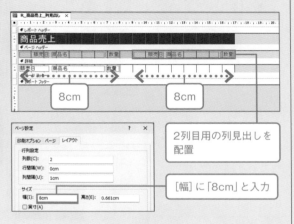

8cm　8cm

2列目用の列見出しを配置

[幅]に「8cm」と入力

COLUMN

グループごとに別の列に印刷するには

グループ化の設定をしているレコードを複数列に印刷する場合、このSECTIONの手順で列数の設定を行ったうえで、グループフッターの[改段]プロパティで[カレントセクションの後]を設定すると、グループごとに列を変えて印刷できます。

レポートの各行に累計を表示する

テキストボックスの[集計実行]プロパティを使用すると、[コントロールソース]プロパティに設定した値の現在までの合計、つまり累計を求めることができます。[集計実行]はレポートのテキストボックス独自のプロパティで、フォームにはありません。

□ [集計実行]プロパティを使用して[金額]の累計を表示する

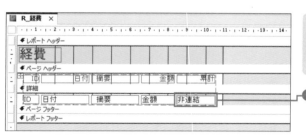

非連結のテキストボックスに[金額]フィールドの累計を表示します。

❶ テキストボックスを選択し、264ページを参考にプロパティシートを表示します。

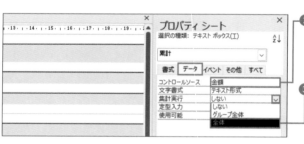

❷ [データ]タブの[コントロールソース]欄から集計対象のフィールド(ここでは[金額])を選択して、

❸ [集計実行]欄から[全体]を選択します。

累計を表示できた

経費

ID	日付	摘要	金額	累計
1	2024/06/01	文房具	¥500	¥500
2	2024/06/01	机	¥20,000	¥20,500
3	2024/06/03	参考書籍	¥3,000	¥23,500
4	2024/06/05	インクトナー	¥7,000	¥30,500
5	2024/06/05	コピー用紙	¥600	¥31,100
6	2024/06/08	USBケーブル	¥1,500	¥32,600
7	2024/06/10	電気代	¥18,320	¥50,920
8	2024/06/10	水道代	¥4,200	¥55,120
9	2024/06/15	切手代	¥400	¥55,520
10	2024/06/16	参考書籍	¥2,400	¥57,920

❹ 印刷プレビューに切り替え、累計を確認します。

MEMO 集計実行

[集計実行]プロパティの選択肢は、[しない][グループ全体][全体]の3つです。既定値の[しない]では、コントロールソースの値をそのまま表示します。[全体]では全レコードの累計が求められます。また[グループ全体]では同じグループの中で累計が求められます。

レポートの各行に連番を振る

テキストボックスの［コントロールソース］プロパティに「=1」を指定したうえで［集計実行］プロパティを使用すると、「1」の累計、つまり「1」から始まる連番を振ることができます。ここではグループごとに連番を振り直します。

□ ［集計実行］プロパティを使用してグループごとに連番を振る

非連結のテキストボックスにグループごとの連番を表示します。

❶ テキストボックスを選択し、264ページを参考にプロパティシートを表示します。

❷ ［データ］タブの［コントロールソース］プロパティに「=1」と入力します。

❸ ［集計実行］欄で［グループ全体］を選択します。

MEMO　グループ全体

［集計実行］プロパティでは、コントロールソースの累計を求めます。「=1」の累計は、「1」から始まる連番になります。［全体］を選択するとレポート全体に連番が振られ、［グループ全体］を選択するとグループごとに連番が振り直されます。

連番を表示できた

❹ 明細書ごとに連番が表示されます。

287

前のレコードと同じデータは印刷を省略する

テキストボックスの［重複データ非表示］プロパティに［はい］を設定すると、直前のレコードと同じ値のときにデータを非表示にできます。重複するデータを非表示にすることで、同じグループのレコードをまとまりよく表示できます。

□ ［重複データ非表示］プロパティを設定する

［分類］の重複データを非表示にします。

① 印刷プレビューで、［分類］がまとまって表示されていることを確認します。

MEMO **データを並べておく**

効果的に重複データを非表示にするには、事前に同じ分類のレコードが並んだ状態にしておきます。

② デザインビューに切り替え、［分類］のテキストボックスをクリックします。

③ 264ページを参考にプロパティシートを表示し、［書式］タブの［重複データ非表示］欄で［はい］を選択します。

④ 重複データが非表示になります。

重複データを非表示にできた

MEMO **改ページした場合**

同じ分類の途中で改ページされた場合、次ページの先頭に分類名が省略されずに表示されます。

文字数の多いテキストボックスの高さを自動で拡張する

テキストボックスの [印刷時拡張] プロパティに [はい] を設定すると、データがテキストボックスに収まりきらない場合にセクションの高さとテキストボックスの高さが自動拡張されます。

□ [印刷時拡張] プロパティを設定する

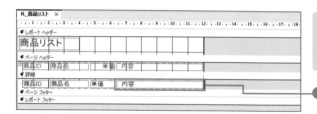

[内容] のテキストボックスが自動拡張するよう設定します。

① [印刷時拡張] プロパティを設定する。

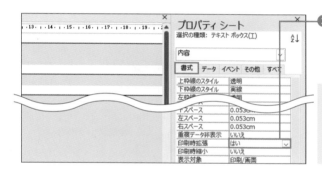

② 264ページを参考にプロパティシートを表示し、[書式] タブの [印刷時拡張] 欄で [はい] を選択します。

MEMO **詳細セクションの拡張**

手順②の設定を行うと、詳細セクションの [印刷時拡張] プロパティも自動で [はい] になります。

自動拡張できた

③ 印刷プレビューに切り替えます。

④ 文字数が多いときにテキストボックスの高さが自動で高くなります。

MEMO **表形式レイアウト適用の有無の影響**

表形式レイアウトを適用している場合、テキストボックスが拡張すると同じ行のテキストボックスも同じ高さに拡張します。適用していない場合は、[印刷時拡張] を設定したテキストボックスだけが拡張します。罫線代わりにテキストボックスの枠線を表示している場合、行がでこぼこしてしまうので注意してください。

レポートの背景に「社外秘」を表示する

「社外秘」「コピー厳禁」などの透かし文字をレポートの背景に印刷したいことがあります。あらかじめ文字の画像を用意しておき、レポートの[ピクチャ]プロパティで画像ファイルを指定します。セクションやコントロールの背景は透明にしておきましょう。

□ レポートの[ピクチャ]プロパティを設定する

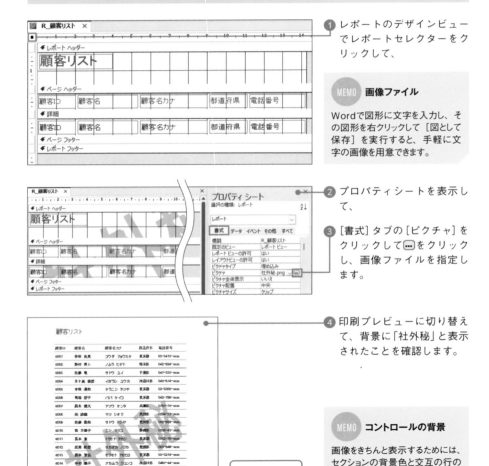

① レポートのデザインビューでレポートセレクターをクリックして、

MEMO　画像ファイル

Wordで図形に文字を入力し、その図形を右クリックして[図として保存]を実行すると、手軽に文字の画像を用意できます。

② プロパティシートを表示して、

③ [書式]タブの[ピクチャ]をクリックして[…]をクリックし、画像ファイルを指定します。

④ 印刷プレビューに切り替えて、背景に「社外秘」と表示されたことを確認します。

「社外秘」を
表示できた

MEMO　コントロールの背景

画像をきちんと表示するためには、セクションの背景色と交互の行の色、コントロールの背景色を透明にしておきます。

SECTION 168
レポートをPDFファイルに出力する

レポートをPDFファイルに保存すると、メールに添付するなどして外部に送信できます。PDFには印刷したときのイメージがそのまま保存されます。OSやアプリに依存せずに、さまざまな環境で表示できるので便利です。

□ レポートをPDF形式で保存する

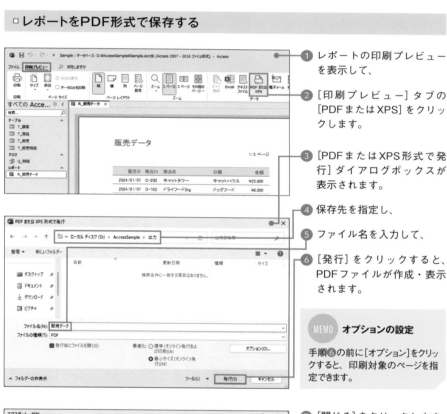

① レポートの印刷プレビューを表示して、

② [印刷プレビュー] タブの [PDFまたはXPS] をクリックします。

③ [PDFまたはXPS形式で発行] ダイアログボックスが表示されます。

④ 保存先を指定し、

⑤ ファイル名を入力して、

⑥ [発行] をクリックすると、PDFファイルが作成・表示されます。

> **MEMO オプションの設定**
>
> 手順⑥の前に [オプション] をクリックすると、印刷対象のページを指定できます。

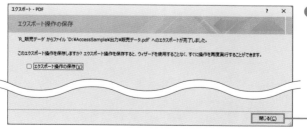

⑦ [閉じる] をクリックします。

第5章 レポートによるデータ印刷のテクニック

SECTION
★ ★ ★
169

ダブルクリックで印刷プレビューが表示されるようにする

ナビゲーションウィンドウでレポート名をダブルクリックすると、標準ではレポートビューが開きます。ダブルクリックしたときに印刷プレビューが表示されるようにするには、[既定のビュー] を [印刷プレビュー] に変更します。

□ [既定のビュー]プロパティを設定する

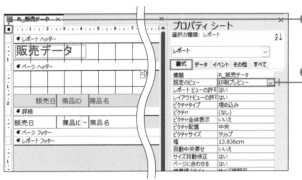

① デザインビューで、レポートセレクターをクリックして、

② 264ページを参考にプロパティシートを表示し、[書式] タブの [既定のビュー] 欄の設定値を [レポートビュー] から [印刷プレビュー] に変更します。

③ レポートを上書き保存していったん閉じます。

④ ナビゲーションウィンドウでレポートをダブルクリックします。

⑤ レポートの印刷プレビューが表示されます。

印刷プレビューを
表示できた

第 **6** 章

マクロとVBAによる
自動化のテクニック

マクロとVBAの特徴を理解する

Accessでは、プログラムを作成する手段として「マクロ」と「VBA」の2種類が用意されています。実際の作業に入る前に、それぞれの特徴やプログラミングに関する用語、作成環境などの基本事項を頭に入れておきましょう。

□ マクロの基本

マクロは、「マクロビルダー」という画面で「アクション」と呼ばれる命令を組み合わせて作成します。アクションは、「フォームを開く」「レコードの移動」「ウィンドウを閉じる」のような、初心者にも分かりやすい日本語です。アクションの種類に応じて、引数も指定します。引数とは、アクションの実行に必要なデータのことです。

マクロビルダー

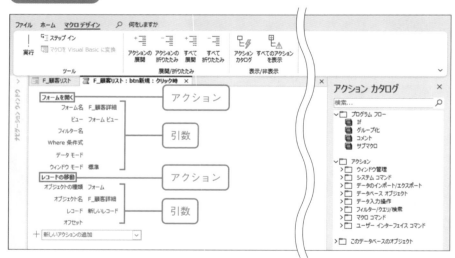

― COLUMN ―

マクロの種類

マクロには、「独立マクロ」「埋め込みマクロ」「データマクロ」があります。独立マクロは「マクロオブジェクト」としてナビゲーションウィンドウに表示されるマクロで、いろいろなオブジェクトで汎用的に実行できます。また、埋め込みマクロはフォームやレポート、データマクロはテーブルに保存されるマクロで、基本的に保存先のオブジェクト内で実行します。

▫ VBAの基本

VBA（Visual Basic for Applications）は、Accessに搭載されているプログラミング言語です。VBA用の単語を使い、VBAで定められた文法にしたがってプログラミングします。マクロに比べて難易度は上がりますが、その分高度な処理を実現できます。

プログラムの作成は、「VBE（Visual Basic Editor）」という編集ツールで行います。VBAで作成された1つ1つのプログラムのことを「プロシージャ」、プロシージャの保存先を「モジュール」と呼びます。

VBE

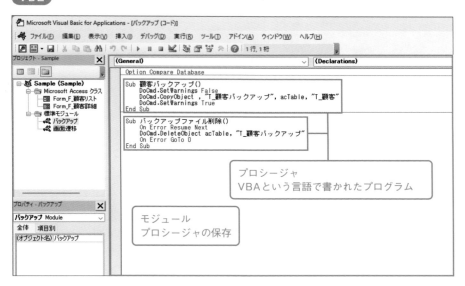

モジュールの種類

本書で扱うモジュールは「フォームモジュール」「レポートモジュール」「標準モジュール」の3種類です。前者2つは特定のフォームやレポートに保存されるモジュールで、プロシージャは保存先のフォームやレポートでのみ実行されます。標準モジュールのプロシージャは、データベース内のさまざまな場所から呼び出して実行できます。データベースに含まれるモジュールは、VBEの画面の左上にある「プロジェクトエクスプローラー」に一覧表示されます。

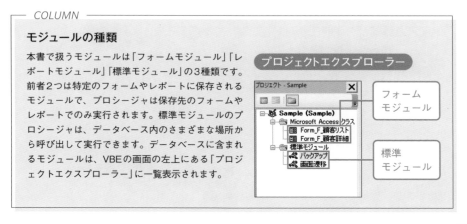

独立マクロを使用してテーブルをバックアップする

マクロは、「マクロビルダー」という画面で「アクション（命令）」と「引数（アクションの実行に必要なデータ）」を指定して作成します。ここでは［オブジェクトのコピー］アクションを使用して、テーブルをコピーする独立マクロを作成します。

□ テーブルをコピーする独立マクロを作成する

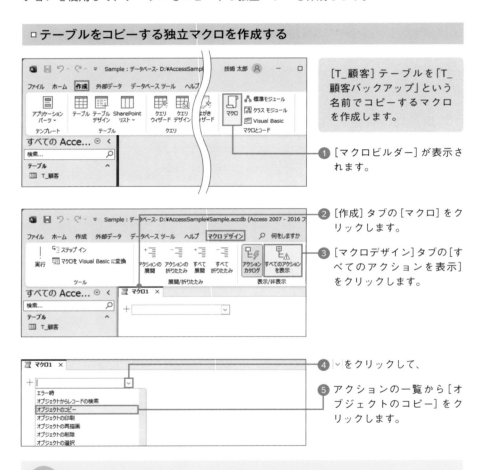

［T_顧客］テーブルを「T_顧客バックアップ」という名前でコピーするマクロを作成します。

❶ ［マクロビルダー］が表示されます。

❷ ［作成］タブの［マクロ］をクリックします。

❸ ［マクロデザイン］タブの［すべてのアクションを表示］をクリックします。

❹ ∨をクリックして、

❺ アクションの一覧から［オブジェクトのコピー］をクリックします。

> **MEMO　すべてのアクションの表示**
>
> ［オブジェクトのコピー］［オブジェクトの削除］［値の代入］のようにオブジェクトやデータの変更を行うアクションは、安易に選択できないように初期状態では手順❺の一覧に表示されません。これらのアクションを使用するには、手順❸のように［すべてのアクションを表示］をオンにします。

6 [オブジェクトのコピー] アクションの引数が表示されるので、[新しい名前] にコピー後のオブジェクト名、[ソースオブジェクトの種類] にコピーするオブジェクトの種類、[ソースオブジェクト名] にコピーするオブジェクトの名前を指定します。

7 [上書き保存] をクリックします。

> **MEMO** 引数の省略
>
> 引数 [コピー元データベース] を省略した場合、同じデータベースにコピーされます。

8 マクロの名前 (ここでは [顧客データバックアップ]) を入力して、

9 [OK] をクリックします。

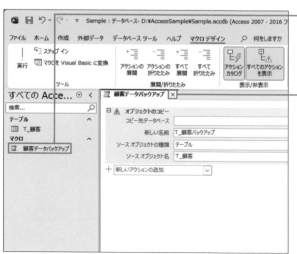

10 保存したマクロがナビゲーションウィンドウに表示されました。

11 ×をクリックしてマクロビルダーを閉じます。

> **MEMO** マクロの再編集
>
> ナビゲーションウィンドウで [顧客データバックアップ]を右クリックし、[デザインビュー] をクリックすると、マクロビルダーが開き、マクロを編集できます。

SECTION
172
独立マクロを実行する

独立マクロは、ナビゲーションウィンドウから実行できます。ここでは、前の
SECTIONで作成したマクロを実行してみます。このマクロを実行すると、[T_顧客]テー
ブルが「T_顧客バックアップ」の名前でコピーされます。

□ ナビゲーションウィンドウから独立マクロを実行する

❶ ナビゲーションウィンドウ
でマクロをダブルクリック
します。

❷ マクロが実行され、[T_顧
客バックアップ]テーブル
が作成されました。

MEMO　2度目の実行

データベースに[T_顧客バックアッ
プ]テーブルが存在する場合、テー
ブルを置き換えるかどうかの確認
メッセージが表示されます。

COLUMN

マクロビルダーでテスト実行するには

マクロの編集中にマクロが思い通りの動作をするかテストし
たいときは、マクロビルダーで[マクロデザイン]タブの[実行]
をクリックすると実行できます。

COLUMN

データベースの起動時にマクロを自動実行するには

独立マクロに「AutoExec」という名前を付けておくと、データベース
ファイルを開いたときにマクロが自動的に実行されます。

SECTION 173

独立マクロをボタンに 割り当てて実行する

独立マクロをフォームのボタンに割り当てると、マクロを簡単に実行できます。埋め込みマクロは割り当てたフォームでしか使用できないのに対して、独立マクロは複数のフォームで使い回せます。修正が必要なときも独立マクロの修正1回で済むので、メンテナンスが容易です。

▫ 独立マクロを実行するボタンを作成する

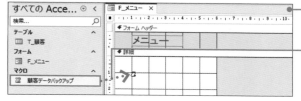

① フォームのデザインビューを開きます。

② ナビゲーションウィンドウからマクロをドラッグすると、

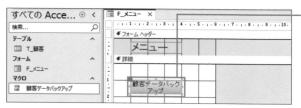

③ ボタンが自動作成されるので、位置やサイズを整えておきます。

④ フォームビューに切り替えてボタンをクリックすると、

⑤ マクロが実行され、[T_顧客バックアップ] テーブルが作成されました。

COLUMN

プロパティシートの [イベント] タブでも設定できる

300ページを参考にあらかじめフォームにボタンを配置しておき、プロパティシートの [イベント] タブにある [クリック時] の選択肢から独立マクロを割り当てることもできます。

プロパティ シート		×
選択の種類: コマンド ボタン		A↓
コマンド1		∨
書式 データ イベント その他 すべて		
クリック時	顧客データバックアップ	∨ ...
フォーカス取得後		

埋め込みマクロを使用してボタン のクリックでフォームを開く

埋め込みマクロは、フォームやレポート、コントロールに直接プログラムを割り当てて実行するマクロです。「フォームが開いたとき」「レポートが印刷されたとき」「ボタンがクリックされたとき」のように、実行するタイミングを指定して作成します。この実行のタイミングのことを「イベント」と呼びます。

□ ボタンのクリックでフォームを開く埋め込みマクロを作成する

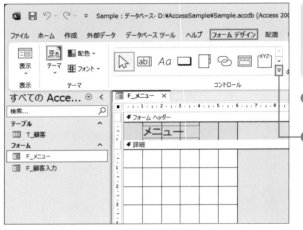

ボタンをクリックしたときに [F_顧客入力] フォームの新規レコードが開く仕組みを作成します。

❶ フォームのデザインビューを開きます。

❷ [フォームデザイン] タブの [コントロール] グループの [その他] をクリックします。

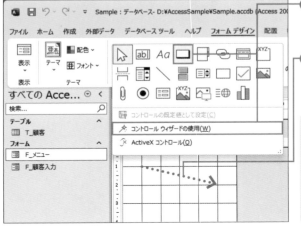

❸ [コントロールウィザードの使用] をオフの状態にして、[ボタン] をクリックします。

❹ フォーム上をドラッグしてボタンを配置します。

MEMO ウィザードの利用

[コントロールウィザードの使用] をオンにしてボタンを配置した場合は、[コマンドボタンウィザード] が起動し、ウィザードの質問に答えながら埋め込みマクロを作成できます。

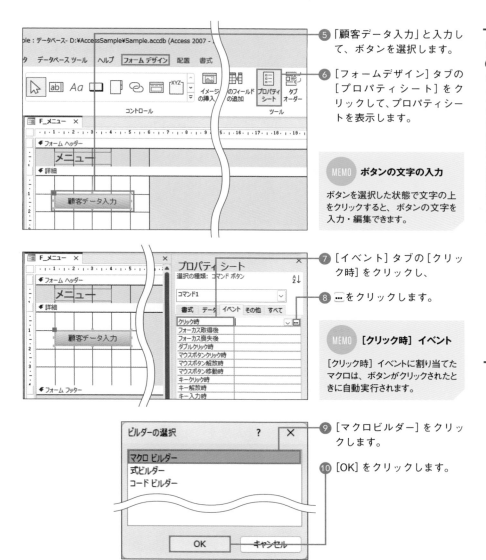

⑤「顧客データ入力」と入力して、ボタンを選択します。

⑥[フォームデザイン]タブの[プロパティシート]をクリックして、プロパティシートを表示します。

MEMO ボタンの文字の入力

ボタンを選択した状態で文字の上をクリックすると、ボタンの文字を入力・編集できます。

⑦[イベント]タブの[クリック時]をクリックし、

⑧ … をクリックします。

MEMO [クリック時] イベント

[クリック時] イベントに割り当てたマクロは、ボタンがクリックされたときに自動実行されます。

⑨[マクロビルダー]をクリックします。

⑩[OK]をクリックします。

⑪[マクロビルダー]が表示されます。

⑫ ∨ をクリックして、[フォームを開く]アクションを選択します。

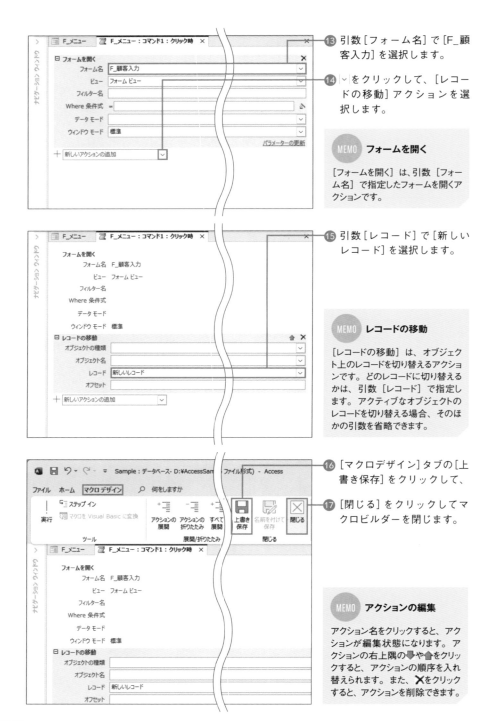

⑬ 引数 [フォーム名] で [F_顧客入力] を選択します。

⑭ ∨ をクリックして、[レコードの移動] アクションを選択します。

MEMO **フォームを開く**

[フォームを開く] は、引数 [フォーム名] で指定したフォームを開くアクションです。

⑮ 引数 [レコード] で [新しいレコード] を選択します。

MEMO **レコードの移動**

[レコードの移動] は、オブジェクト上のレコードを切り替えるアクションです。どのレコードに切り替えるかは、引数 [レコード] で指定します。アクティブなオブジェクトのレコードを切り替える場合、そのほかの引数を省略できます。

⑯ [マクロデザイン] タブの [上書き保存] をクリックして、

⑰ [閉じる] をクリックしてマクロビルダーを閉じます。

MEMO **アクションの編集**

アクション名をクリックすると、アクションが編集状態になります。アクションの右上隅の↓や↑をクリックすると、アクションの順序を入れ替えられます。また、✕をクリックすると、アクションを削除できます。

⑱ [クリック時] イベントに埋め込みマクロが設定されました。

MEMO **マクロの再編集**

[クリック時] の … をクリックすると、マクロビルダーが起動し、マクロを編集できます。

□ **フォームビューに切り替えて動作を確認する**

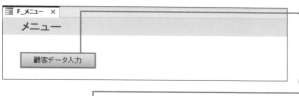

❶ フォームビューに切り替えてボタンをクリックすると、

❷ [F_顧客入力] フォームが開き、

❸ 新規レコードに切り替えられます。

MEMO **マクロの削除**

プロパティシートの [クリック時] から「[埋め込みマクロ]」の文字を削除すると、フォームから埋め込みマクロを削除できます。

COLUMN

さまざまなタイミングでマクロを実行できる

フォーム、レポート、コントロールには、それぞれイベントが用意されており、下表のようにさまざまなタイミングでマクロを実行できます。

対象	イベント	マクロが実行されるタイミング
ボタン	クリック時	ボタンがクリックされたとき
テキストボックス	更新後処理	テキストボックスのデータが更新されたあと
フォーム	挿入前処理	新規レコードに最初の文字が入力されたとき
フォーム、レポート	開く時	フォームやレポートが開くとき
フォーム、レポート	閉じる時	フォームやレポートが閉じるとき
レポート	空データ時	印刷されるレポートにデータが存在しないとき

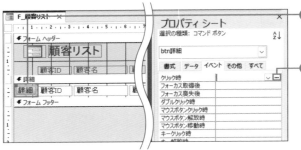

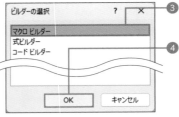

一覧フォームで指定したレコードの詳細画面を開く

[フォームを開く] アクションの引数 [Where条件式] を使用すると、開くフォームに表示するレコードの条件を指定できます。ここでは [F_顧客リスト] フォームから [F_顧客入力] フォームを開き、指定したレコードの詳細情報を表示します。

□ 顧客リストで指定した顧客の詳細情報を表示するマクロを作成する

❶ 表形式のフォームの詳細セクションにボタンを配置し、選択しておきます。

❷ [イベント] タブの [クリック時] の … をクリックします。

❸ [マクロビルダー] をクリックします。

❹ [OK] をクリックすると、マクロビルダーが表示されます。

❺ 301ページの手順⓬を参考に [フォームを開く] アクションを選択して、

❻ 引数 [フォーム名] で「F_顧客入力」を選択します。

❼ 引数 [Where条件式] に図の条件を入力します。

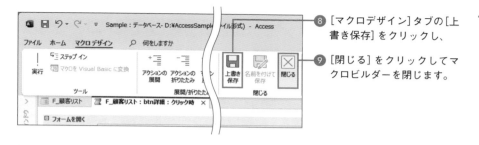

⑧ [マクロデザイン]タブの[上書き保存]をクリックし、

⑨ [閉じる]をクリックしてマクロビルダーを閉じます。

□ フォームビューに切り替えて動作を確認する

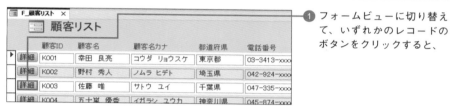

① フォームビューに切り替えて、いずれかのレコードのボタンをクリックすると、

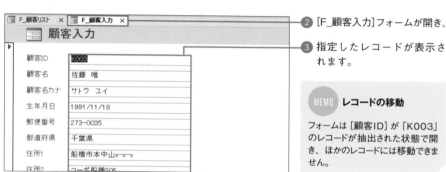

② [F_顧客入力]フォームが開き、

③ 指定したレコードが表示されます。

> **MEMO レコードの移動**
>
> フォームは[顧客ID]が「K003」のレコードが抽出された状態で開き、ほかのレコードには移動できません。

COLUMN

[Where条件式] の指定方法

[フォームを開く]アクションの引数[Where条件式]では、左辺に開くフォームの基になるテーブルのフィールド名を、右辺に条件が入力されているフォームのコントロール名を指定します。

[フィールド名]=Forms![フォーム名]![コントロール名]

ここではクリックしたボタンが配置されている行の[顧客ID]が抽出条件となります。このページの手順①で[顧客ID]が「K003」の行のボタンをクリックしたので、[F_顧客入力]フォームに「K003」のレコードが表示されます。ちなみに、[レポートを開く]アクションも[フォームを開く]アクションと同様に引数[Where条件式]に抽出条件を指定すると、一覧フォームで指定したレコードのレポートを表示できます。

SECTION
176

データマクロを使用してレコードの最新更新日時を記録する

データマクロを使用すると、テーブルでレコードの追加や削除、値の変更が行われたタイミングでマクロを自動実行できます。フォームでレコードを編集する際にもデータマクロが実行されます。同じテーブルを基に複数のフォームを作成する場合、個々のフォームでマクロを設定するより効率的です。

□ データの更新時に更新日を記録するマクロを作成する

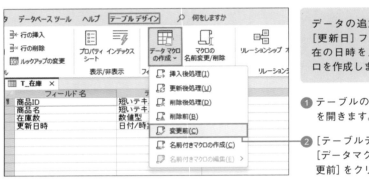

データの追加・変更時に [更新日] フィールドに現在の日時を入力するマクロを作成します。

1 テーブルのデザインビューを開きます。

2 [テーブルデザイン] タブの [データマクロの作成]→[変更前] をクリックします。

3 [マクロビルダー] が表示されます。

4 をクリックして、[フィールドの設定] アクションを選択します。

5 引数 [名前] に設定先のフィールド名である「更新日時」を入力して、

6 引数 [値] に、現在の日時を求める Now 関数を「Now()」と入力します。

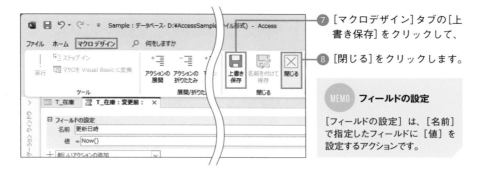

⑦ [マクロデザイン] タブの [上書き保存] をクリックして、

⑧ [閉じる] をクリックします。

MEMO フィールドの設定

[フィールドの設定] は、[名前] で指定したフィールドに [値] を設定するアクションです。

□ データシートビューに切り替えて動作を確認する

❶ テーブルを上書き保存してから、データシートビューに切り替えます。

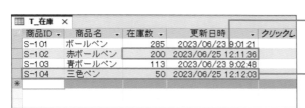

❷ データを変更すると、[更新日時] フィールドに最新の更新日時が入力されます。

❸ 新規レコードの追加時も更新日時が入力されます。

COLUMN

データマクロの種類

このSECTIONで紹介したのはイベントをきっかけに実行されるデータマクロで、「イベントデータマクロ」と呼ばれます。イベントデータマクロには、レコードの変更や削除が行われる前に実行される [削除前] [変更前] とレコードの挿入、変更、削除が行われたあとに実行される [挿入後処理] [更新後処理] [削除後処理] があります。データマクロにはこのほか、独立マクロなどから呼び出して実行できる「名前付きデータマクロ」があります。なお、データマクロで使用できるアクションは、マクロの種類ごとに変わります。

COLUMN

イベントデータマクロの編集と削除

テーブルのデザインビューで手順❷を実行すると、マクロデザイナーが起動し、イベントデータマクロを編集できます。また、[テーブルデザイン]タブの[マクロの名前変更/削除]をクリックすると、表示される画面でイベントデータマクロを削除できます。

177

レコードの更新日時と更新前の値を履歴テーブルに記録する

[更新後処理] のイベントデータマクロを利用して、レコードの内容が変更されるときに、別テーブルに変更前のレコードと更新日時を記録します。[レコードの作成] と [フィールドの設定] の2つのアクションを使用します。

□ 履歴を記録するテーブルを確認する

❶ ここでは [T_商品] テーブルの更新履歴を記録します。

❷ 更新履歴を記録するための [T_商品更新履歴] テーブルを確認しておきます。

> **MEMO** 各テーブルのフィールド構成
>
> [T_商品] テーブルには、短いテキスト型の [商品ID] [商品名]、通貨型の [価格] の3フィールドがあります。更新履歴の記録先である [T_商品更新履歴] テーブルには、[T_商品] の3つのフィールドに加え、主キーフィールドとして使うオートナンバー型の [履歴ID] フィールドと、更新日時を記録するための日付／時刻型の [更新日時] フィールドを用意します。

□ データの更新時に更新日を記録するマクロを作成する

❶ [T_商品] テーブルのデザインビューを開き、

❷ [テーブルデザイン] タブの [データマクロの作成] →[更新後処理] をクリックします。

❸ ∨ をクリックして、[レコードの作成] アクションを選択します。

308

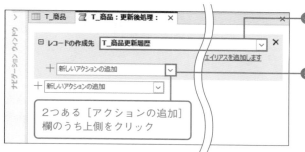

④ [レコードの作成先]から[T_商品更新履歴]を選択します。

⑤ [レコードの作成先]のすぐ下にある∨をクリックして、[フィールドの設定]アクションを選択します。

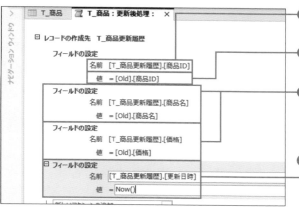

⑥ [名前]に「[T_商品更新履歴].[商品ID]」を入力して、

⑦ [値]に「[Old].[商品ID]」と入力します。

⑧ 同様に[フィールドの設定]アクションを追加して、[商品名][価格]フィールドの設定を行います。

⑨ 同様に[フィールドの設定]アクションを追加して、[名前]に「[T_商品更新履歴].[更新日時]」、[値]に「Now()」と入力します。

⑩ マクロを上書き保存して閉じておきます。

MEMO [フィールドの設定] の引数

更新履歴テーブルに更新前の値を書き込むには、[フィールドの設定]アクションの引数[名前]に「[追加先のテーブル名].[フィールド名]」を指定します。また、引数[値]に、更新前の値を意味する「[Old].[フィールド名]」を指定します。

□ データシートビューに切り替えて動作を確認する

① テーブルを上書き保存してデータシートビューに切り替え、この値を「7800」から「8500」に変更します。

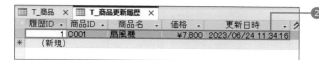

② [T_商品更新履歴]テーブルを開いて、変更前のレコードが追加されていることを確認します。

プログラムの編集ツール「VBE」を起動する

「VBA（Visual Basic for Applications）」というプログラミング言語を使用すると、高度なプログラムを作成できます。VBAでプログラミングするには、「VBE（Visual Basic Editor）」という編集ツールを使います。

□ Accessの画面からVBEを起動する

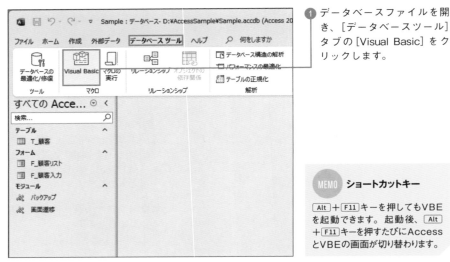

❶ データベースファイルを開き、［データベースツール］タブの［Visual Basic］をクリックします。

MEMO　ショートカットキー

Alt + F11 キーを押してもVBEを起動できます。起動後、Alt + F11 キーを押すたびにAccessとVBEの画面が切り替わります。

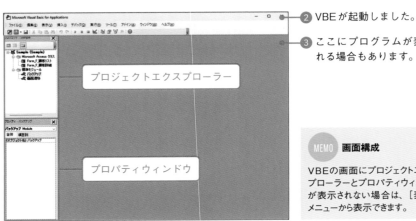

❷ VBE が起動しました。

❸ ここにプログラムが表示される場合もあります。

MEMO　画面構成

VBEの画面にプロジェクトエクスプローラーとプロパティウィンドウが表示されない場合は、［表示］メニューから表示できます。

SECTION 179 モジュールを開いてプログラムを確認する

VBAで作成された1つ1つのプログラムのことを「プロシージャ」、プロシージャの保存先を「モジュール」と呼びます。データベースファイルには複数のモジュールを保存できます。プロジェクトエクスプローラーでモジュールをダブルクリックすると、コードウィンドウにモジュールが開き、プログラムを確認できます。

▫ プロジェクトエクスプローラーからモジュールを開く

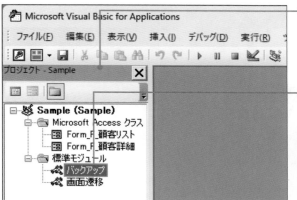

1 データベースファイルにプログラムが保存されている場合、プロジェクトエクスプローラーにモジュールが一覧表示されます。

2 表示したいモジュールをダブルクリックします。

MEMO 展開と折り畳み

モジュールが折りたたまれている場合は、⊞クリックすると展開できます。

3 モジュールが開き、プログラムが表示されました。

4 別のモジュールをダブルクリックすると、表示を切り替えられます。

COLUMN

VBEやモジュールを閉じるには

VBEの画面の右上に [×] ボタンが2つあります。下側はモジュールを閉じるボタンで、上側はVBEを閉じるボタンです。なお、VBEを閉じてもAccessは終了しませんが、Accessを終了するとVBEも終了します。

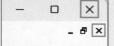

新しい標準モジュールを作成する

標準モジュールはデータベースオブジェクトの1つです。標準モジュールに入力したプログラムは、ほかのモジュールやクエリ、フォーム、レポートなど、データベース内のあらゆる場所で利用できます。ここでは標準モジュールの作成方法と保存方法を紹介します。

□ 新しい標準モジュールを作成する

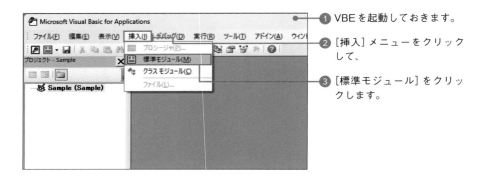

① VBE を起動しておきます。

② [挿入] メニューをクリックして、

③ [標準モジュール] をクリックします。

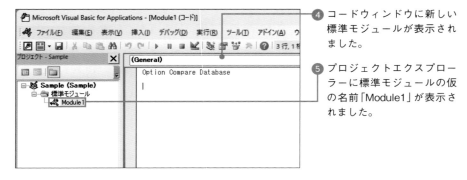

④ コードウィンドウに新しい標準モジュールが表示されました。

⑤ プロジェクトエクスプローラーに標準モジュールの仮の名前「Module1」が表示されました。

COLUMN

「モジュール」と「プロシージャ」

VBAで作成するプログラムの実行単位を「プロシージャ」と呼びます。モジュールにはプロシージャを複数入力でき、データベースファイルにはモジュールを複数挿入できます。機能や用途別にモジュールを分けてプロシージャを入力すると、プロシージャを管理しやすくなります。

□ 標準モジュールを保存する

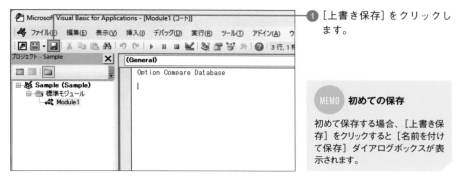

① [上書き保存] をクリックします。

MEMO 初めての保存

初めて保存する場合、[上書き保存] をクリックすると [名前を付けて保存] ダイアログボックスが表示されます。

② モジュール名を入力して、

③ [OK] をクリックします。

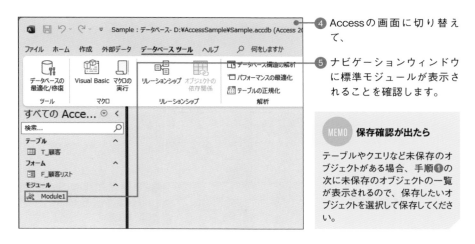

④ Accessの画面に切り替えて、

⑤ ナビゲーションウィンドウに標準モジュールが表示されることを確認します。

MEMO 保存確認が出たら

テーブルやクエリなど未保存のオブジェクトがある場合、手順①の次に未保存のオブジェクトの一覧が表示されるので、保存したいオブジェクトを選択して保存してください。

--- COLUMN ---

標準モジュールの削除と編集

ナビゲーションウィンドウでモジュールを選択して Delete キーを押すと、そのモジュールを削除できます。また、ナビゲーションウィンドウでモジュールをダブルクリックすると、VBEが起動してそのモジュールが表示されます。

Subプロシージャを作成する

プログラムの実行の単位を「プロシージャ」と呼びます。プロシージャには単体で実行できる「Subプロシージャ」と、関数として利用できる「Functionプロシージャ」があります。ここでは「メッセージ画面を表示する」という単純なプログラムの作成を通して、Subプロシージャの作成方法と実行方法を紹介します。

□ Subプロシージャを作成する

① VBEを起動して、標準モジュールを追加します。

② 「Subプロシージャ名」を入力して、Enterキーを押します。ここではプロシージャ名を「メッセージ表示」としました。

③ 「()」と「End Sub」が自動入力され、プロシージャの骨格が作成されます。

④ 「Sub…」と「End Sub」の間の行でTabキーを押して字下げします。

 コードの入力

VBAの単語や命令文のことを「コード」と表現します。VBAで定義された単語は、すべて小文字、またはすべて大文字で入力しても、自動で正しく変換されます。日本語を入力するとき以外は、日本語入力モードをオフにして半角で入力しましょう。

⑤ コードを入力します。

MEMO **MsgBox**

「MsgBox "メッセージ文"」は、メッセージ画面を表示するコードです。「MsgBox」と「"メッセージ文"」の間に半角のスペースを入れてください。

```
Sub メッセージ表示()
    MsgBox "こんにちは！"
End Sub
```

□ Subプロシージャを実行する

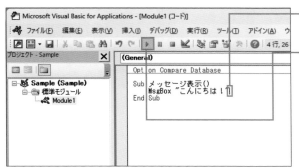

① 実行するプロシージャ内にカーソルを置いて、

② [Sub/ユーザフォームの実行] をクリックします。

MEMO **ショートカットキー**

F5 キーを押しても、カーソルが置かれているSubプロシージャを実行できます。

③ メッセージ画面が表示されました。

④ [OK] をクリックするとメッセージ画面が閉じ、プロシージャが終了します。

COLUMN

プロシージャの構造

Subプロシージャは、以下のような構造になっています。このSECTIONで作成したのはコードが1行あるだけの処理ですが、複数行記述してさまざまな処理を行うこともできます。なお、コードの字下げは見やすさのために入れるもので、その有無によってプログラムの動作が変わることはありません。

```
Sub プロシージャ名()
    (処理)
End Sub
```

ボタンのクリックで実行される
イベントプロシージャを作成する

「ボタンがクリックされたとき」「フォームが開いたとき」「レポートが印刷されるとき」
のように、特定のタイミングで自動実行される Sub プロシージャを「イベントプロシー
ジャ」と呼びます。ここではイベントプロシージャを使用して、ボタンのクリックで
フォームが開く仕組みを作成します。

□ フォームを開くイベントプロシージャを作成する

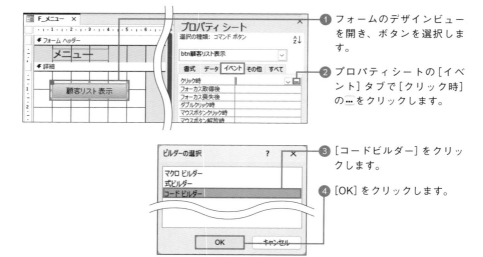

① フォームのデザインビュー
を開き、ボタンを選択しま
す。

② プロパティシートの[イベ
ント]タブで[クリック時]
の … をクリックします。

③ [コードビルダー]をクリッ
クします。

④ [OK]をクリックします。

⑤ VBEが起動し、フォームモ
ジュールが追加されました。

⑥ 「btn顧客リスト表示_Click」
という名前のイベントプロ
シージャが作成されました。

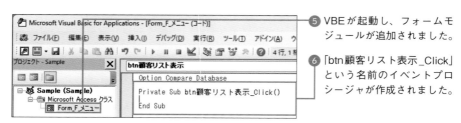

MEMO **ボタンにわかりやすい名前を付けておく**

コントロールのイベントプロシージャには、自動で「コントロール名_イベント名」の形式の名前が付くので、あら
かじめコントロールにわかりやすい名前を付けておきましょう。フォームのデザインビューでコントロールを選択し、プ
ロパティシートの[その他]タブの[名前]でコントロール名を設定できます。

7 Tab キーで字下げしてから、コードを入力します。

```
btn顧客リスト表示                              ∨
   Option Compare Database

   Private Sub btn顧客リスト表示_Click()
       DoCmd.OpenForm "F_顧客リスト"
   End Sub
```

```
Private Sub btn顧客リスト表示_Click()
    DoCmd.OpenForm "F_顧客リスト"
End Sub
```

MEMO OpenForm

「DoCmd.OpenForm "フォーム名"」は、フォームを開くコードです。詳しくは328ページで解説します。

□ イベントプロシージャを実行する

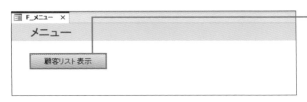

1 Accessに切り替え、フォームビューでボタンをクリックすると、

2 [F_顧客リスト] フォームが開きます。

COLUMN

イベントプロシージャとフォームモジュール

フォームに複数のボタンを配置して1つ目のボタンでイベントプロシージャを作成すると、自動的にフォームモジュールが作成されます。2つ目以降のイベントプロシージャは、作成済みのフォームモジュールに追加されます。フォームモジュールは、フォームの付属品としてフォームと一緒に保存されます。フォームをコピーすると、フォームモジュールもコピーされます。

フォームモジュールを持つフォームは、自動的に [コード保持] プロパティが [はい] に設定されます。フォームのプロパティシートの [その他] タブでこのプロパティ値を [いいえ] に変更してフォームを上書き保存すると、フォームモジュールが削除されます。レポートモジュールの場合も同様です。

Functionプロシージャで関数を作成する

SECTION ••• 183

プロシージャには、「Subプロシージャ」のほかに「Functionプロシージャ」があります。Functionプロシージャを使用すると、自作の関数を定義できます。定義した関数は、クエリの演算フィールドやフォームの演算コントロール、ほかのプロシージャなどで使用できます。ここでは「price」と「rate」という2つの引数から税込価格を求める「Zeikomi」という名前の関数を作成します。

□ Functionプロシージャの基本

Functionプロシージャは次の形式で入力します。

```
Function 関数名(引数1 As データ型, 引数2 As データ型, ……) As データ型
    (戻り値を求めるための処理)
    関数名 = 戻り値
End Function
```

「引数」は関数の計算に使用するデータで、下表のデータ型とともに丸カッコの中に指定します。また、丸カッコの次の「As データ型」は関数の戻り値のデータ型のことです。例えば、「Function 関数名(引数 As String) As Long」と記述した場合、「文字列型の引数を指定すると長整数型の戻り値が返る関数」ということになります。

VBAのデータ型の例

データ型	説明
String	文字列型
Integer	整数型
Long	長整数型
Double	倍精度浮動小数点数型

データ型	説明
Currency	通貨型
Boolean	ブール型（Yes／No型）
Date	日付／時刻型
Variant	あらゆるデータ

□ 価格と消費税率から税込単価を求める関数を作成する

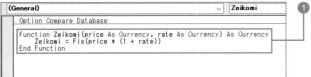

❶ VBEを起動して標準モジュールにFunctionプロシージャを入力し、保存しておきます。

318

```
Function Zeikomi(price As Currency, rate As Currency) As Currency
    Zeikomi = Fix(price * (1 + rate))
End Function
```

 MEMO 計算式の意味

上のFunctionプロシージャでは、引数［price］に価格、引数［rate］に消費税率を指定して、「価格×(1＋消費税率)」を計算して税込み価格を求めています。コードの中で使用している「Fix」は数値の小数点以下を切り捨てる関数です。2つの引数と戻り値は通貨型としました。引数［rate］は浮動小数点数型を指定することも可能ですが、通貨型を指定したほうが誤差の少ない計算を期待できます。

□ クエリでZeikomi関数を使用してみる

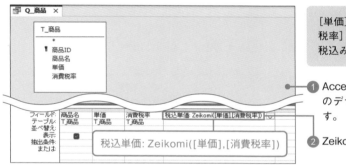

[単価] フィールドと [消費税率] フィールドの値から税込み価格を求めます。

❶ Accessに切り替え、クエリのデザインビューを開きます。

❷ Zeikomi関数を入力します。

税込単価: Zeikomi([単価],[消費税率])

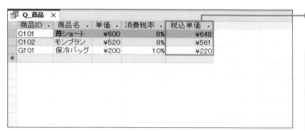

❸ データシートビューで計算結果を確認します。

 MEMO エラーが出る場合

［単価］や［消費税率］が未入力だと計算結果がエラーになるので注意してください。

─ COLUMN ─

Functionプロシージャのテスト

Functionプロシージャの動作をテストするには、VBEの［表示］メニューから［イミディエイトウィンドウ］を表示し、「?関数名(引数,引数)」と入力して Enter キーを押します。すると、次行に関数の戻り値が表示されます。

```
イミディエイト
?Zeikomi(800,0.1)
 880
```

コードの記述ルールを理解する

ここまで、Subプロシージャ、イベントプロシージャ、Functionプロシージャの作成方法を紹介してきました。これ以降はプロシージャの中に書くコードについて紹介していきますが、その前に基本的な記述ルールを押さえておきましょう。

▫ 記述ルール

命令文の引数の省略

　VBAの命令文は、引数を持つものがあります。途中の引数を省略する場合、何番目の引数が省略されたのかが明確になるように、カンマ「,」の数を合わせます。以降の引数をすべて省略する場合は、それ以降のカンマは省略できます。例えば引数を7つ持つ命令文で1番目と3番目、および6番目以降を省略する場合、次のように記述します。

> 命令文 , 引数2, , 引数4, 引数5 ●──── 1、3、6、7番目の引数を省略している

コードの改行

　長いコードを改行するには、前の行の末尾に半角のスペースとアンダースコア「_」を入力します。2行目以降を字下げすると、一続きのコードであることがわかりやすくなります。単語の途中で改行することはできません。

> 命令文 引数1, 引数2, _ ●──── 行末に「 _」を入力して改行する
> 　　引数3, 引数4, 引数5

コメント

　コードにシングルクォーテーション「'」を付けると、それ以降文末までがコメントと見なされます。覚書を入力するのに利用できます。VBEでは、コメントは自動で緑色になります。コメントの有無は、プログラムの動作に影響しません。本書で紹介するコードにコメントが含まれている場合がありますが、入力しなくてもかまいません。

> 命令文 引数1, 引数2　　'覚書を入力

SECTION 185 コントロールの値を プログラムで使用する

テキストボックスやコンボボックスなどのコントロールに入力された値をプログラムで使用したいことがあります。コントロールの値は「コントロール名.Value」で取得できます。ここでは開くフォームの名前をテキストボックスで指定できるようにします。

▢ テキストボックスに入力されたフォームを開く

① テキストボックスを選択して、プロパティシートの[その他]タブで名前(ここでは「txtフォーム名」)を付けます。

② 316ページを参考に[表示](btn表示)ボタンのクリック時のイベントプロシージャを作成します。

```
Private Sub btn 表示 _Click()
    DoCmd.OpenForm txt フォーム名 .Value
End Sub
```

③ テキストボックスにフォーム名を入力してボタンをクリックすると、指定したフォームが開きます。

COLUMN

コントロールが別のフォームにある場合

別のフォームに配置されているコントロールの値を取得するには、コントロール名の前に「Forms!フォーム名!」を付けます。なお、フォーム名が変数に入力されている場合などは、「Forms(変数)!」を付ける方法もあります。

Forms!フォーム名!コントロール名.Value

条件によって実行する処理を 切り替える

「If文」を使用すると、条件が成立する場合と成立しない場合とで処理を分岐できます。 ここでは前のSECTIONのイベントプロシージャを改良して、テキストボックスに何も 入力されていない場合に入力を促すようにします。

□ If文の基本

If文には複数のパターンがあります。分岐したい処理の数や判定したい条件の数に応 じて、どのIf文を使うかを決めます。

条件が成立する場合にだけ処理を実行（成立しない場合は何も実行しない）

```
If 条件 Then
    (条件を満たす場合の処理)
End If
```

条件が成立する場合と成立しない場合で異なる処理を実行

```
If 条件 Then
    (条件を満たす場合の処理)
Else
    (条件を満たさない場合の処理)
End If
```

Elseブロックを追加

条件が成立しない場合に次の条件を判定

```
If 条件A Then
    (条件Aを満たす場合の処理)
ElseIf 条件B Then
    (条件Bを満たす場合の処理)
Else
    (どの条件も満たさない場合の処理)
End If
```

ElseIfブロックを追加

※ElseIfブロックは複数追加できます。先に指定した条件が成立すると、それ以降の条件は判定されません。

▫ テキストボックスが入力されているかどうかで処理を分岐する

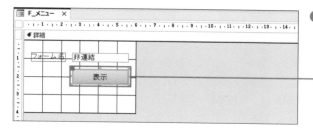

❶ [表示]（btn表示）ボタンの
イベントプロシージャを作
成して、下記のコードを入
力します。

```
Private Sub btn表示_Click()
    '[txtフォーム名]が未入力の場合は入力を促す
    If IsNull(txtフォーム名.Value) = True Then
        MsgBox "フォーム名を入力してください。"
    'それ以外の場合はフォームを開く
    Else
        DoCmd.OpenForm txtフォーム名.Value
    End If
End Sub
```

 未入力の判定

IsNull関数は、指定した引数が
Nullかどうかを判定して、Nullの
場合、つまり何も入っていない場
合はTrueを、何か入っている場
合はFalseを返します。
「IsNull(txtフォーム名.Value)
= True」という条件は、テキスト
ボックス[txtフォーム名]が未入
力の場合に成立します。

 「= True」は省略可

IsNull関数の戻り値は論理値なので、そのままで条件として利用できます。本書では条件を「IsNull(○○) =
True」の形式で記述しますが、「= True」を省略してもかまいません。

▫ フォームビューに切り替えて動作を確認する

❶ テキストボックスに何も入
力せずに[表示]ボタンをク
リックすると、

❷ 入力を促すメッセージ画面
が表示されます。

❸ テキストボックスにフォー
ム名を入力して[表示]ボタ
ンをクリックすると、指定
したフォームが開きます。

値の入れ物「変数」を使用する

「変数」とは、値を入れておける入れ物です。プログラフの中で何度も使う値をわかり
やすい名前の変数に入れておくと、プログラムが見やすくなりメンテナス性も上がりま
す。計算の過程で出た値を退避しておくのにも使えます。

□ 変数の基本

　変数を使用するには、まずDim文を使って、どのようなデータ型（318ページ参照）の
どのような名前の変数を使うのかを宣言します。変数に値を代入するには「=」記号を使
います。

　例えば長整数型の「num」という名前の変数を宣言するには「Dim num As Long」と記
述します。また、変数［num］に「123」を代入するには「num = 123」と記述します。

Dim 変数名 As データ型 ━━ 変数宣言　代入
変数名 = 値 ━━

□ コンボボックスで指定したテーブルのバックアップを作成する

コンボボックスで選択したテーブルをコピーするイベントプロシージャを作成します。コ
ピー先のテーブル名は、元のテーブル名の末尾に「bk」を付けた名前にします。

❶ コンボボックスの名前を確
　認しておきます。

❷ ［バックアップ］（btnバック
　アップ）ボタンのイベント
　プロシージャを作成して、
　下記のコードを入力します。

```
Private Sub btnバックアップ_Click()
    'テーブル名を代入するための変数[tName]を宣言する
    Dim tName As String
    '変数[tName]にコンボボックスの値を代入する
```

```
    tName = cboテーブル名.Value
    '指定したテーブルをコピーする
    DoCmd.CopyObject , tName & "bk", acTable, tName
End Sub
```

□ フォームビューに切り替えて動作を確認する

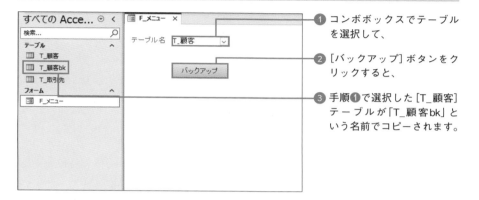

1. コンボボックスでテーブルを選択して、
2. [バックアップ] ボタンをクリックすると、
3. 手順①で選択した [T_顧客] テーブルが「T_顧客bk」という名前でコピーされます。

MEMO　エラーが発生した場合

「T_顧客bk」が存在する状態で実行すると、テーブルを置き換えるかどうかの確認メッセージが表示されます。[はい] をクリックした場合はテーブルが置き換えられ、プログラムが終了します。[いいえ] をクリックした場合は、エラーが発生してプログラムが中断状態になるので、[終了] をクリックしてプログラムを終了させてください。

― COLUMN ―

「CopyObject」の基本構文

「DoCmd.CopyObject」は、下記の構文にしたがってオブジェクトをコピーするコードです。同じファイルにコピーする場合は第1引数の[ファイル]を省略できます。第3引数の[オブジェクトの種類]には、テーブルをコピーする場合は「acTable」、フォームをコピーする場合は「acForm」のように指定します。

DoCmd.CopyObject ファイル, 新オブジェクト名, オブジェクトの種類, オブジェクト名

上記のプロシージャでは、コンボボックスに入力された値を「cboテーブル名.Value」で求め、String型の変数 [tName] に代入しました。実行例の場合、変数 [tName] に「T_顧客」が代入されます。したがって「DoCmd.CopyObject」のコードは次のコードと同等の命令文になります。

DoCmd.CopyObject , "T_顧客bk", acTable, "T_顧客"

メッセージ画面でユーザーが
OKした場合に処理を実行する

メッセージ画面を表示する「MsgBox」と条件分岐を行うIf文を組み合わせると、メッセージ画面に [OK] [キャンセル] などのボタンを表示して、クリックされたボタンに応じて処理を切り替えることができます。ここでは [OK] ボタンがクリックされたときだけフォームを閉じるイベントプロシージャを作成します。

□ 「MsgBox」の基本構文

「MsgBox」には2つの機能があります。1つは、ユーザーに情報を提示する機能です。「MsgBox "メッセージ文"」と指定すると、[OK] ボタンだけを持つメッセージ画面に情報を表示できます。

ユーザーに情報を提示する

MsgBox "フォームを閉じます。"

> [OK] ボタンだけのメッセージ画面が表示される

　もう1つは、If文と組み合わせてユーザーの意思を確認する機能です。次のように記述すると、[判定するボタン] がクリックされたときだけ処理を実行できます。この用法の場合、「MsgBox」の引数を必ず半角の丸カッコで囲みます。

ユーザーの意思を確認する

```
If MsgBox("メッセージ文", 表示するボタン) = 判定するボタン Then
    (処理)
End If
```

[表示するボタン]の設定値の例

設定値	表示されるボタン
vbOKOnly	[OK] のみ（既定値）
vbOKCancel	[OK] [キャンセル]
vbYesNoCancel	[はい] [いいえ] [キャンセル]
vbYesNo	[はい] [いいえ]

[判定するボタン]の設定値

設定値	意味
vbOK	[OK]
vbCancel	[キャンセル]
vbYes	[はい]
vbNo	[いいえ]

□ [OK]がクリックされた場合にフォームを閉じる仕組みを作成する

① [閉じる] (btn閉じる) ボタンのイベントプロシージャを作成して、下記のコードを入力します。

MEMO **DoCmd.Close**

「DoCmd.Close」と記述すると、最前面に表示されているオブジェクトを閉じることができます。

```
Private Sub btn閉じる_Click()
    'メッセージ画面で[OK]がクリックされた場合は、
    If MsgBox("フォームを閉じます。よろしいですか?", vbOKCancel) = vbOK Then
        'フォームを閉じる
        DoCmd.Close
    End If
End Sub
```

□ フォームビューに切り替えて動作を確認する

① [閉じる] ボタンをクリックすると、確認メッセージが表示されます。

② [OK] をクリックするとフォームが閉じます。

③ [キャンセル] がクリックされた場合、フォームは開いたままになります。

--- COLUMN ---

[キャンセル] の処理を記述するには

「vbOKCancel」を指定することで、メッセージ画面に [OK] と [キャンセル] の2つのボタンが表示されます。[キャンセル] ボタンがクリックされたときの処理も記述したい場合は、If文にElseブロックを追加します。

抽出条件を指定して
フォームを開く

「DoCmd.OpenForm」を使用してフォームを開く際に、開くフォームに表示するレコードの抽出条件を引数で指定できます。抽出条件の指定方法をマスターすれば、フォームに思い通りのレコードを表示できます。

□ 開くフォームの抽出条件をオプションボタンで指定する仕組みを作成する

[条件]欄で[全商品]が選択されている場合は、[F_商品]フォームをそのまま開きます。[在庫有の商品]が選択されている場合は、[在庫有]フィールドが「True」のレコードを抽出した状態で[F_商品]フォームを開きます。

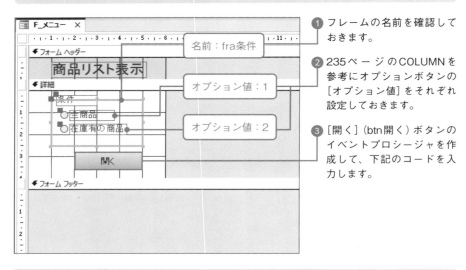

① フレームの名前を確認しておきます。

② 235ページのCOLUMNを参考にオプションボタンの[オプション値]をそれぞれ設定しておきます。

③ [開く]（btn開く）ボタンのイベントプロシージャを作成して、下記のコードを入力します。

```
Private Sub btn開く _Click()
    '[fra条件]の値が「1」の場合、[F_商品]をそのまま開く
    If fra条件 = 1 Then
        DoCmd.OpenForm "F_商品"
    'それ以外の場合、[F_商品]を開いて[在庫有]のレコードを抽出する
    Else
        DoCmd.OpenForm "F_商品", , , "在庫有 =True"
    End If
End Sub
```

□ フォームビューに切り替えて動作を確認する

① [在庫有の商品] を選択して、

② [開く] ボタンをクリックすると、

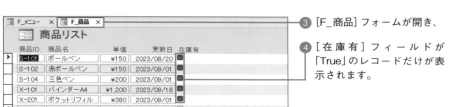

③ [F_商品] フォームが開き、

④ [在庫有] フィールドが「True」のレコードだけが表示されます。

 MEMO **[オプション値] プロパティ**

フレーム内で選択されているオプションボタンの [オプション値] が、フレーム自身の値になります。例えば [在庫有の商品] を選択した場合、[fra条件] の値は「2」になります。

COLUMN

「DoCmd.OpenForm」の抽出条件

「DoCmd.OpenForm」はフォームを開くコードです。第1引数の [フォーム名] だけを指定した場合、フォームがそのまま開きます。フォームに表示するレコードを絞り込みたい場合は、第4引数に抽出条件を「" フィールド名 比較演算子 抽出する値"」の形式で指定します。第2引数以降の引数はすべて省略可能です。なお、「抽出する値」が文字列の場合は「'」で囲んでください。

DoCmd.OpenForm フォーム名,,, [抽出条件]

抽出条件の指定例

指定例	説明
" 商品名='ボールペン '"	[商品名] フィールドの値が「ボールペン」に等しい
" 商品名 Like '* ペン *'"	[商品名] フィールドの値に「ペン」を含む
" 価格 >=1000"	[価格] フィールドの値が 1000 以上
" 価格 <1000"	[価格] フィールドの値が 1000 未満
" 更新日 <#2023/9/1#"	[更新日] フィールドの値が 2023/9/1 より前
" 更新日 Between #2023/9/1# And #2023/9/15#"	[更新日] フィールドの値が 2023/9/1 から 2023/9/15 まで

テキストボックスに入力した値を抽出条件としてフォームを開く

SECTION 190

フォームを開く際に、レコードの抽出条件をテキストボックスで指定できるようにします。「DoCmd.OpenForm」の第4引数 [抽出条件] に、テキストボックスの値を連結して指定することがポイントです。

▢ 抽出条件をテキストボックスで指定する仕組みを作成する

テキストボックスに抽出条件として氏名の一部を入力すると、その条件に合致する顧客レコードを抽出した状態で [F_顧客] フォームを開きます。テキストボックスに何も入力されていない場合は、入力を促すメッセージ画面を表示します。

❶ テキストボックスの名前を確認しておきます。

❷ [検索] (btn検索) ボタンのイベントプロシージャを作成して、下記のコードを入力します。

```
Private Sub btn検索_Click()
    '[txt条件] が未入力の場合は入力を促す
    If IsNull(txt条件.Value) = True Then
        MsgBox "顧客名の一部を入力してください。"
    'そうでない場合はフォームを開いて条件に合うレコードを表示する
    Else
        DoCmd.OpenForm "F_顧客", , , "顧客名 Like '*" & txt条件.Value & "*'"
    End If
End Sub
```

MEMO **未入力の判定**

IsNull関数は、指定した引数がNullかどうかを判定します。「IsNull(txt条件.Value) = True」という条件は、[txt条件] テキストボックスが未入力の場合に成立します。

□ フォームビューに切り替えて動作を確認する

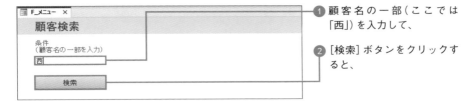

① 顧客名の一部（ここでは「西」）を入力して、

② [検索] ボタンをクリックすると、

③ [F_顧客] フォームが開き、

④ 「"顧客名 Like '*西*'"」という条件で抽出が行われ、[顧客名] に「西」を含むレコードが表示されます。

COLUMN

テキストボックスの値を抽出条件に使用する

「DoCmd.OpenForm」の第4引数に抽出条件をテキストボックスで指定する場合は、抽出対象のデータ型に応じてテキストボックスの値を「'」や「#」で囲みます。

文字列を抽出する場合：「'」（シングルクォーテーション）で囲む

指定例	説明
" 都道府県 = '" & txt 条件 .Value & "'"	[都道府県] が [txt 条件] の値に等しい
" 都道府県 Like '*" & txt 条件 .Value & "'"	[都道府県] が [txt 条件] の値で終わる

日付や時刻を抽出する場合：「#」で囲む

指定例	説明
" 生年月日 = #" & txt 条件 .Value & "#"	[生年月日] が [txt 条件] の値に等しい
" 生年月日 Between #" & txt 条件 1.Value & "# And #" & txt 条件 2.Value & "#"	[生年月日] が [txt 条件 1] の値から [txt 条件 2] の値までの期間

数値を抽出する場合：囲まずに指定する

指定例	説明
" 数量 >= " & txt 条件 .Value	[数量] が [txt 条件] の値以上
" 数量 Between " & txt 条件 1.Value & " And " & txt 条件 2.Value	[数量] が [txt 条件 1] の値以上 [txt 条件 2] の値以下

SECTION 191 条件に合うレコードがない場合は フォームを開かない

前のSECTIONのプロシージャでは、条件に合うレコードが存在しない場合に空の フォームが開きます。ここではDCount関数を使用して条件に合うレコードがあるかど うかを調べ、ない場合にフォームが開かないようにプロシージャを改良します。

□ プロシージャを修正する

① プロシージャを以下のように修正します。なお、DCount関数（162ページ参照）の引数に指定している「T_顧客」は、[F_顧客] フォームのレコードソースとします。

```
Private Sub btn検索_Click()
    Dim myStr As String '抽出条件代入用の変数
    '[txt条件] が未入力の場合は入力を促す
    If IsNull(txt条件.Value) = True Then
        MsgBox "顧客名の一部を入力してください。"
    'そうでない場合、
    Else
        '変数[myStr] に抽出条件を代入する
        myStr = "顧客名 Like '*" & txt条件.Value & "*'"
        '条件に合うレコード数が「0」の場合、メッセージ画面を表示する
        If DCount("*", "T_顧客", myStr) = 0 Then
            MsgBox "該当するレコードがありません。"
        'そうでない場合はフォームを開いて条件に合うレコードを表示する
        Else
            DoCmd.OpenForm "F_顧客", , , myStr
        End If
    End If
End Sub
```

② 存在しない顧客名を入力した場合、

③ レコードがないことを伝えてフォームを開きません。

SECTION 192
条件入力画面で複数の抽出条件を指定してフォームを開く

「DoCmd.OpenForm」では、複数の抽出条件を And 演算子で連結して指定できます。ここではフォームに配置したテキストボックスで複数の抽出条件を自由に指定できるようにします。

▫ 複数の抽出条件をテキストボックスで指定する仕組みを作成する

テキストボックスに入力した条件をすべて満たすレコードを抽出した状態でフォームを開きます。未入力のテキストボックスは無視します。[受注ID]は数値型とします。[受注日]は開始日または終了日のみの指定でも抽出できるようにし、[顧客名]は一部の入力だけで抽出できるようにします。

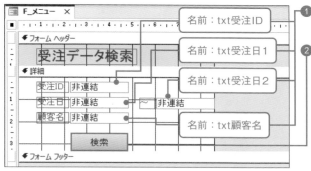

❶ 4つのテキストボックスの名前を確認しておきます。

❷ [検索]（btn検索）ボタンのイベントプロシージャを作成して、下記のコードを入力します。

```
Private Sub btn検索_Click()
    Dim myStr As String    '抽出条件代入用の変数
    '変数[myStr]に初期値として空文字列を代入する
    myStr = ""
    '[txt受注ID]に数値が入力されている場合、
    If IsNumeric(txt受注ID.Value) = True Then
        '変数[myStr]に[受注ID]の抽出条件を連結する
        myStr = myStr & " And 受注ID=" & txt受注ID.Value
    End If
    '[txt受注日1]に日付が入力されている場合、
    If IsDate(txt受注日1.Value) = True Then
        '変数[myStr]に[受注日]の抽出条件を連結する
        myStr = myStr & " And 受注日 >= #" & txt受注日1.Value & "#"
```

```
        End If
        '[txt受注日2]に日付が入力されている場合、
        If IsDate(txt受注日2.Value) = True Then
            '変数[myStr]に[受注日]の抽出条件を連結する
            myStr = myStr & " And 受注日 <= #" & txt受注日2.Value & "#"
        End If
        '[txt顧客名]が入力されている場合、
        If IsNull(txt顧客名.Value) = False Then
            '変数[myStr]に[顧客名]の抽出条件を連結する
            myStr = myStr & " And 顧客名 Like '*" & txt顧客名.Value & "*'"
        End If
        '変数[myStr]が空文字列の場合、抽出条件の入力を促す
        If myStr = "" Then
            MsgBox "抽出条件を入力してください。"
        'そうでない場合、フォームを開いて条件に合うレコードを表示する
        Else
            DoCmd.OpenForm "F_受注", , , Mid(myStr, 6)
        End If
End Sub
```

それぞれの抽出条件

[顧客ID] [受注日] [顧客名] フィールドの抽出条件の意味は以下のとおりです。

[顧客ID]フィールド

[txt顧客ID] に数値が入力されている場合に、「[受注ID] フィールドが [txt受注ID] の値に等しい」という意味の抽出条件を連結します。[txt顧客ID] が未入力の場合や数値以外が入力された場合は無視します。

[受注日]フィールド

[txt受注日1] [txt受注日2] の両方に日付が入力されている場合に、「[受注日] フィールドが [txt受注日1] から [txt受注日2] まで」という意味の抽出条件を連結します。 入力が [txt受注日1] だけの場合は「[txt受注日1] 以降」、[txt受注日2] だけの場合は「[txt受注日2] 以前」とします。 未入力の場合や日付以外が入力された場合は無視します。

[顧客名]フィールド

[txt顧客名] にデータが入力されている場合に、「[顧客名] フィールドが [txt顧客名] の値を含む」という意味の抽出条件を連結します。[txt顧客名] が未入力の場合は無視します。

抽出条件の先頭に「 And 」を付けて連結する

複数の条件をすべて満たすレコードを抽出するには、「条件1 And 条件2 And 条件3」のように各条件をAnd演算子で連結します。今回、未入力のテキストボックスは無視するので、どの条件が先頭にくるかわかりません。そこでとりあえずすべての条件の先頭に「 And 」(スペース＋And＋スペース)を付けて連結し、抽出を実行するときにMid関数を使用して先頭の5文字を除きます。

□ フォームビューに切り替えて動作を確認する

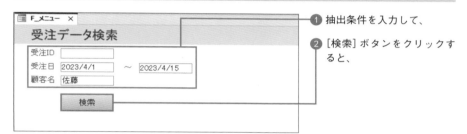

① 抽出条件を入力して、

② [検索] ボタンをクリックすると、

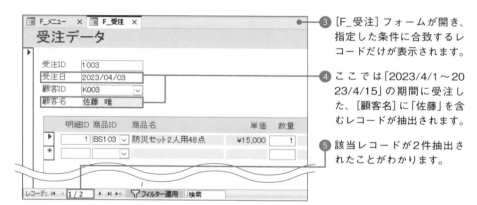

③ [F_受注] フォームが開き、指定した条件に合致するレコードだけが表示されます。

④ ここでは「2023/4/1〜2023/4/15」の期間に受注した、[顧客名]に「佐藤」を含むレコードが抽出されます。

⑤ 該当レコードが2件抽出されたことがわかります。

実行例の抽出条件

上の実行例の場合、3つのテキストボックスが入力されているので、変数myStrには以下のように3つの条件が連結された文字列が代入されます。「Mid(myStr, 6)」とすることで、6文字目以降が実際の抽出条件として働きます。

myStr = " And 受注日 >= #2023/4/1# And 受注日 <= #2023/4/15# And 顧客名 Like
'*佐藤*'"   [txt受注日1]の条件   [txt受注日2]の条件   [txt顧客名]の条件

表形式のフォームで指定した
レコードの単票フォームを開く

表形式のフォームの［詳細］セクションにボタンを配置すると、各行にボタンが表示されます。このボタンをクリックしたときに、対応するレコードの詳細情報を表示する単票フォームを開く仕組みを作成します。なお、レコードの主キーは数値型とします。短いテキスト型の場合は、331 ページの Column を参考に抽出条件を設定してください。

□ 表形式のフォームで指定したレコードの単票フォームを開く仕組みを作成する

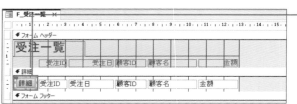

❶［詳細］（btn詳細）ボタンのイベントプロシージャを作成して、下記のコードを入力します。

```
Private Sub btn詳細_Click()
    '[F_受注]を開いて現在行と同じ[受注ID]のレコードを表示する
    DoCmd.OpenForm "F_受注", , , , "受注ID =" & 受注ID
End Sub
```

□ フォームビューに切り替えて動作を確認する

❶ 詳細情報を確認したい行（ここでは［受注ID］が「1002」の行）の［詳細］ボタンをクリックします。

❷［F_受注］フォームが開き、［受注ID］が「1002」のレコードが表示されます。

MEMO　抽出条件

「"受注ID =" & 受注ID」のうち最初の「受注ID」は開くフォーム、次の「受注ID」は表形式のフォームの［受注ID］に対応します。

フォームを閉じる

フォームを閉じるには「DoCmd.Close」を使用します。ここでは別のフォームを開いたあとに自身のフォームを閉じる方法（背面にあるフォームを閉じる方法）と、直接自身のフォームを閉じる方法（最前面にあるフォームを閉じる方法）を紹介します。

▫ フォームを閉じる仕組みを作成する

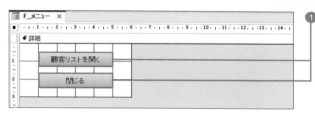

1 [顧客リストを開く]（btn開く）ボタンと［閉じる］（btn閉じる）ボタンのイベントプロシージャをそれぞれ作成して、下記のコードを入力します。

```
'[顧客リストを開く]ボタンのイベントプロシージャ
Private Sub btn開く_Click()
    '[F_顧客]を開く([F_顧客]が最前面になる)
    DoCmd.OpenForm "F_顧客"
    '自分自身を閉じる
    DoCmd.Close acForm, Me.Name
End Sub

'[閉じる]ボタンのイベントプロシージャ
Private Sub btn閉じる_Click()
    '最前面にあるフォーム（自分自身）を閉じる
    DoCmd.Close
End Sub
```

> **MEMO DoCmd.Close**
>
> 「DoCmd.Close」では、第1引数にオブジェクトの種類、第2引数にオブジェクト名を指定します。オブジェクト名は「"F_メニュー"」のように指定しますが、自分自身を閉じる場合は「Me.Name」と記述することもできます。また、自分自身が最前面にある場合は、オブジェクトの種類やオブジェクト名を省略できます。

▫ フォームビューに切り替えて動作を確認する

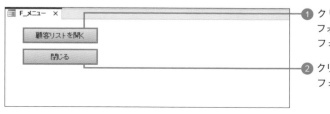

1 クリックすると、[F_顧客]フォームが開き、[F_メニュー]フォームが閉じます。

2 クリックすると、[F_メニュー]フォームが閉じます。

コンボボックスで選択した条件で
レコードを抽出／解除する

コンボボックスで選択した条件でフォームに表示されるレコードを抽出する仕組みと、
レコードの抽出を解除する仕組みを作成します。抽出条件の設定には「Filter」、抽出の
実行／解除には「FilterOn」というコードを使用します。

□レコードを抽出／解除する仕組みを作成する

コンボボックスでランクを選択して［抽出］ボタンをクリックすると、選択したランクの顧
客レコードを抽出します。［解除］ボタンをクリックすると、抽出を解除します。

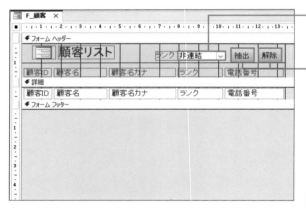

① コンボボックスに「cbo条件」という名前を付けておきます。

② ［抽出］（btn抽出）ボタンと［解除］（btn解除）ボタンのイベントプロシージャをそれぞれ作成して、下記のコードを入力します。

```
'[抽出]ボタンのイベントプロシージャ
Private Sub btn抽出_Click()
    '[cbo条件]が未入力の場合入力を促す
    If IsNull(cbo条件.Value) = True Then
        MsgBox "ランクを選択してください。"
    'それ以外の場合、
    Else
        '抽出条件を設定する
        Me.Filter = "ランク ='" & cbo条件 & "'"
        '抽出を実行する
        Me.FilterOn = True
    End If
End Sub
```

> **MEMO 未入力の判定**
>
> IsNull関数は、指定した引数が
> Nullかどうかを判定します。
> 「IsNull(cbo条件.Value) =
> True」という条件は、コンボボッ
> クス［cbo条件］が未入力の場
> 合に成立します。

> **MEMO 「Me」の意味**
>
> 「Me」は、自分自身のフォームや
> レポートを指します。［抽出］ボタ
> ンのイベントプロシージャでは、ボ
> タンの配置先である［F_顧客］
> フォームのことを指します。

```
'[解除]ボタンのイベントプロシージャ
Private Sub btn解除_Click()
    '抽出を解除する
    Me.FilterOn = False
End Sub
```

MEMO **プロシージャの位置**

同じフォームにあるボタンのイベントプロシージャは、同じフォームモジュールに作成されます。どちらのプロシージャが上に入力されていてもかまいません。

□ フォームビューに切り替えて動作を確認する

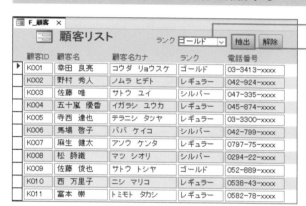

① ランクを選択して、

② [抽出] ボタンをクリックすると、

MEMO **未選択の場合**

[cbo条件] でランクが選択されていない状態で [抽出] ボタンをクリックすると、選択を促すメッセージ画面が表示されます。

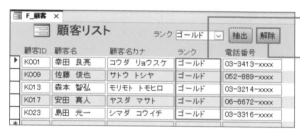

③ 選択したランクのレコードが抽出されます。

④ [解除] ボタンをクリックすると、抽出が解除され、全レコードが表示されます。

COLUMN

「Filter」で抽出条件を設定し、「FilterOn」で実行／解除する

フォームの抽出条件を設定するには、「Me.Filter =」に続けて条件式を「フィールド名 比較演算子 抽出する値」の形式で記述します。抽出条件の記述方法は、329ページと331ページのCOLUMNを参考にしてください。

実際に抽出を実行するには「Me.FilterOn」に「True」を設定します。また、抽出を解除するには「False」を設定します。

なお、別フォームの設定を行う場合は、「Me」の代わりに「Forms!F_顧客.Filter」「Forms!F_顧客.FilterOn」「Forms!F_顧客.Cbo条件」のようにフォーム名を明記する必要があります。

メインフォームで指定した条件で
サブフォームのレコードを抽出する

メイン／サブフォームのメイン側に配置したコントロールで抽出条件を指定し、サブ
フォームのレコードを抽出するには、サブフォームの操作のコードに「サブフォーム
名.Form.」を付けることがポイントです。

□ サブフォームのレコードを抽出する仕組みを作成する

[抽出] ボタンをクリックすると、テキストボックスやコンボボックスで指定した条件をす
べて満たすレコードを抽出します。未入力のテキストボックスは無視します。[受注日] は
開始日または終了日のみの指定でも抽出できるようにし、[顧客名] は一部の入力だけで抽
出できるようにします。[解除] ボタンをクリックすると、抽出を解除します。

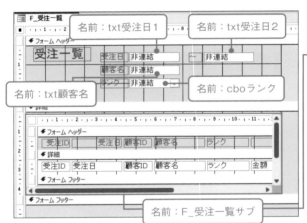

❶ 各コントロールの名前を確
認しておきます。

❷ サブフォームの名前を確認
しておきます。

> **MEMO アンカーの設定**
>
> 201ページを参考にアンカーの設
> 定を行うと、フォームのサイズに合
> わせてサブフォームを拡張できま
> す。このSECTIONのサンプル
> では、[上下左右に引き伸ばし]
> を設定してあります。

❸ [抽出] (btn抽出) ボタンと
[解除] (btn解除) ボタンの
イベントプロシージャをそ
れぞれ作成して、次ページ
のコードを入力します。

```vb
'[抽出]ボタンのイベントプロシージャ
Private Sub btn抽出_Click()
    Dim myStr As String     '抽出条件代入用の変数
    '変数[myStr]に初期値として空文字列を代入する
    myStr = ""
    '[txt受注日1]に日付が入力されている場合、
    If IsDate(txt受注日1.Value) = True Then
        '変数[myStr]に[受注日]の抽出条件を連結する
        myStr = myStr & " And 受注日 >= #" & txt受注日1.Value & "#"
    End If
    '[txt受注日2]に日付が入力されている場合、
    If IsDate(txt受注日2.Value) = True Then
        '変数[myStr]に[受注日]の抽出条件を連結する
        myStr = myStr & " And 受注日 <= #" & txt受注日2.Value & "#"
    End If
    '[txt顧客名]が入力されている場合、
    If IsNull(txt顧客名.Value) = False Then
        '変数[myStr]に[顧客名]の抽出条件を連結する
        myStr = myStr & " And 顧客名 Like '*" & txt顧客名.Value & "*'"
    End If
    '[cboランク]が入力されている場合、
    If IsNull(cboランク.Value) = False Then
        '変数[myStr]に[ランク]の抽出条件を連結する
        myStr = myStr & " And ランク = '" & cboランク.Value & "'"
    End If
    '変数[myStr]が空文字列の場合、
    If myStr = "" Then
        '抽出条件の入力を促す
        MsgBox "抽出条件を入力してください。"
    'それ以外の場合
    Else
        '抽出条件を設定する
        F_受注一覧サブ.Form.Filter = Mid(myStr, 6)
        '抽出条件を実行する
        F_受注一覧サブ.Form.FilterOn = True
    End If
End Sub
```

```
'[解除]ボタンのイベントプロシージャ
Private Sub btn解除_Click()
    '抽出を解除する
    F_受注一覧サブ.Form.FilterOn = False
End Sub
```

MEMO　**サブフォームの指定**

メインフォームからサブフォームの抽出を操作する場合、「Filter」や「FilterOn」の前に「サブフォーム名.Form.」を付けます。

□ フォームビューに切り替えて動作を確認する

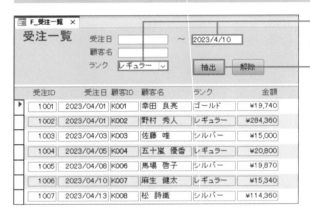

❶ 抽出条件を入力して、

❷ [抽出] ボタンをクリックすると、

MEMO　**条件未指定の場合**

条件が何も指定されていない状態で [抽出] ボタンをクリックすると、選択を促すメッセージ画面が表示されます。

❸ 指定した条件（[受注日] が「2023/4/10」以前かつ [ランク] が「レギュラー」）に合致するレコードが抽出されます。

❹ [解除] ボタンをクリックすると、抽出が解除され、全レコードが表示されます。

COLUMN

実行例の抽出条件

上の実行例の場合、2つの条件が入力されているので、変数myStrには以下のように2つの条件が連結された文字列が代入されます。なお、抽出条件の考え方は、Sec.192の場合と同じです。

myStr = " And 受注日 <= #2023/4/10# And ランク = 'レギュラー'"
　　　　　　　　└ [txt受注日2]の条件 ┘　　　　　└ [cboランク]の条件 ┘

SECTION
197

フォームのレコードを並べ替える

レコードの並べ替えの設定には「OrderBy」、並べ替えの実行／解除には「OrderByOn」というコードを使用します。ここでは表形式のフォームのフォームヘッダーに配置したボタンで簡単に並べ替えと解除ができるようにします。

□ シメイ順の並べ替えと解除の仕組みを作成する

❶ [シメイ順]（btnシメイ順）ボタンと[並べ替え解除]（btn解除）ボタンのイベントプロシージャをそれぞれ作成して、下記のコードを入力します。

```
'[シメイ順]ボタンのイベントプロシージャ
Private Sub btnシメイ順_Click()
    Me.OrderBy = "シメイ"    '並べ替えの条件の設定
    Me.OrderByOn = True      '並べ替えの実行
End Sub

'[並べ替え解除]ボタンのイベントプロシージャ
Private Sub btn解除_Click()
    Me.OrderByOn = False     '並べ替えの解除
End Sub
```

> **MEMO 並べ替えの設定**
>
> 「Me.OrderBy」に「"シメイ"」のようにフィールド名を設定すると昇順、「"シメイ DESC"」のように「DESC」を付けると降順の並べ替えを指定できます。複数のフィールドで並べ替える場合は、「"登録年 DESC, シメイ"」のように優先順位の高い順にカンマで区切って指定します。
> 実際に並べ替えを実行するには「Me.OrderBy」に「True」を設定し、解除するには「False」を設定します。

□ フォームビューに切り替えて動作を確認する

❶ [シメイ順]ボタンをクリックすると、[シメイ]フィールドの昇順の並べ替えが行われます。

❷ [並べ替え解除]ボタンをクリックすると、並べ替えが解除されます。

343

伝票番号を自動的に採番する

新規レコードに伝票番号が自動的に入力される仕組みを作成します。オートナンバー型のような仕組みです。1件目のレコードの伝票番号を「1001」とし、2件目以降「1」ずつ増やしていきます。

□ [見積ID] フィールドに「1001」から始まる連番を自動入力する

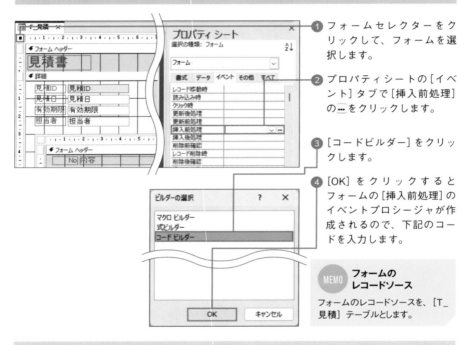

1 フォームセレクターをクリックして、フォームを選択します。

2 プロパティシートの [イベント] タブで [挿入前処理] の … をクリックします。

3 [コードビルダー] をクリックします。

4 [OK] をクリックするとフォームの [挿入前処理] のイベントプロシージャが作成されるので、下記のコードを入力します。

MEMO **フォームの レコードソース**

フォームのレコードソースを、[T_ 見積] テーブルとします。

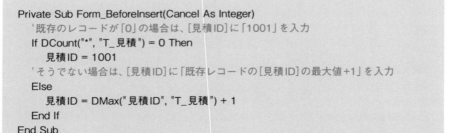

```
Private Sub Form_BeforeInsert(Cancel As Integer)
    '既存のレコードが「0」の場合は、[見積ID]に「1001」を入力
    If DCount("*", "T_見積") = 0 Then
        見積ID = 1001
    'そうでない場合は、[見積ID]に「既存レコードの[見積ID]の最大値+1」を入力
    Else
        見積ID = DMax("見積ID", "T_見積") + 1
    End If
End Sub
```

[挿入前処理] イベント

フォームの [挿入前処理] イベントプロシージャには「Form_BeforeInsert」という名前が付きます。このイベントプロシージャは、新しいレコードに最初の文字が入力されたときに実行されます。

 DCount関数とDMax関数

DCount関数は、フィールドとテーブルを指定して、フィールドに入力されているデータの数をカウントする関数です。フィールドの代わりに「*」を指定すると、テーブルのレコード数が求められます。DMax関数は、フィールドとテーブルを指定して、フィールドに入力されているデータの最大値を求める関数です。

□ フォームビューに切り替えて動作を確認する

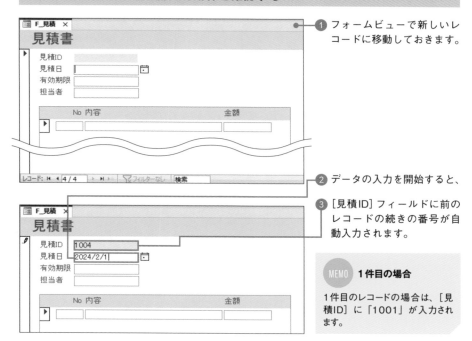

① フォームビューで新しいレコードに移動しておきます。

② データの入力を開始すると、

③ [見積ID] フィールドに前のレコードの続きの番号が自動入力されます。

MEMO 1件目の場合

1件目のレコードの場合は、[見積ID] に「1001」が入力されます。

COLUMN

[見積ID] の最大値を求めて「1」を加える

「DCount("*", "T_見積")」で、フォームのレコードソースである「T_見積」テーブルのレコード数がわかります。レコードが「0」の場合は [見積ID] を「1001」とします。レコードが「0」でない場合は、「DMax("見積ID", "T_見積")」で [見積ID] フィールドの最大値を求め、それに「1」を加えて新しいレコードの [見積ID] とします。

345

サブフォームの行番号を自動的に採番する

メイン／サブフォームでサブフォームの明細レコードに「1、2、3……」と行番号を自動で振りたいことがあります。ここでは見積書を例に手順を紹介します。同じ「見積ID」を持つ明細レコードごとに番号付けすることがポイントです。

□ サブフォームの明細行に「1、2、3……」と連番を振る仕組みを作成する

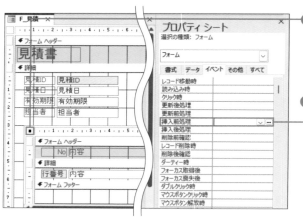

❶ サブフォームのフォームセレクターを2回クリックして、サブフォームを選択します（「■」が表示された状態になります）。

❷ プロパティシートの[イベント]タブで[挿入前処理]のイベントプロシージャを作成し、下記のコードを入力します。

```
Private Sub Form_BeforeInsert(Cancel As Integer)
    Dim myStr As String     '条件入力用の変数
    myStr = "見積ID = " & Forms!F_見積.見積ID     '条件文を変数[myStr]に代入
    '同じ[見積ID]の明細レコードが「0」の場合は、[行番号]に「1」を入力
    If DCount("見積ID", "T_明細", myStr) = 0 Then
        行番号 = 1
    'そうでない場合は、[行番号]に「既存レコードの[行番号]の最大値+1」を入力
    Else
        行番号 = DMax("行番号", "T_明細", myStr) + 1
    End If
End Sub
```

MEMO **メインフォームとサブフォーム**

サブフォームのレコードソースを[T_明細]テーブルとします。また、メインフォームとサブフォームは「見積ID」フィールドで結合しているものとします。

□ フォームビューに切り替えて動作を確認する

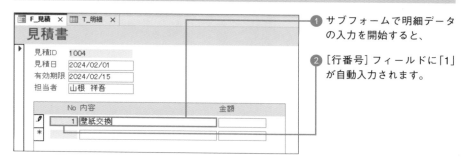

① サブフォームで明細データの入力を開始すると、

② [行番号] フィールドに「1」が自動入力されます。

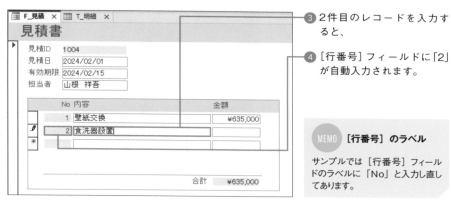

③ 2件目のレコードを入力すると、

④ [行番号] フィールドに「2」が自動入力されます。

> **MEMO** [行番号] のラベル
>
> サンプルでは [行番号] フィールドのラベルに「No」と入力し直してあります。

COLUMN

同じ [見積ID] を持つ明細レコードごとに連番を振る

同じ [見積ID] ごとに [行番号] を「1」から振り直すには、現在メインフォームに表示されている [見積ID] の値が、サブフォームのレコードソースである [T_明細] テーブルの [見積ID] フィールドにいくつあるかカウントします。「0」の場合は [行番号] を「1」とします。「0」でない場合は同じ [見積ID] の中から [行番号] の最大値を求め、それに「1」を加えて [行番号] とします。

なお、明細レコードの削除時に [行番号] の手動修正を自由に行えるように、[T_明細] テーブルでは [見積ID] [行番号] による連結主キーを設定せずに、別途オートナンバー型の主キーを用意してあります。

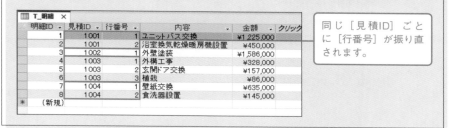

同じ [見積ID] ごとに [行番号] が振り直されます。

販売価格欄に定価を自動入力する

販売テーブルと商品テーブルが[商品ID]フィールドで結合している場合、販売テーブルに[商品ID]を入力したときに商品名や定価が自動表示されます。しかし、販売セールや会員割引の実施などで、定価と実際の販売価格が異なる場合もあるでしょう。そこで、ここでは販売テーブルに[販売単価]フィールドを設け、[商品ID]が入力されたときに初期値として定価が自動入力されるようにします。

□ テーブルの構成を確認する

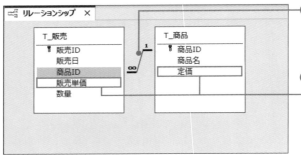

❶ [T_販売]テーブルと[T_商品]テーブルは[商品ID]フィールドで結合しています。

❷ [T_販売]テーブルに[販売単価]、[T_商品]テーブルに[定価]フィールドが用意されています。

□ フォームの構成を確認する

❶ フォームビューで[商品ID]を入力すると、

❷ [T_商品]テーブルから[商品名]と[定価]が自動参照されます。

❸ [販売単価]に[定価]が自動入力される仕組みを作成していきます。

□［商品ID］の入力時に［販売価格］欄に［定価］を自動入力する

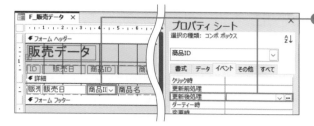

① ［販売ID］を選択して、プロパティシートの［イベント］タブで［更新後処理］のイベントプロシージャを作成し、下記のコードを入力します。

```
Private Sub 商品ID_AfterUpdate()
    '［販売単価］に［定価］を入力する
    販売単価 = 定価
End Sub
```

MEMO **更新後処理**

［更新後処理］（AfterUpdate）イベントプロシージャは、データの更新後に実行されます。

□ フォームビューに切り替えて動作を確認する

① フォームビューで［商品ID］を入力すると、

② ［商品名］と［定価］が自動参照され、

③ ［販売単価］に［定価］が自動入力されます。［販売単価］を手動で修正することも可能です。

--- COLUMN ---

セール価格での販売時には手修正が可能

このSECTIONのサンプルのように［T_販売］テーブルに［販売単価］フィールドを用意し、初期値として［定価］を自動入力すれば、定価で販売したときはそのまま利用できるので便利です。セール価格で販売したときは、手動で修正できます。

SECTION 201

クリックでテキストボックスの数値を増減させる

テキストボックスに数値を入力する際に、ボタンのクリックで数値を増減できると便利です。ここではクリックで「1」ずつ増減する仕組みを作成します。ボタンを押し続けたときは、「2，3，4，5……」と増減し続けるように設定します。

□ クリックでテキストボックスの数値を増減する仕組みを作成する

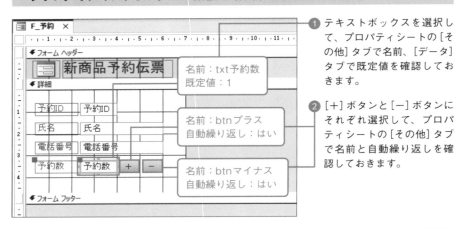

① テキストボックスを選択して、プロパティシートの[その他]タブで名前、[データ]タブで既定値を確認しておきます。

② [＋]ボタンと[－]ボタンにそれぞれ選択して、プロパティシートの[その他]タブで名前と自動繰り返しを確認しておきます。

> **MEMO ボタンの[自動繰り返し]プロパティ**
>
> ボタンの[自動繰り返し]プロパティに[はい]を設定すると、ボタンが押されている間、[クリック時]のイベントプロシージャが繰り返し実行されます。このSECTIONのサンプルの場合、[＋]ボタンを1回押すと数値が1増え、[＋]ボタンを押し続けると「2，3，4，5……」と連続して増えるようになります。

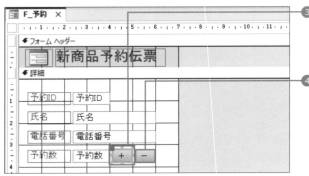

③ [＋]ボタンの[クリック時]のイベントプロシージャを作成して、次ページのコードを入力します。

④ [－]ボタンの[クリック時]のイベントプロシージャを作成して、次ページのコードを入力します。

```
'[＋]ボタンのイベントプロシージャ
Private Sub btnプラス_Click()
    '[txt予約数]の数値を1増やす
    txt予約数.Value = txt予約数 + 1
    '画面を更新する
    Me.Repaint
End Sub

'[－]ボタンのイベントプロシージャ
Private Sub btnマイナス_Click()
    '[txt予約数]の値が「1」より大きい場合、
    If txt予約数.Value > 1 Then
        '[txt予約数]の数値を1減らす
        txt予約数.Value = txt予約数 – 1
        '画面を更新する
        Me.Repaint
    End If
End Sub
```

□ フォームビューに切り替えて動作を確認する

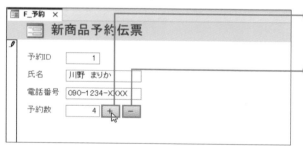

① [＋]ボタンをクリックすると、[予約数]が1ずつ増加します。

② [－]ボタンをクリックした場合は、[予約数]が「1」になるまで、1ずつ減少します。

--- COLUMN ---

コントロール名を手早く入力するテクニック

VBEでコントロール名を入力する際、「txt」を入力して Ctrl + Space キーを押すと、「予約数」を自動入力できます。なお、「txt」で始まるコントロール名が複数存在する場合、入力候補のリストが表示されます。

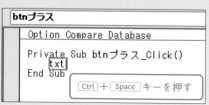

2つのコンボボックスを連動させる

階層関係にある2項目をそれぞれコンボボックスから選択する場合、2つのコンボボックスを連動させておくと、ちぐはぐな選択を防げます。ここでは上位のコンボボックスで選択した「部」に付属する「課」が、下位のコンボボックスに表示されるようにします。

□ テーブルの構造を確認する

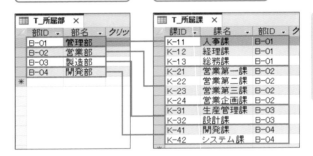

[T_所属部] テーブル　　　[T_所属課] テーブル

[T_所属部] テーブルの1レコードが [T_所属課] テーブルの複数のレコードに対応し、2つのテーブルは階層関係にあります。

□ [所属部] を選択したときに [所属課] を絞り込む仕組みを作成する

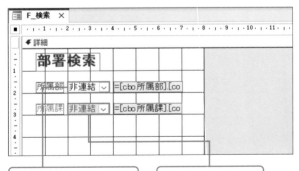

❶ コンボボックスをそれぞれ選択して、プロパティシートの [すべて] タブでプロパティを確認しておきます。

MEMO **テキストボックスの設定**

各コンボボックスのリスト部分には、IDと所属名の2列を表示します。項目を選択するとコンボボックスにIDだけが表示されるの、ここでは隣にテキストボックスを配置して2列目を表示するようにしました。テキストボックスのコントロールソースには、「=[cbo所属部].[column](1)」「=[cbo所属課].[column](1)」がそれぞれ設定してあります。

名前：cbo所属部
列数：2
列幅：1.2cm
リスト幅：4cm
値集合ソース：T_所属部
入力チェック：はい

名前：cbo所属課
列数：2
列幅：1.2cm
リスト幅：4cm
入力チェック：はい
使用可能：いいえ

② [所属課] のコンボボックスを選択して、

③ プロパティシートの [データ] タブで [値集合ソース] の … をクリックします。

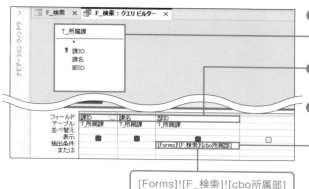

④ クエリビルダーが表示されるので [T_所属課] テーブルを追加します。

⑤ [課ID] [課名] [部ID] フィールドを追加します。

⑥ [部ID] フィールドの [抽出条件] 欄に抽出条件を入力します。

[Forms]![F_検索]![cbo所属部]

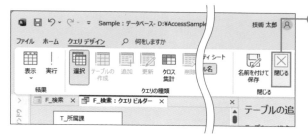

⑦ [クエリデザイン] タブの [閉じる] をクリックすると更新確認のメッセージ画面が表示されるので [はい] をクリックします。

⑧ [値集合ソース] にSQLステートメントが設定されました。

MEMO **抽出条件の式**

クエリビルダーで [部ID] フィールドの [抽出条件] 欄に設定した式は、「[F_検索] フォームの [cbo所属部] コンボボックスで選択されている値」という意味です。「[Forms]」は角カッコを付けずに「Form」と入力してもかまいません。その場合、確定後に自動的に角カッコが補われます。

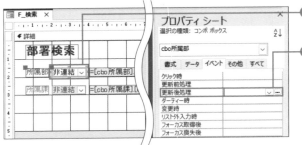

⑨ [所属部]のコンボボックスを選択し、

⑩ [イベント]タブで[更新後処理]のイベントプロシージャを作成し、下記のコードを入力します。

```
Private Sub cbo所属部_AfterUpdate()
    '[所属課]コンボボックスを空白にする
    cbo所属課.Value = Null
    '[所属部]コンボボックスが空白の場合、
    If IsNull(cbo所属部.Value) = True Then
        '[所属課]コンボボックスを使用不可にする
        cbo所属課.Enabled = False
    'それ以外の場合、
    Else
        '[所属課]コンボボックスを使用可能にする
        cbo所属課.Enabled = True
        '[所属課]コンボボックスの再クエリを実行する
        cbo所属課.Requery
    End If
End Sub
```

□ フォームビューに切り替えて動作を確認する

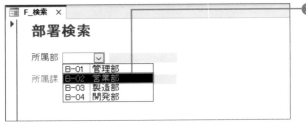

① フォームを開いた直後、[所属課]は使用不可です。

② [所属部]から[営業部]を選択すると、

③ [所属課] のコンボボックス
が使用可能になり、「営業部」
の課だけが表示されます。

④ 部と課が矛盾なく選択でき
ました。

MEMO 活用シーン

ここで紹介したコンボボックスは、
Sec.192やSec.196で紹介し
た抽出条件の設定用のコントロー
ルとして使用できます。

― COLUMN ―

[所属課] コンボボックスを空白にして矛盾を防ぐ

上記のプロシージャは、[所属部] コンボボックスが更新されたときに実行されます。[所属部] が変
更されると、それ以前に入力されていた [所属課] との整合性が取れなくなります。そこで、プロシ
ージャの冒頭で [所属課] コンボボックスを空白 (Null) にしました。また、[所属部] コンボボックス
が空白のときは、[所属課] コンボボックスの [使用可能] (Enabled) プロパティを [いいえ] (Flase) に
設定して、[所属部] より先に [所属課] を選択できないようにしました。

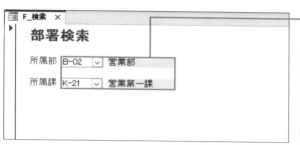

[所属部] を変更すると [所属課] が空白になる

[所属部] の値を削除すると [所属課] が使用不可
になる

― COLUMN ―

再クエリを実行して一覧リストを更新する

[所属課] コンボボックスの [値集合ソース] には、[所属部] コンボボックスの値を抽出条件とした
SQLステートメントが設定されています。[所属部] が更新されたときに「cbo所属課.Requery」を使
用してSQLステートメントを再実行すると、新しい条件で抽出が実行され、「所属課」の一覧リスト
の内容が変わります。

オプショングループで選択した数値を
文字列に変えてテーブルに入力する

オプショングループ（フレーム）の値は数値なので、フィールドと連結した場合、フィールドに入力されるのは数値になります。フィールドに文字列を入力したい場合は、フィールドと連結せずに、プロシージャを使用して文字列を入力します。

□ テーブルの構造を確認する

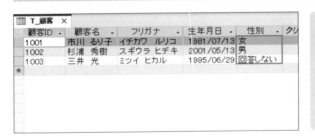

[T_顧客] テーブルの [性別] フィールドに入力されている「男」などの文字列を、フォームのオプションボタンで表示したり、入力したりできるようにします。

□ オプションボタンで [性別] を表示／入力する仕組みを作成する

❶ [T_顧客] テーブルをレコードソースとするフォームにフレームが配置され、その中に3つのオプションボタンが配置されています。それぞれプロパティを確認しておきます。

❷ フォームセレクターをクリックしてフォームを選択し、

❸ [レコード移動時] のイベントプロシージャを作成し、下記のコードを入力します。

```
Private Sub fra性別_AfterUpdate()
    ' フレームで「1」が選択された場合、[性別]に「男」と入力する
    If fra性別.Value = 1 Then
        性別.Value = "男"
    ' フレームで「2」が選択された場合、[性別]に「女」と入力する
    ElseIf fra性別.Value = 2 Then
        性別.Value = "女"
    ' それ以外の場合、[性別]に「回答しない」と入力する
    Else
        性別.Value = "回答しない"
    End If
End Sub
```

④ フレームを選択し、

⑤ [イベント] タブで [更新後処理] のイベントプロシージャを作成し、下記のコードを入力します。

```
Private Sub Form_Current()
    ' [性別]の値が「男」の場合、「1」のオプションボタンを選択する
    If 性別.Value = "男" Then
        fra性別.Value = 1
    ' [性別]の値が「女」の場合、「2」のオプションボタンを選択する
    ElseIf 性別.Value = "女" Then
        fra性別.Value = 2
    ' [性別]の値が「回答しない」の場合、「3」のオプションボタンを選択する
    ElseIf 性別.Value = "回答しない" Then
        fra性別.Value = 3
    ' [性別]が未入力の場合、どのオプションボタンも選択しない
    Else
        fra性別.Value = Null
    End If
End Sub
```

□ フォームビューに切り替えて動作を確認する

① フォームビューでレコードを移動すると、テーブルに保存されている [性別] フィールドの文字に応じてオプションボタンの選択が切り替わります。

② 新規レコードを入力してオプションボタンを選択すると、

③ 選択したオプションボタンに応じて [性別] フィールドに「女」などの文字が入力されます。

COLUMN

レコードが切り替わるときにテーブルのレコードをフォームに表示する

フォームの [レコード移動時] (Current) イベントプロシージャは、レコードが切り替わったときに実行されます。レコードが切り替わると、連結コントロールである [顧客ID] [顧客名] などは自動でテーブルからデータが読み込まれます。一方 [性別] フレームは非連結なので、プロシージャを使用して [性別] フィールドの文字に対応するオプションボタンを選択します。

COLUMN

フレームの更新時に [性別] に文字を設定する

[更新後処理] (AfterUpdate) イベントプロシージャは、フレームでいずれかのオプションボタンがクリックされたときに実行されます。ここでは、クリックされたボタンに応じて、[性別] フィールドに「男」「女」「回答しない」を入力しました。

レポートの印刷プレビューを表示する

「DoCmd.OpenReport」の第1引数でレポート名、第2引数でビューの種類を指定すると、指定したレポートを指定したビューで開けます。ここでは、フォームでボタンをクリックしたときに、「R_顧客」という名前のレポートの印刷プレビューを表示します。

□ レポートの印刷プレビューを表示する仕組みを作成する

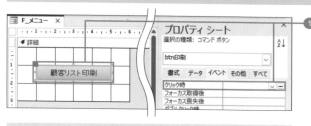

① [顧客リスト印刷]ボタン（btn印刷）を選択して、[クリック時]のイベントプロシージャを作成し、下記のコードを入力します。

```
Private Sub btn印刷_Click()
    '[R_顧客]の印刷プレビューを開く
    DoCmd.OpenReport "R_顧客", acViewPreview
End Sub
```

□ フォームビューに切り替えて動作を確認する

① ボタンをクリックすると、

② [R_顧客]レポートの印刷プレビューが開きます。

MEMO 印刷プレビュー

「DoCmd.OpenReport」の第2引数を省略した場合、レポートが直ちに印刷されます。印刷プレビューを開くには、第2引数に「acViewPreview」を指定します。

SECTION
205

指定した条件に合うレコードを印刷する

「DoCmd.OpenReport」でレポートを開く際に、第4引数で抽出条件を指定できます。ここでは2つのテキストボックスで [受注ID] の範囲を指定して、受注伝票の印刷プレビューを開きます。

□ **テキストボックスで指定した条件でレポートを印刷する**

フォームに配置した2つのテキストボックスで [受注ID] の範囲を指定して、その条件に合うレコードを [R_受注] レポートで印刷します。開始番号だけを指定した場合は開始番号以降すべてのレコード、終了番号だけを指定した場合は終了番号までのすべてのレコードを印刷できるようにします。[受注ID] フィールドは数値型とします。

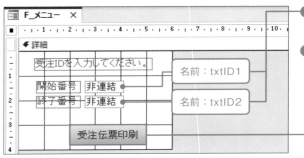

① 2つのテキストボックスの名前を確認しておきます。

② [受注伝票印刷](btn印刷) ボタンのイベントプロシージャを作成して、下記のコードを入力します。

```
Private Sub btn印刷_Click()
    Dim myStr As String    '抽出条件代入用の変数
    '変数 [myStr] に初期値として空文字列を代入する
    myStr = ""
    '[txtID1] に数値が入力されている場合、
    If IsNumeric(txtID1.Value) = True Then
        '変数 [myStr] に [受注ID] の抽出条件を連結する
        myStr = myStr & " And 受注ID >= " & txtID1.Value
    End If
    '[txtID2] に数値が入力されている場合、
    If IsNumeric(txtID2.Value) = True Then
        '変数 [myStr] に [受注ID] の抽出条件を連結する
        myStr = myStr & " And 受注ID <= " & txtID2.Value
    End If
```

```
        '変数[myStr]が空文字列の場合、抽出条件の入力を促す
        If myStr = "" Then
            MsgBox "受注IDを入力してください。"
        'そうでない場合、[R_受注]の印刷プレビューを開く
        Else
            DoCmd.OpenReport "R_受注", acViewPreview, , Mid(myStr, 6)
        End If
    End Sub
```

 MEMO　直ちに印刷するには

「DoCmd.OpenReport」の第2引数の「acViewPreview」を省略すると、印刷プレビューを表示せずに
直ちに印刷できます。
DoCmd.OpenReport "R_受注", , , Mid(myStr, 6)

□ フォームビューに切り替えて動作を確認する

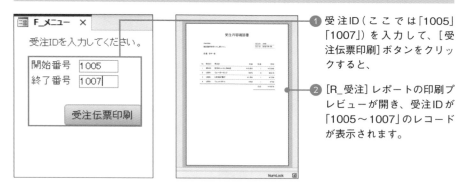

❶ 受注ID（ここでは「1005」
「1007」）を入力して、[受
注伝票印刷] ボタンをクリッ
クすると、

❷ [R_受注] レポートの印刷プ
レビューが開き、受注IDが
「1005～1007」のレコード
が表示されます。

COLUMN

「DoCmd.OpenReport」の抽出条件

「DoCmd.OpenReport」はレポートを開くコードです。第1引数の[レポート名]だけを指定した場合、
レポートが直ちに印刷されます。印刷プレビューを表示したい場合は、第2引数[ビュー]に
「acViewPreview」を指定します。また、レポートに表示するレコードを絞り込みたい場合は、第4引
数に抽出条件を指定します。なお、抽出条件の具体的な記述方法については、331ページの
COLUMN「テキストボックスの値を抽出条件に使用する」を参照してください。また、複数の抽出条
件を指定する考え方については、335ページのCOLUMN「抽出条件の先頭に「And」を付けて連結す
る」を参照してください。

DoCmd.OpenReprt レポート名,[ビュー],,[抽出条件]

条件に合うデータがないときに印刷を中止する

前SECTIONのプロシージャでは、条件に合うレコードが存在しない場合にタイトルや罫線だけのレポートが開くので、印刷を実行すると用紙が無駄になってしまいます。これを回避するには、レポートの [空データ時] イベントを使用して、印刷をキャンセルします。さらに、印刷がキャンセルされたときに [受注伝票印刷] ボタンの処理に不具合が発生しないように、エラー対策を講じます。

▫ データがないときに印刷しないようにレポート側で設定する

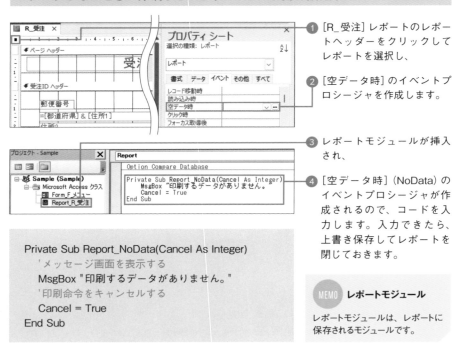

① [R_受注] レポートのレポートヘッダーをクリックしてレポートを選択し、

② [空データ時] のイベントプロシージャを作成します。

③ レポートモジュールが挿入され、

④ [空データ時] (NoData) のイベントプロシージャが作成されるので、コードを入力します。入力できたら、上書き保存してレポートを閉じておきます。

```
Private Sub Report_NoData(Cancel As Integer)
    'メッセージ画面を表示する
    MsgBox "印刷するデータがありません。"
    '印刷命令をキャンセルする
    Cancel = True
End Sub
```

MEMO **レポートモジュール**

レポートモジュールは、レポートに保存されるモジュールです。

COLUMN

[空データ時] イベントで印刷をキャンセルできる

[空データ時] (NoData) イベントプロシージャは、レコードが存在しないレポートを印刷プレビューで開こうとしたり、印刷しようとしたりしたときに実行されます。このイベントプロシージャ内に「Cancel = True」を記述すると、レポートを開いたり印刷したりする操作をキャンセルできます。

□ いったんフォームビューで動作を確認してみる

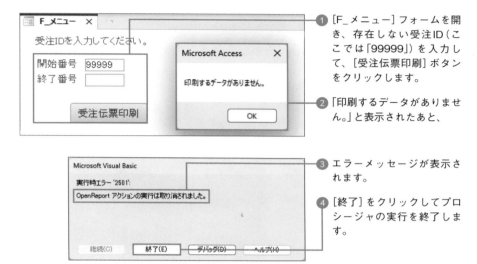

① [F_メニュー]フォームを開き、存在しない受注ID（ここでは「99999」）を入力して、[受注伝票印刷]ボタンをクリックします。

② 「印刷するデータがありません。」と表示されたあと、

③ エラーメッセージが表示されます。

④ [終了]をクリックしてプロシージャの実行を終了します。

COLUMN

エラーが発生する理由

サンプルのデータベースには2つのイベントプロシージャが設定されています。1つは前SECTIONで設定した[F_メニュー]フォームの[受注伝票印刷]ボタンの[クリック時]、もう1つはこのSECTIONで設定した[R_受注]レポートの[空データ時]のイベントプロシージャです。

[F_メニュー]フォームで[受注伝票印刷]ボタンをクリックすると、[クリック時]のイベントプロシージャが実行され、「DoCmd.OpenReport」の行で[R_受注]レポートの印刷プレビューを表示する命令が出されます。抽出条件が不適切で表示するレコードが存在しない場合、[R_受注]レポート側で命令がキャンセルされます。すると、[受注伝票印刷]ボタン側では出した命令が勝手にキャンセルされたことによりエラーとなります。このようなエラーが出ないように、このあとで[受注伝票印刷]ボタンの[クリック時]イベントプロシージャを改良します。

□ [受注伝票印刷]ボタンのプロシージャを改良する

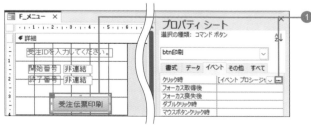

① [受注伝票印刷]ボタンを選択して、[クリック時]の…をクリックするとプロシージャが表示されるので、エラー対策用のコードを追加します。

```
Private Sub btn印刷_Click()
    Dim myStr As String
    myStr = ""
    If IsNumeric(txtID1.Value) = True Then
        myStr = myStr & " And 受注ID >= " & txtID1.Value
    End If
    If IsNumeric(txtID2.Value) = True Then
        myStr = myStr & " And 受注ID <= " & txtID2.Value
    End If
    If myStr = "" Then
        MsgBox "受注IDを入力してください。"
    Else
        'エラーが起きたときに無視する
        On Error Resume Next                    ──── エラー対策用のコードを追加する
        DoCmd.OpenReport "R_受注", acViewPreview, , Mid(myStr, 6)
    End If
End Sub
```

□ フォームビューに切り替えて改良後の動作を確認する

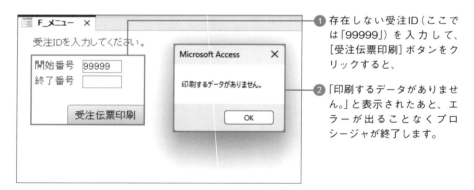

① 存在しない受注ID（ここでは「99999」）を入力して、[受注伝票印刷]ボタンをクリックすると、

② 「印刷するデータがありません。」と表示されたあと、エラーが出ることなくプロシージャが終了します。

COLUMN

「On Error Resume Next」でエラーを無視する

プロシージャの途中でエラーが発生すると、エラーが発生したコードでプロシージャが停止してしまいます。「On Error Resume Next」を入れておくと、それ以降のコードでエラーが発生した場合にそのエラーを無視して、その次のコードが実行されます。上記のコードの場合、「DoCmd. OpenReport」の行で発生したエラーが無視され、次の行のコードに進み、プロシージャが速やかに終了します。なお、[開始番号]や[終了番号]に有効な[受注ID]を入力した場合は、条件に合うレコードが[R_受注]レポートの印刷プレビューに正常に表示されます。

SECTION 207

フォームのカレントレコードだけを
レポートで印刷する

フォームで入力した伝票データを印刷したいとき、フォームそのものを印刷するのではなく、伝票印刷用のレポートを印刷することが多いでしょう。ここではフォームのカレントレコードだけをレポートで印刷する方法を紹介します。

▫ カレントレコードを印刷する仕組みを作成する

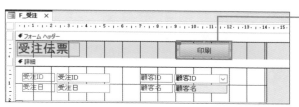

> ① [印刷] ボタン (btn印刷) を選択して、[クリック時] のイベントプロシージャを作成し、下記のコードを入力します。

```
Private Sub btn印刷_Click()
    '同じ[受注ID]のレコードを[R_受注]で印刷する
    DoCmd.OpenReport "R_受注", , , "受注ID=" & 受注ID
End Sub
```

▫ フォームビューに切り替えて動作を確認する

> ① フォームに [受注ID] が「1005」のレコードが表示されている状態で [印刷] ボタンをクリックすると、

> ② [受注ID] が「1005」のレコードの [R_受注伝票] レポートが印刷されます。

MEMO 抽出条件

「"受注ID =" & 受注ID」のうち最初の「受注ID」はレポート、次の「受注ID」はフォームの [受注ID] に対応します。

SECTION 208
データベースに保存されている アクションクエリを実行する

「DoCmd.OpenQuerry」の引数にアクションクエリを指定すると、アクションクエリを実行できます。通常アクションクエリを実行すると実行確認のメッセージが表示されますが、ここではそのようなメッセージを表示せずに実行する仕組みを作成します。

□ アクションクエリを実行する仕組みを作成する

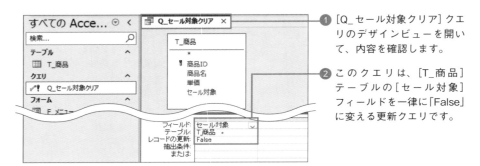

① [Q_セール対象クリア] クエリのデザインビューを開いて、内容を確認します。

② このクエリは、[T_商品] テーブルの [セール対象] フィールドを一律に「False」に変える更新クエリです。

③ [F_メニュー] フォームのデザインビューを開き、[実行] ボタン (btn実行) を選択して、[クリック時] のイベントプロシージャを作成し、下記のコードを入力します。

```
Private Sub btn実行_Click()
    'システムメッセージの表示をオフにする
    DoCmd.SetWarnings False
    '[Q_セール対象クリア]クエリを実行する
    DoCmd.OpenQuery "Q_セール対象クリア"
    'システムメッセージの表示をオンに戻す
    DoCmd.SetWarnings True
    'メッセージを表示する
    MsgBox "更新クエリを実行しました。"
End Sub
```

 MEMO **OpenQuerry**

「DoCmd.OpenQuerry」の第1引数に選択クエリを指定した場合、クエリのデータシートビューが表示されます。アクションクエリを指定した場合は、アクションクエリが実行されます。

□ 動作を確認する

1 [T_顧客] テーブルを開いて、[セール対象] フィールドを確認し、テーブルを閉じておきます。

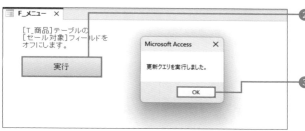

2 [F_メニュー] フォームを開き、[実行] ボタンをクリックすると更新クエリが実行され、

3 「MsgBox」で指定したメッセージが表示されるので、[OK] をクリックして閉じます。

4 [T_顧客] テーブルを開いて、[セール対象] フィールドのチェックがすべて外れていることを確認します。

COLUMN

アクションクエリを強制実行するためにシステムメッセージをオフにする

アクションクエリを実行すると、通常は下図のようなシステムメッセージが表示されます。

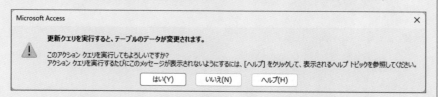

このメッセージ画面でユーザーがクエリの実行をキャンセルしてしまうと、アクションクエリは実行されません。強制的に実行したい場合は、「DoCmd.SetWarnings False」というコードを使用してシステムメッセージが表示されないようにします。アクションクエリの実行が終わったら、「DoCmd.SetWarnings True」というコードを使用してシステムメッセージが表示される状態に戻してください。戻すのを忘れると、Accessを終了するまで表示されない状態が続くので注意してください。なお、システムメッセージが表示されない状態でも、「MsgBox」によるメッセージ画面は表示されます。

SECTION 209 SQLステートメントで定義した アクションクエリを実行する

アクションクエリを実行したいとき、前SECTIONで紹介した「DoCmd.OpenQuerry」では、データベースに保存されているアクションクエリしか実行できません。データベースオブジェクトを無駄に増やしたくない場合は、「DoCmd.RunSQL」を使用すると、アクションクエリをSQLステートメントで定義して実行できます。

□ **アクションクエリを実行する仕組みを作成する**

① [実行] ボタン（btn実行）を選択して、［クリック時］のイベントプロシージャを作成し、下記のコードを入力します。実行結果は前SECTIONと同様です。

```
Private Sub btn実行_Click()
    Dim mySQL As String     'SQL代入用の変数
    '変数[mySQL]にSQLステートメントを代入する
    mySQL = "UPDATE T_商品 SET セール対象 = False"
    'システムメッセージの表示をオフにする
    DoCmd.SetWarnings False
    'SQLステートメントを実行する
    DoCmd.RunSQL mySQL
    'システムメッセージの表示をオンに戻す
    DoCmd.SetWarnings True
    'メッセージを表示する
    MsgBox "更新クエリを実行しました。"
End Sub
```

MEMO **「DoCmd.RunSQL」でアクションクエリを実行する**

「DoCmd.RunSQL "SQLステートメント"」と記述すると、SQLステートメントで定義したアクションクエリを実行できます。なお、「DoCmd.OpenQuerry」では選択クエリを実行することもできますが、「DoCmd.RunSQL」では選択クエリを実行できません。

SQLステートメントでアクションクエリを定義する

「DoCmd.RunSQL」を使用すると、テーブル作成、追加、更新、削除などのアクションクエリを実行できます。SQLステートメントが長くなる場合は、「&」（アンパサンド）と「 _」（スペース＋アンダースコア）を使用して複数行に分けて入力します。なお、書式の末尾にある「WHERE 条件式」は、省略可能です。

テーブル作成クエリ（SELECT INTO）

書式	SELECT フィールド名 INTO 新しいテーブル名 FROM テーブル名 WHERE 条件式
記述例	mySQL = "SELECT T_ 商品 .* INTO T_ セール品 " & _ " FROM T_ 商品 WHERE セール対象 =True"
意味	[T_ 商品] テーブルから [セール対象] フィールドが True のレコードを取り出して「T_ セール品」という名前のテーブルを作成する

追加クエリ（INSERT INTO）

書式	INSERT INTO 追加先テーブル名 SELECT フィールド名 FROM テーブル名 WHERE 条件式
記述例	mySQL = "INSERT INTO T_ セール品 SELECT T_ 商品 .*" & _ " FROM T_ 商品 WHERE 単価 >= 10000"
意味	[T_ 商品] テーブルから [単価] フィールドが 10000 以上のレコードを取り出して [T_ セール品] テーブルに追加する

更新クエリ（UPDATE）

書式	UPDATE テーブル名 SET 更新する値 WHERE 条件式
記述例	mySQL = "UPDATE T_ セール品 SET 単価 =Int(単価 *0.9)" & _ " WHERE 商品名 Like '* 防災 *'"
意味	[T_ セール品] テーブルの [商品名] フィールドに「防災」を含むレコードの [単価] フィールドの値を「Int(単価 *0.9)」に更新する

削除クエリ（DELETE）

書式	DELETE * FROM テーブル名 WHERE 条件式
記述例	mySQL = "DELETE * FROM T_ セール品 WHERE セール対象 = False"
意味	[T_ セール品] テーブルから [セール対象] フィールドが False であるレコードを削除する

レポートをPDFファイルに出力する

「DoCmd.OutputTo」を使用すると、レポートなどのオブジェクトをPDFファイルに出力できます。ここでは、データベースが保存されているフォルダーに[R_顧客]レポートを「顧客リスト.pdf」の名前で保存します。

□ レポートをPDFファイルに出力する仕組みを作成する

❶ [出力]ボタン(btn出力)を選択して、[クリック時]のイベントプロシージャを作成し、下記のコードを入力します。

```
Private Sub btn出力_Click()
    '[R_顧客]を「顧客リスト.PDF」の名前で保存する
    DoCmd.OutputTo acOutputReport, "R_顧客", acFormatPDF, _
        CurrentProject.Path & "¥顧客リスト.pdf"
End Sub
```

□ フォームビューに切り替えて動作を確認する

❶ [出力]ボタンをクリックすると、データベースと同じフォルダーにPDFファイルが作成されます。

COLUMN

「DoCmd.OutputTo」でPDFファイルに出力する

「DoCmd.OutputTo」を下記のように記述すると、レポートをPDFファイルに保存できます。[パス付ファイル名]は、「"C:¥AccessSample¥顧客リスト.pdf "」のように「"ファイルパス¥ファイル名.pdf"」形式で指定します。データベースが保存されているファイルパスは「CurrentProject.Path」と表せます。

DoCmd.OutputTo acOutputReport, "レポート名", acFormatPDF, "パス付きファイル名"

生年月日から年齢を求める 関数を自作する

生年月日を引数として、現在の日付から満年齢を求める関数を作成します。データの書式を整えるFormat関数、2つの日付の間隔を求めるDateDiff関数、現在の日付を求めるDate関数を組み合わせて計算します。

年齢を求めるNenrei関数を作成する

① 318ページを参考に標準モジュールに「Nenrei」という名前のFunctionプロシージャを作成し、保存しておきます。

```
Function Nenrei(myday As Date) As Integer
    '誕生日が今日より後の場合の年齢を求める
    If Format(myday, "mmdd") > Format(Date, "mmdd") Then
        Nenrei = DateDiff("yyyy", myday, Date) – 1
    'そうでない場合の年齢を求める
    Else
        Nenrei = DateDiff("yyyy", myday, Date)
    End If
End Function
```

クエリでNenrei関数を使用してみる

① クエリを作成して、Nenrei関数を使用します。ここでは演算フィールドに「年齢: Nenrei([生年月日])」と入力しました。

年齢: Nenrei([生年月日])

MEMO **年齢の計算**

DateDiff関数で生年月日から本日までの年数を求めると、2つの日付の間に「1月1日」が何回あるかがカウントされます。したがって、誕生日が今日より後の場合の年齢は、DateDiff関数の戻り値から「1」を引く必要があります。例えば生年月日が「1986/4/25」、今日が「2023/12/25」の場合、月日の「0425」と「1225」を比較して生年月日が今日より後かどうかの判断を行います。

Access VBAでExcelの関数を使用する

Excelには、Accessにない機能を持つ関数が豊富に用意されています。「参照設定」という設定を行うと、一部を除いてExcelの関数をAccess VBAで使用できるようになります。ここでは例として、ExcelのROUND関数を利用して数値を四捨五入するFunctionプロシージャを作成し、クエリやフォームで手軽に四捨五入を行えるようにします。

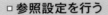

参照設定を行う

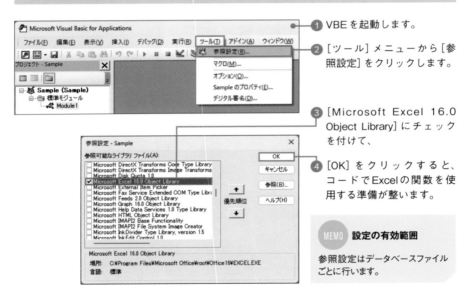

① VBEを起動します。

② [ツール] メニューから[参照設定] をクリックします。

③ [Microsoft Excel 16.0 Object Library] にチェックを付けて、

④ [OK] をクリックすると、コードでExcelの関数を使用する準備が整います。

MEMO **設定の有効範囲**

参照設定はデータベースファイルごとに行います。

─ COLUMN ─

使用できる関数を調べるには

プロシージャの中で「WorksheetFunction.」と入力したときに表示される入力候補のリストで、Access VBAで使用できるExcelの関数を確認できます。なお、使用できるのはVBAだけです。クエリやフォームで直接Excelの関数を使用することはできません。

四捨五入して整数を返すExRound関数を作成する

❶ 318ページを参考に、標準モジュールに下記の「ExRound」という名前のFunctionプロシージャを作成し、保存しておきます。

```
Function ExRound(num As Double) As Long
    '四捨五入して整数を返す
    ExRound = WorksheetFunction.Round(num, 0)
End Function
```

 MEMO ExRound関数

ExRound関数は、引数の実数を四捨五入して整数を返す関数です。例えば「ExRound(2.5)」の戻り値は「3」になります。

クエリでExRound関数を使用してみる

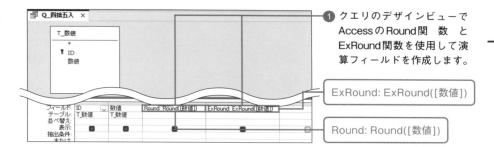

❶ クエリのデザインビューでAccessのRound関数とExRound関数を使用して演算フィールドを作成します。

ExRound: ExRound([数値])

Round: Round([数値])

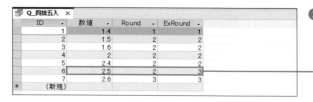

❷ [数値]フィールドが「2.5」の場合、AccessのRound関数はJIS式丸め、ExRound関数は一般的な四捨五入を行います。

COLUMN

ExcelのROUND関数

ExcelのROUND関数は「ROUND(数値, 桁)」の形式で使用して、[数値]を指定した[桁]で四捨五入する関数です。AccessのRound関数(169ページ参照)とは異なり、一般的な四捨五入を行います。[桁]に「0」を指定すると小数点第1位が四捨五入されて整数が返されます。

Excelの関数を利用して連続する空白を1つ残して削除する

ExcelのTRIM関数は、文字列から空白を削除する関数です。文字列の前後にある空白はすべて削除されますが、単語間の空白は1つ残ります。ここではExcelのTRIM関数をクエリやフォームで使用できるようにするためのFunctionプロシージャを作成します。

□ 余分な空白を削除するExTrim関数を作成する

```
Function ExTrim(str As String) As String
    '余分な空白を削除する
    ExTrim = WorksheetFunction.Trim(str)
End Function
```

① 372ページを参考に参照設定を行い、318ページを参考に標準モジュールに下記の「ExTrim」という名前のFunctionプロシージャを作成して保存します。

□ クエリでExTrim関数を使用してみる

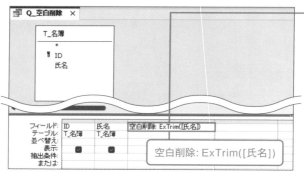

空白削除: ExTrim([氏名])

① クエリのデザインビューでExTrim関数を使用して演算フィールドを作成します。

② 氏名の前後にある空白はすべて削除され、姓と名の間にある空白は1つを残して削除されます。

MEMO　AccessのTrim関数

AccessのTrim関数は、文字列の前後にある空白だけを削除します。

SECTION 214 Excelの関数を利用して数値を大字（改ざん防止用の漢数字）にする

参照設定を行ったうえで「Excel.Application.Evaluate("式")」と記述すると、Access VBAでExcelの数式を実行できます。式は文字列として指定してください。ここでは Excelの NUMBERSTRING関数を使用して、数値を大字（壱、弐、参……形式の漢数字）に変換するFunctionプロシージャを作成します。NUMBERSTRING関数はSec.212の方法では使用できませんが、こちらの方法なら使用できます。

□ 数値を漢数字に変換するExNumStr関数を作成する

① 372ページを参考に参照設定を行い、318ページを参考に標準モジュールに下記の「ExNumStr」という名前のFunctionプロシージャを作成して保存します。

```
Function ExNumStr(n As Long) As String
  '数値を漢数字（大字）に変換する
  ExNumStr = Excel.Application.Evaluate("=NUMBERSTRING(" & n & ",2)")
End Function
```

□ レポートでExNumStr関数を使用してみる

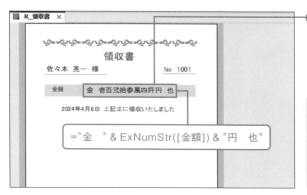

① レポートのテキストボックスのコントロールソースに図の式を設定すると、[金額]フィールドの数値が大字で表示されます。

> **MEMO 漢字表記の種類**
>
> NUMBERSTRING関数の第2引数に「1」を指定すると、「百二十三万四千」のような表記になります。

> **MEMO ExcelのDATEDIF関数で年齢を求めるには**
>
> 下記のように記述すると、生年月日を変数［d］に代入して年齢を求められます。
> ExAge = Excel.Application.Evaluate("=DATEDIF(""" & d & ""","" & Date & """,""Y"")")

Accessを終了する

メニュー画面などに［終了］ボタンを配置して、ボタンのクリックでAccessを終了させるには、「Application.Quit」というコードを使用します。未保存の変更がある場合、上書き保存されてAccessが終了します。

□ Accessを終了する仕組みを作成する

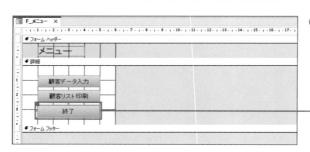

❶ ［終了］ボタン（btn終了）を選択して、［クリック時］のイベントプロシージャを作成し、下記のコードを入力します。

```
Private Sub btn終了_Click()
    'Accessを終了する
    Application.Quit
End Sub
```

□ フォームビューに切り替えて動作を確認する

❶ ［終了］ボタンをクリックすると、Accessが終了します。

 MEMO　Application.Quit

「Application.Quit acQuitPrompt」と記述すると、未保存の変更がある場合に保存するかどうかを確認するメッセージ画面が表示されます。また、「Application.Quit acQuitSaveNone」と記述すると、未保存の変更を保存せずにAccessが終了します。

7

第 章

Excelとの連携テクニック

Accessに取り込む前に
Excelの表を整理する

外部からAccessにデータ取り込むことを「インポート」、Accessから外部にデータを出力することを「エクスポート」と呼びます。ここではExcelの表をAccessにスムーズにインポートするためにExcel側で行っておきたいポイントを紹介します。

□ インポートに適したExcelの表

次のような表を用意すると、インポートがスムーズに正しく行われます。

- 1つのワークシートに1つの表を作成する
- ワークシートの1行目にフィールド名を入力する
- 1行につき1件のレコードを入力する
- 1つのセルに1つのデータを入力する
- 表の周りに余計なデータを入力しない
- 空白行や空白列を作らない（空白セルはあってもよい）
- Accessで計算して求められる数式の列は削除しておく
- 表記や文字種を統一する
- 表の中に主キーを含める場合は値が重複しないようにする

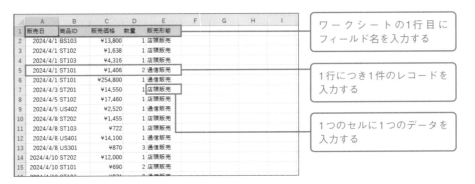

MEMO 数式の列を削除する

Excelの表に数式の列があった場合、数式ではなく結果の値がインポートされます。例えば「販売価格×数量」を計算した列をインポートした場合、掛け算の結果の数値が取り込まれます。インポート後にAccessで販売価格や数量を変更してもインポートした計算結果は変わらないので整合性が取れなくなります。数式の列は削除して、Accessで改めて計算し直しましょう。

— COLUMN —

ふりがなのインポート

Accessで計算して求められる数式の列は削除するのが基本ですが、PHONETIC関数が入力された列は必ず取り込みましょう。Excelではセルに入力した漢字データのふりがなをPHONETIC関数で表示できますが、この列を削除した場合、Accessではふりがなを復活できなくなります。

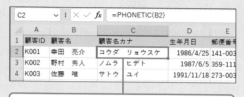

「PHONETIC(B2)」の式でセルB2のふりがなを表示できる

— COLUMN —

表記ゆれを効率よく発見するには

表内のセルを選択して［データ］タブの［フィルター］をクリックすると、列見出しのセルに▼が表示されます。これをクリックすると、その列に含まれるデータが一覧表示されるので、表記ゆれを手早くチェックできます。表記ゆれが見つかった場合、そのデータを抽出して上書き入力し、Ctrl ＋ Enter キーで確定すれば一気に修正できます。

修正したいデータ「通販」を選択して［OK］をクリックし、「通販」を抽出する

抽出された全セルを選択して「通信販売」と入力し、Ctrl ＋ Enter キーで確定すると、選択範囲を「通信販売」に変えられる

— COLUMN —

文字の種類を統一するには

Excelで大文字／小文字、全角／半角などの文字の種類を統一するには関数と値の貼り付け機能を使用しますが、Accessでも187ページを参考にStrConv関数と更新クエリを使用すると統一できます。Accessではひらがな／カタカナの統一も可能です。

Excelの表をインポートして新しいテーブルを作成する

データベース管理をExcelからAccessに移行する場合、Excelの表をAccessにインポートすると、テーブルを素早く作成できます。[スプレッドシートインポートウィザード]の流れに沿って設定を進めるだけで簡単にインポートを行えます。

□ Excelの表を新しいテーブルにインポートする

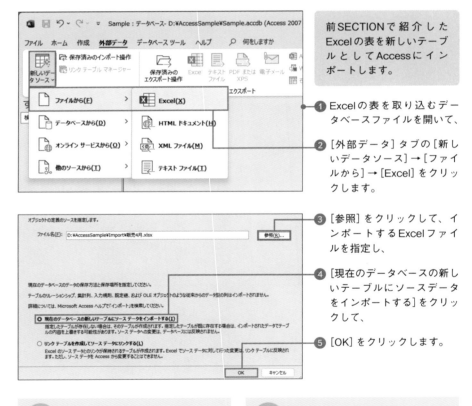

前SECTIONで紹介したExcelの表を新しいテーブルとしてAccessにインポートします。

❶ Excelの表を取り込むデータベースファイルを開いて、

❷ [外部データ]タブの[新しいデータソース]→[ファイルから]→[Excel]をクリックします。

❸ [参照]をクリックして、インポートするExcelファイルを指定し、

❹ [現在のデータベースの新しいテーブルにソースデータをインポートする]をクリックして、

❺ [OK]をクリックします。

MEMO **複数のワークシートがある場合**

Excelのファイルに複数のワークシートがある場合や名前の付いた範囲がある場合、手順❺の次に取り込むデータを指定する画面が表示されるので、取り込むワークシートや名前を指定します。

MEMO **フィールド名**

Excelの表の先頭行にフィールド名が入力されていない場合、手順❼のチェックを外すと、「フィールド1」などのフィールド名が自動設定されます。

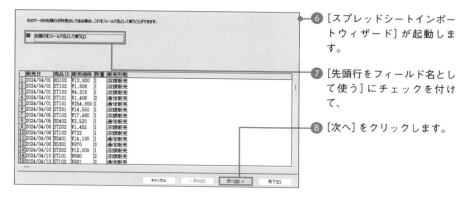

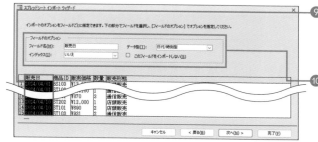

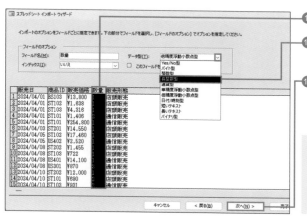

⑥ [スプレッドシートインポートウィザード] が起動します。

⑦ [先頭行をフィールド名として使う] にチェックを付けて、

⑧ [次へ] をクリックします。

⑨ フィールドごとのオプション設定の画面が表示されるので、1列ずつフィールドを選択し、

⑩ フィールド名、データ型、インデックスの有無を確認します。

⑪ ここでは [数量] を選択して、

⑫ [データ型] から [長整数型] を選択し、

⑬ [次へ] をクリックします。

> **MEMO インポートの有無**
>
> [このフィールドをインポートしない] にチェックを付けると、そのフィールドをインポートから除外できます。

> **MEMO 数値のデータ型に注意**
>
> 数値の列には、自動で [倍精度浮動小数点型] が設定されます。[数量] のように整数しか扱わないフィールドでは [長整数型] に変更しておきましょう。なお、Excelで [通貨表示形式]（「¥1,234」の形式）が設定されている列は、Accessが [通貨型] と判断します。また、[文字列] の表示形式が設定されている列は、その列に数字しか入力されていない場合でも、Accessが [短いテキスト] と判断します。

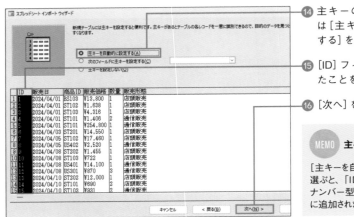

⑭ 主キーの設定方法(ここで は[主キーを自動的に設定 する]を選択して、

⑮ [ID]フィールドが追加され たことを確認して、

⑯ [次へ]をクリックします。

MEMO **主キーの自動設定**

[主キーを自動的に設定する]を 選ぶと、「ID」という名前のオート ナンバー型のフィールドが自動的 に追加されます。

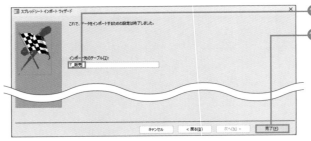

⑰ テーブル名を入力して、

⑱ [完了]をクリックします。

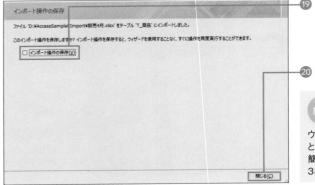

⑲ インポート操作を保存する かどうか指定します。ここ では保存しないのでチェッ クせずに、

⑳ [閉じる]をクリックします。

MEMO **インポート操作の保存**

ウィザードで行った設定を保存する と、次回同じ形式のインポートを 簡単に行えます。操作方法は 388ページを参照してください。

MEMO **Excelの表にある列を主キーにするには**

Excelの表の列を主キーに指定するには、手順⑭で[次のフィールドに主キーを設定する]をクリックして、そ の右のリストから主キーにする列を選択します。その場合、インポートする前にその列のデータが重複しないように しておく必要があります。

□ インポートしたテーブルを確認／修正する

❶ インポートしたテーブルを開き、データが正しく取り込まれたことを確認します。

❷ デザインビューに切り替え、データ型とフィールドプロパティを1つずつ確認していきます。

❸ 主キーフィールドの名前を「ID」から「販売ID」に変更します。

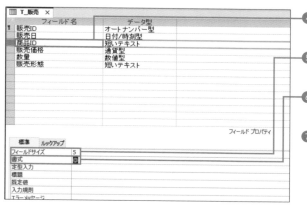

❹ [商品ID] フィールドを選択し、

❺ [フィールドサイズ] を適切に設定します。

❻ [書式] 欄に自動設定された「@」を削除します。

❼ [販売形態] フィールドも同様に修正しておきます。

MEMO 短いテキスト型のフィールドサイズと書式に注意

短いテキスト型のフィールドサイズは一律に「255」が自動設定されます。必要に応じて適切な文字数に変更しましょう。テーブルを上書き保存するときに「一部のデータが失われる可能性がある」というメッセージが表示されますが、データの文字数が新しく設定したフィールドサイズに収まっていれば失われることはありません。また、短いテキスト型の [書式] プロパティに設定される「@」はフィールドの文字をそのまま表示させるための記号ですが、これがなくても文字はそのまま表示されます。逆に「@」があると、定型入力の設定をしたときにその設定が無視されてしまうので、削除しておくのが無難です。

Excelの表を既存のテーブルにインポートする

新しい販売データをExcelファイルで入手したときなどに、既存のテーブルにExcelの表をインポートしたいことがあります。Excelの表とAccessのテーブルのフィールド構成が同じであれば、既存のテーブルにインポートできます。

▫ ExcelのデータとAccessのテーブルを確認する

Excelの表を[T_販売]テーブルにインポートします。

❶ Excelの表の構成と、

❷ テーブルのオートナンバー以外のフィールド構成が一致することを確認します。

▫ Excelの表を既存のテーブルにインポートする

❶ [外部データ]タブの[新しいデータソース]をクリックし、[ファイルから]→[Excel]をクリックします。

❷ [参照]をクリックしてExcelファイルを指定し、

❸ [レコードのコピーを次のテーブルに追加する]をクリックして、

❹ [T_販売]を選択し、

❺ [OK]をクリックします。

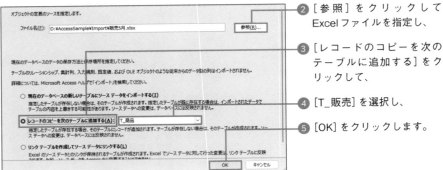

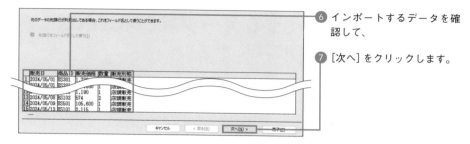

⑥ インポートするデータを確認して、

⑦ [次へ] をクリックします。

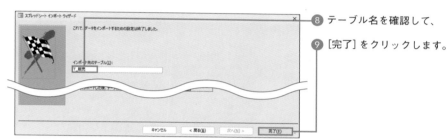

⑧ テーブル名を確認して、

⑨ [完了] をクリックします。

⑩ インポート操作を保存するかどうか指定します。ここでは保存しないのでチェックせずに、

⑪ [閉じる]をクリックします。

⑫ テーブルを開き、Excelのデータが追加されたことと、

⑬ インポートしたレコードのオートナンバー型のフィールドに数値が自動入力されたことを確認します。

MEMO 主キーがオートナンバー型ではない場合

インポート先のテーブルの主キーがオートナンバー型ではない場合、Excelの表に主キー用の列を用意する必要があります。その列には、テーブルの既存のレコードと重複しないデータを入力しておきます。

AccessのデータをExcelに エクスポートする

AccessのテーブルやクエリのデータをExcelのファイルに出力するには、エクスポートを行います。Excelに出力すれば、Excelの豊富な機能を使用してデータ分析したり、報告書を作成したりと、データを活用できます。

□ エクスポートするデータを確認する

販売ID	販売日	商品ID	商品名	定価	販売価格	数量	金
1	2024/04/01	BS103	防災セット2人用48点	¥15,000	¥13,800	1	¥
2	2024/04/01	ST102	家具固定伸縮棒M	¥1,780	¥1,638	1	
3	2024/04/01	ST103	家具固定伸縮棒L	¥2,180	¥4,316	1	
4	2024/04/01	ST101	家具固定伸縮棒S	¥1,480	¥1,406	2	¥
5	2024/04/01	ST101	家具固定伸縮棒S	¥1,480	¥254,800	1	¥2
6	2024/04/03	ST201	転倒防止粘着マット	¥690	¥14,550	1	¥
7	2024/04/05	ST102	家具固定伸縮棒M	¥1,780	¥17,460	1	¥
8	2024/04/05	US402	エアー枕	¥1,280	¥2,520	1	
9	2024/04/08	ST202	転倒防止金具	¥980	¥1,455	1	
10	2024/04/08	ST103	家具固定伸縮棒L	¥2,180	¥722	1	
11	2024/04/08	US401	アルミブランケット	¥580	¥14,100	1	¥

[Q_販売データ]をExcelにエクスポートします。

❶ エクスポートするクエリを確認しておきます。

□ AccessのクエリをExcelにエクスポートする

❶ [Q_販売データ]クエリをクリックして、

❷ [外部データ]タブの[Excel]をクリックします。

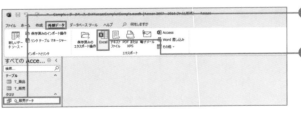

❸ [参照]をクリックして出力先のフォルダーとファイル名を指定し、

❹ 必要に応じて[書式設定とレイアウトを保持したままデータをエクスポートする]にチェックを付けます。ここでは外して、

❺ [OK]をクリックします。

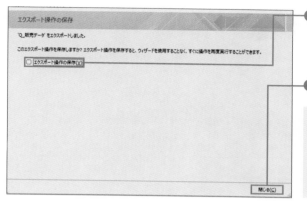

⑥ エクスポート操作を保存するかどうか指定します。ここでは保存しないのでチェックせずに、

⑦ [閉じる]をクリックします。

MEMO **エクスポート操作**

エクスポート操作を保存すると、次回同じ形式のエクスポートを簡単に行えます。操作方法は次ページを参照してください。

⑧ エクスポートしたExcelのファイルを開いて、データを確認します。

MEMO **列幅と書式の調整が必要**

エクスポートした文字列の末尾が途切れたり、数値や日付が「####」と表示されたりする場合、列幅を広げると正しく表示されます。また、エクスポートしたときに金額に小数点以下が表示されたり、桁区切りなしで表示されたりする場合は、セルを選択して [ホーム] タブの [通貨表示形式] や [桁区切りスタイル] などのボタンを使用して表示を整えましょう。日付が「日-月-年」などの意図しない形式で表示された場合は、セルを選択して [ホーム] タブの [数値の書式] の一覧から [短い日付形式] を選択すると「年/月/日」形式に変えられます。

— COLUMN —

書式設定とレイアウトの保持

手順④で [書式設定とレイアウトを保持したままデータをエクスポートする] にチェックを付けてエクスポートを行うと、エクスポート先のExcelの表の列見出しに色が付いたり、金額データが通貨の形式で表示されたり、基のテーブルの列幅に合わせてExcelの列幅が自動調整されたりします。

	A	B	C	D	E	F	G	H
1	販売ID	販売日	商品ID	商品名	定価	販売価格	数量	金額
2		1	2024/04/01	BS103	防災セット2人用48点	¥15,000	¥13,800	1	¥13,800
3		2	2024/04/01	ST102	家具固定伸縮棒M	¥1,780	¥1,638	1	¥1,638
4		3	2024/04/01	ST103	家具固定伸縮棒L	¥2,180	¥4,316	1	¥4,316
5		4	2024/04/01	ST101	家具固定伸縮棒S	¥1,480	¥1,406	2	¥2,812
6		5	2024/04/01	ST101	家具固定伸縮棒S	¥1,480	¥254,800	1	¥254,800
7		6	2024/04/03	ST201		¥690	¥14,550		

列見出しに色が付く   列幅が自動調整される   金額に通貨表示になる

インポート／エクスポート操作の保存

インポートやエクスポートを行ったときに操作を保存しておくと、同じ設定のインポート／エクスポートを簡単に実行できるようになります。

操作の保存

操作を保存するには、実際に操作したときの最後の画面で操作に名前を付けて保存します。ここではエクスポート操作を保存しますが、インポート操作も同じ要領で保存できます。

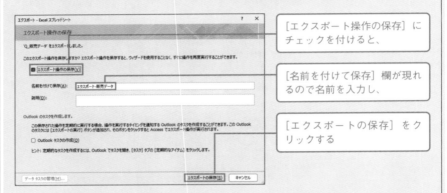

[エクスポート操作の保存]にチェックを付けると、

[名前を付けて保存]欄が現れるので名前を入力し、

[エクスポートの保存]をクリックする

保存した操作の実行

保存した操作は、[外部データ]タブの[保存済みのインポート操作]または[保存済みのエクスポート操作]をクリックして、表示される[データタスクの管理]ダイアログボックスで実行できます。エクスポートの場合、そのまま実行すると同じファイルに上書き保存されます。上書きされたくない場合は、ファイル名を変更してから実行しましょう。

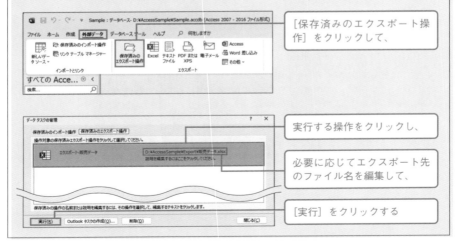

[保存済みのエクスポート操作]をクリックして、

実行する操作をクリックし、

必要に応じてエクスポート先のファイル名を編集して、

[実行]をクリックする

SECTION 220

CSVファイルやテキストファイルをAccessにインポートする

ここではCSVファイルをAccessの新しいテーブルにインポートします。CSVファイル（拡張子「.csv」）は、列がコンマ「,」で区切られたテキストファイルの一種です。同様の手順で拡張子が「.txt」のテキストファイルもインポートできます。

□ インポートするデータを確認する

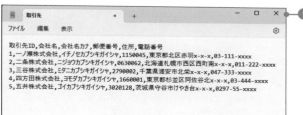

1 インポートするファイルをメモ帳で開き、データが「,」で区切られていることを確認します。メモ帳は、Windowsの［スタート］→［すべてのアプリ］→［メモ帳］から起動できます。

□ CSVファイルを新しいテーブルにインポートする

1 CSVファイルを取り込むデータベースファイルを開いて、

2 ［外部データ］タブの［新しいデータソース］→［ファイルから］→［テキストファイル］をクリックします。

3 ［参照］をクリックしてCSVファイルを指定し、

4 ［現在のデータベースの新しいテーブルにソースデータをインポートする］をクリックして、

5 ［OK］をクリックします。

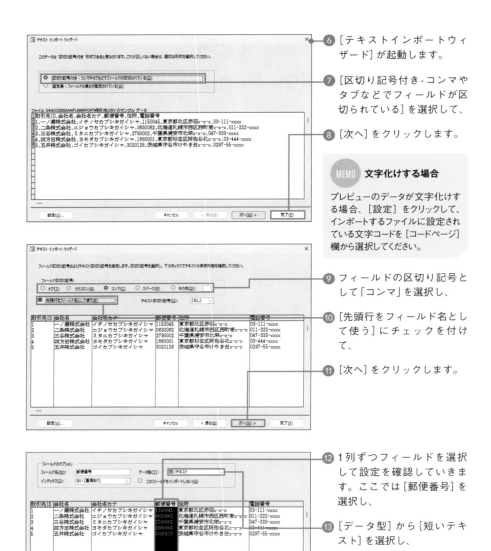

6 [テキストインポートウィザード]が起動します。

7 [区切り記号付き - コンマやタブなどでフィールドが区切られている]を選択して、

8 [次へ]をクリックします。

9 フィールドの区切り記号として「コンマ」を選択し、

10 [先頭行をフィールド名として使う]にチェックを付けて、

11 [次へ]をクリックします。

12 1列ずつフィールドを選択して設定を確認していきます。ここでは[郵便番号]を選択し、

13 [データ型]から[短いテキスト]を選択し、

14 [次へ]をクリックします。

サンプルの[郵便番号]欄には「0630062」のようなデータが含まれています。これを数値型で読み込むと先頭の「0」が失われます。短いテキスト型として読み込めば、先頭に「0」を付けたまま読み込めます。

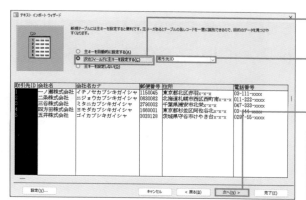

⑮ [次のフィールドに主キーを
設定する] を選択して、

⑯ 一覧から主キーにする
フィールド（ここでは [取引
先ID]）を選択して、

⑰ [次へ] をクリックします。

MEMO 主キーの自動設定

元のファイルに主キーにふさわしい
データが含まれない場合、[主キー
を自動的に設定する] を選ぶと、
「ID」という名前のオートナンバー
型のフィールドが自動的に追加さ
れます。

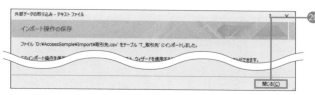

⑱ テーブル名を入力して、

⑲ [完了] をクリックします。

⑳ [閉じる] をクリックします。

㉑ インポートしたテーブルを
開き、データが正しく取り
込まれたことを確認します。

MEMO デザインの修正

データを確認したら、テーブルの
デザインビューに切り替え、必要
に応じてフィールドプロパティなど
を修正しましょう。

MEMO テキストファイルをインポートするには

テキストファイルをインポートする手順は、基本的にCSVファイルと同じです。[テキストインポートウィザード]で、[タ
ブ] [スペース] など区切り文字を正しく指定することがデータを正しくインポートするポイントです。

SECTION 221

AccessのデータをCSVファイルやテキストファイルにエクスポートする

[テキストエクスポートウィザード]を使用すると、区切り文字を指定しながら、
AccessのテーブルやクエリのデータをCSVファイルやテキストファイルにエクスポートできます。ここではテーブルのデータをコンマ区切りのCSVファイルに保存します。

□ AccessのテーブルをCSVファイルにエクスポートする

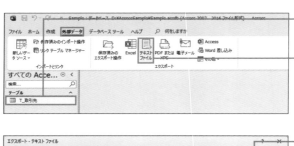

① [T_取引先]テーブルをクリックして、

② [外部データ]タブの[テキストファイル]をクリックします。

③ [参照]をクリックして出力先のフォルダーとファイル名を指定し、

④ 拡張子が「.txt」と表示されるので「.csv」に書き換え、

⑤ [OK]をクリックします。

MEMO 拡張子を変える

手順④では指定したファイル名に「.txt」という拡張子が自動付加されるので、「.csv」に書き換えます。「csv」は「Comma Separated Values」の略です。

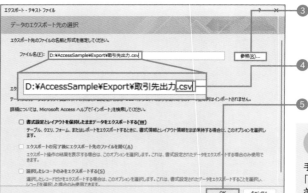

⑥ [区切り記号付き - コンマやタブなどでフィールドが区切られている]を選択して、

⑦ [次へ]をクリックします。

⑧ フィールドの区切り記号として「コンマ」を選択し、

⑨ 必要に応じて[先頭行をフィールド名として使う]にチェックを付けます。ここでは付けずに、

⑩ 「次へ」をクリックします。

MEMO **テキストファイル**

手順④で「.txt」のまま設定を進めると、テキストファイルにエクスポートできます。テキストファイルは区切り文字の決まりがないので、[タブ][コンマ][スペース]など自由に選択できます。

⑪ 「完了」をクリックします。

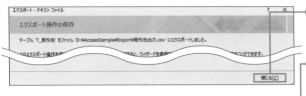

⑫ 「閉じる」をクリックします。

⑬ エクスポートしたファイルを開き、データが出力されたことを確認します。

取引先出力

ファイル　編集　表示

1,"一ノ瀬株式会社","イチノセカブシキガイシャ","1150045","東京都北区赤羽x-x-x","03-111-xxxx"
2,"二条株式会社","ニジョウカブシキガイシャ","0630062","北海道札幌市西区西町南x-x-x","011-222-xxxx"
3,"三谷株式会社","ミタニカブシキガイシャ","2790002","千葉県浦安市北栄x-x-x","047-333-xxxx"
4,"四方田株式会社","ヨモダカブシキガイシャ","1660001","東京都杉並区阿佐谷北x-x-x","03-444-xxxx"
5,"五井株式会社","ゴイカブシキガイシャ","3020128","茨城県守谷市けやき台x-x-x","0297-55-xxxx"

MEMO **CSVファイルを開く**

CSVファイルはExcelと関連付けられており、ファイルアイコンをダブルクリックするとExcelが起動します。コンマで区切られた様子を確認するには、メモ帳を起動して開いてください。

MEMO **テキスト区切り記号**

手順⑩の画面では、[テキスト区切り記号]欄に初期値として「"」が設定されています。このままエクスポートすると、文字列データが「"」で囲まれます。このSECTIONのサンプルでは「"」を付けなくても問題ありませんが、文字列データの中に「,」が含まれる場合などはフィールドの区切り文字と区別が付かなくなるので何らかの記号で囲む必要があります。一覧から[(なし)]を選択すると、記号で囲まずにエクスポートされます。

Excelとのインポート／エクスポートをVBAで自動化する

VBAで「DoCmd.TransferSpreadsheet」というコードを使用すると、Excelとの間でデータをインポート／エクスポートできます。引数で「acImport」を指定するとExcelからのインポート、「acExport」を指定するとExcelへのエクスポートになります。

□ インポート／エクスポートを行う仕組みを作成する

［インポート］ボタンをクリックすると、データベースファイルと同じフォルダーにある「Import」フォルダーから「新商品.xlsx」のデータを［T_商品］テーブルに追加します。［エクスポート］ボタンをクリックすると、［T_商品］テーブルのレコードをデータベースファイルと同じフォルダーにある「Export」フォルダーに「商品.xlsx」の名前で保存します。

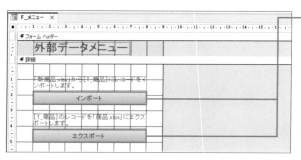

❶ 316ページを参考に［インポート］（btnインポート）ボタンと［エクスポート］（btnエクスポート）ボタンのイベントプロシージャを作成して、次ページのコードを入力します。

❷ フォームビューに切り替えて動作を確認します。

--- COLUMN ---

「DoCmd.TransferSpreadsheet」の基本構文

「DoCmd.TransferSpreadsheet」の構文は以下のとおりです。

DoCmd.TransferSpreadsheet 操作, タイプ, テーブル名, ファイル名, 先頭行

操作	インポートの場合は「acImport」、エクスポートの場合は「acExport」を指定します。
タイプ	ワークシートの種類として「acSpreadsheetTypeExcel12Xml」を指定します。
テーブル名	インポート／エクスポートの対象となるテーブル名を指定します。エクスポートの場合はクエリ名も指定できます。
ファイル名	インポート時に1行目をフィールド名として使用する場合はTrue、しない場合はFalseを指定します。エクスポートの場合はこの引数に関係なく1行目にフィールド名が出力されます。

```
'[インポート]ボタンのイベントプロシージャ
Private Sub btnインポート_Click()
    'エラー発生時に「errHandler」行にジャンプする
    On Error GoTo errHandler
    '「新商品.xlsx」を[T_商品]テーブルにインポートする
    DoCmd.TransferSpreadsheet acImport, acSpreadsheetTypeExcel12Xml, _
        "T_商品", CurrentProject.Path & "¥Import¥新商品.xlsx", True
    'インポート終了を知らせるメッセージを表示する
    MsgBox "インポートしました。"
    'エラーが発生しなかった場合はここでプロシージャを終了する
    Exit Sub

'エラー発生時にエラーメッセージを表示してプロシージャを終了する
errHandler:
    MsgBox Err.Description
End Sub

'[エクスポート]ボタンのイベントプロシージャ
Private Sub btnエクスポート_Click()
    'エラー発生時に「errHandler」行にジャンプする
    On Error GoTo errHandler
    '[T_商品]テーブルを「商品.xlsx」にエクスポートする
    DoCmd.TransferSpreadsheet acExport, acSpreadsheetTypeExcel12Xml, _
        "T_商品", CurrentProject.Path & "¥Export¥商品.xlsx"
    'エクスポート終了を知らせるメッセージを表示する
    MsgBox "エクスポートしました。"
    'エラーが発生しなかった場合はここでプロシージャを終了する
    Exit Sub

'エラー発生時にエラーメッセージを表示してプロシージャを終了する
errHandler:
    MsgBox Err.Description
End Sub
```

 実行環境

ここではデータベースファイルが保存されているフォルダーに「Import」フォルダーと「Export」フォルダーがあり、「Import」フォルダーの中に「新商品.xlsx」があるものとします。

ファイルパスの記述

「CurrentProject.Path」は、プロシージャを実行しているデータベースファイルが保存されているフォルダーを表します。「CurrentProject.Path & "¥Import¥新商品.xlsx"」とすると、データベースファイルが保存されているフォルダーの中にある「Import」フォルダーの中の「新商品.xlsx」を表します。実行時に「Import」「Export」フォルダーや「新商品.xlsx」が存在しないとエラーが発生するので注意してください。

エラー対策

ファイルの読み書きには思いがけないエラーがつきものです。例えば、[インポート] ボタンがクリックされたときに「Import」フォルダーが存在しなかった場合、下図のエラーメッセージが表示されます。このエラーメッセージ画面は開発者向けのものです。VBAに詳しくないユーザーは、どのボタンを押せばよいか迷うでしょう。デフォルトボタンの [デバッグ] をクリックするとVBEが起動するので、余計に混乱するでしょう。

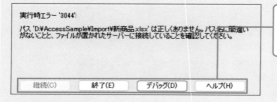

VBAの標準のエラーメッセージは開発者向けで、初心者には操作がわかりづらい

そこで、このSECTIONのプロシージャでは「On Error GoTo」というエラー対策用のコードを使用しました。このコードを使うと、「通常の処理」の実行中にエラーが発生した場合、「MsgBox Err.Description」が実行され、速やかにプロシージャが終了します。エラーが発生しなかった場合は、「通常の処理」が最後まで実行され、プロシージャが終了します。

```
On Error GoTo 行ラベル
  （通常の処理）
Exit Sub

行ラベル:
  MsgBox Err.Description
```

エラー時に実行される「MsgBox Err.Description」は、メッセージ画面にエラーメッセージ文を表示するためのコードです。文章自体は上図のエラーメッセージと同じですが、メッセージ画面には [OK] ボタンが1つあるだけです。[OK] ボタンをクリックすれば速やかにプロシージャが終了するので、VBAに詳しくないユーザーでも迷うことはありません。

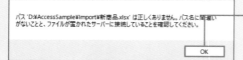

「MsgBox Err.Description」を使えば、[OK] ボタンだけのシンプルなエラーメッセージを表示できる

SECTION 223 エクスポート先と抽出条件をフォームで指定できるようにする

エクスポート先のフォルダーとエクスポートするレコードの抽出条件をフォームで指定して、パラメータークエリのデータをExcelにエクスポートできるようにします。考え方は、Sec.057とSec.145を参考にしてください。

□ エクスポートの条件をフォームで指定する仕組みを作成する

[エクスポート] ボタンをクリックすると、[販売年月] テキストボックスに入力した年月のレコードを [Q_販売] クエリから抽出し、[ファイルパス] テキストボックスに入力されたフォルダーに「販売yyyymm.xlsx」の名前でExcelファイルとしてエクスポートします。[販売年月] が入力されなかった場合は、[Q_販売] クエリの全レコードを「販売.xlsx」のファイル名でエクスポートします。

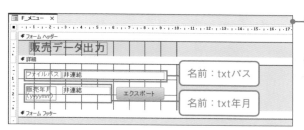

❶ [F_メニュー] フォームをデザインビューで開いて、

❷ 2つのテキストボックスの名前を確認しておきます。

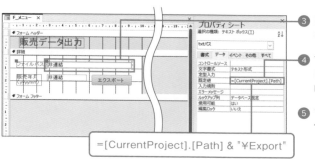

=[CurrentProject].[Path] & "¥Export"

❸ [txtパス] テキストボックスをクリックして、

❹ プロパティシートを表示し、[データ] タブの [既定値] プロパティに式を入力します。

❺ フォームを上書き保存します。

> **MEMO フォルダーの既定値を指定して入力を楽にする**
>
> よく使うフォルダーを既定値に設定しておくと入力が楽になります。ここではデータベースファイルが保存されているフォルダーの中にある「Export」フォルダーを既定値としました。「=CurrentProject.Path & "¥Export"」と入力すると、角カッコ「[ ]」が補われます。

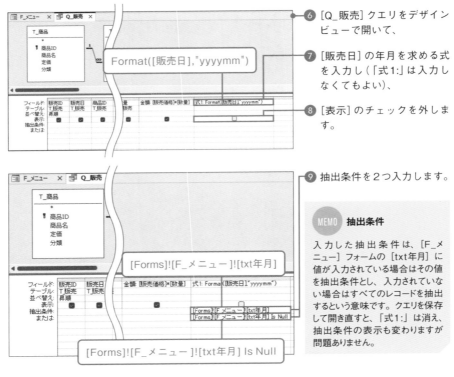

⑥ [Q_販売] クエリをデザインビューで開いて、

⑦ [販売日] の年月を求める式を入力し (「式1:」は入力しなくてもよい)、

Format([販売日],"yyyymm")

⑧ [表示] のチェックを外します。

⑨ 抽出条件を2つ入力します。

[Forms]![F_メニュー]![txt年月]

[Forms]![F_メニュー]![txt年月] Is Null

MEMO 抽出条件

入力した抽出条件は、[F_メニュー] フォームの [txt年月] に値が入力されている場合はその値を抽出条件とし、入力されていない場合はすべてのレコードを抽出するという意味です。クエリを保存して開き直すと、「式1:」は消え、抽出条件の表示も変わりますが問題ありません。

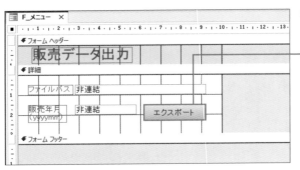

⑩ [Q_販売] クエリを上書き保存して閉じます。

⑪ 316ページを参考に [エクスポート] (btnエクスポート) ボタンのイベントプロシージャを作成して、コードを入力します。

MEMO クエリをテスト実行するには

[Q_販売] クエリを閉じた状態で [F_メニュー] フォームを開き、[販売年月] 欄に年月を年4桁月2桁の形式で「202407」のように入力します。サンプルファイルには2024年4月〜9月の販売データが入力されているので、その期間の年月を入力してください。入力を確定して [Q_販売] クエリを開くと、指定した年月のレコードが抽出されます。また、[販売年月] 欄の年月を削除し、削除を確定して [Q_販売] クエリを開いた場合は、[Q_販売] クエリの全レコードが表示されます。なお、入力や削除を確定するには、操作後に [ファイルパス] 欄をクリックするなどして [販売年月] 欄からカーソルを移動します。

```
Private Sub btnエクスポート_Click()
    'エラー発生時に「errHandler」行にジャンプする
    On Error GoTo errHandler
    '[Q_販売]クエリのレコード数が0の場合、メッセージ画面を表示する
    If DCount("*", "Q_販売") = 0 Then
        MsgBox "出力するデータがありません。"
    'そうでない場合は、[Q_販売]クエリをエクスポートする
    Else
        DoCmd.TransferSpreadsheet acExport, acSpreadsheetTypeExcel12Xml, _
            "Q_販売", txtパス.Value & "¥販売" & txt年月.Value & ".xlsx"
        MsgBox "エクスポートしました。"
    End If
    Exit Sub

'エラー発生時にエラーメッセージを表示してプロシージャを終了する
errHandler:
    MsgBox Err.Description
End Sub
```

□ フォームビューに切り替えて動作を確認する

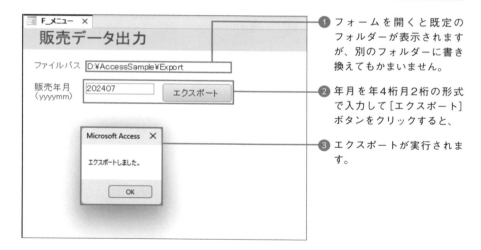

❶ フォームを開くと既定の
フォルダーが表示されます
が、別のフォルダーに書き
換えてもかまいません。

❷ 年月を年4桁月2桁の形式
で入力して[エクスポート]
ボタンをクリックすると、

❸ エクスポートが実行されま
す。

MEMO **実行結果について**

[販売年月]欄に「202407」と入力して実行した場合、指定したフォルダーに2024年7月のデータが「販売202407.xlsx」の名前でエクスポートされます。何も入力せずに実行した場合、全データが「販売.xlsx」の名前でエクスポートされます。データが存在しない年月を入力して実行した場合、エクスポートは行われません。

付録 001 書式指定文字

書式指定文字は、データの表示方法を定義するための記号です。フィールドの [書式]
プロパティ、コントロールの [書式] プロパティ、Format関数の引数などの設定に使用
します。

□ 数値の書式指定文字

文字	説明	使用例
0	桁のプレースホルダー。桁の位置に数字があれば数字を表示し、なければ「0」を表示します。	Format(12,"0000") → 0012
#	桁のプレースホルダー。桁の位置に数字があれば数字を表示し、なければ何も表示しません。	Format(12345,"#,##0") → 12,345
.	小数点。	Format(98.76,"0.0") → 98.8
%	数値を100倍して、パーセント記号 (%) を表示します。	Format(0.1234,"0.0%") → 12.3%
,	桁区切り記号。小数部の有無にかかわらず、小数点のすぐ左に桁区切り記号がある場合、桁区切り記号1つにつき数値を1000で割って丸めます。	Format(1234567,"#,##0,") → 1,235
E- E+ e- e+	指数形式。負の指数の場合は、いずれもマイナス符号が入ります。正の指数の場合、「E-」「e-」では符号が入らないのに対して、「E+」「e+」ではプラス符号が入ります。	Format(12345678,"0.0e+") → 1.2e+7

□ 文字列の書式指定文字

文字	説明	使用例
@	文字のプレースホルダー。「@」の位置に文字があれば文字を表示し、なければスペースを表示する。	Format("ab123","@@-@@@") → ab-123 Format("ab12","@@-@@@") →□ a-b12
&	文字のプレースホルダー。「&」の位置に文字があれば文字を表示し、なければ何も表示しない。	Format("ab123","&&-&&&") → ab-123 Format("ab12","&&-&&&") → a-b12
<	アルファベットをすべて小文字にする。	Format("ABcd","<") → abcd
>	アルファベットをすべて大文字にする。	Format("ABcd",">") → ABCD
!	文字を左詰めで表示する。	Format("ab12","!@@-@@@") → ab-12 □ Format("ab12","!&&-&&&") → ab-12

※使用例の中の「□」はスペース（空白文字）を表します。

□ 日付／時刻の書式指定文字

文字	説明
g	年号を英字1文字（M、T、S、H、R）で表示します。
gg	年号を漢字1文字（明、大、昭、平、令）で表示します。
ggg	年号（明治、大正、昭和、平成、令和）を表示します。
e	和暦の年（1、2、3…）を表示します。
ee	和暦の年（01、02、03…）を2桁で表示します。
yy	西暦の年を下2桁の数値（00 ～ 99）で表示します。
yyyy	西暦の年を4桁の数値（100 ～ 9999）で表示します。
m	月（1 ～ 12）を表示します。「h」「hh」の直後に「m」が続く場合は、月ではなく分が表示されます。
mm	月（01 ～ 12）を必ず2桁で表示します。「h」「hh」の直後に「mm」が続く場合は、月ではなく分が表示されます。
mmm	英語の月名の省略形（Jan ～ Dec）を表示します。
mmmm	英語の月名（January ～ December）を表示します。
oooo	日本語の月名（1月～ 12月）を表示します。
d	日（1 ～ 31）を表示します。
dd	日（01 ～ 31）を必ず2桁で表示します。
ddd	英語の曜日の省略形（Sun ～ Sat）を表示します。
dddd	英語の曜日（Sunday ～ Saturday）を表示します。

文字	説明
aaa	日本語の曜日1文字（日～土）を表示します。
aaaa	日本語の曜日（日曜日～土曜日）を表示します。
w	曜日の数値（日曜日が1 ～土曜日が7）を表示します。
ww	1年のうちの何週目であるかを数値（1 ～ 54）で表示します。
q	1年の四半期を数値（1 ～ 4）で表示します。
y	1年の何日目かを数値（1 ～ 366）で表示します。
/	日付の区切り記号です。
h	時間（0 ～ 23）を表示します。
hh	時間（00 ～ 23）を2桁で表示します。
n	分（0 ～ 59）を表示します。
nn	分（00 ～ 59）を2桁で表示します。
s	秒（0 ～ 59）を表示します。
ss	秒（00 ～ 59）を2桁で表示します。
AM/PM	「AM」または「PM」を付けて12時間制で時刻を表示します。
am/pm	「am」または「pm」を付けて12時間制で時刻を表示します。
A/P	「A」または「P」を付けて12時間制で時刻を表示します。
a/p	「a」または「p」を付けて12時間制で時刻を表示します。
AMPM	システムで定義された記号を付けて12時間制で時刻を表示します。
:	時刻区切り文字です。

□ その他の書式指定文字

文字	説明
¥	円記号「¥」の次の文字をそのまま表示します。「¥」自体を表示するには、円記号2つ「¥¥」を使用します。
" "	ダブルクォーテーション「" "」で囲まれた文字列をそのまま表示します。なお、Format関数で文字列を「"」で囲む場合は、2重の「"」を使用します。例えば、「Format(12345,"""請求額：¥""#,##0")」とすると、「請求額：¥12,345」と表示されます。
[色]	角カッコ内で指定した色で文字を表示します。プロパティの設定に使用します。指定できる色は、黒、青、緑、水、赤、紫、黄、白の8色です。

関数インデックス

付録
002

Accessでよく使う便利な関数を紹介します。関数は、テーブルの集計型、クエリの演算フィールド、フォームやレポートの演算コントロールなどで使用できます。書式の中の「[ ]」（角カッコ）で囲まれた引数は、省略可能です。

算術	
Abs	**Abs(数値)** ［数値］の絶対値を求めます。
Fix 168 ページ	**Fix(数値)** ［数値］の小数部分を取り除いた整数を返します。戻り値の絶対値は［数値］の絶対値以下の値になります。
Int 168 ページ	**Int(数値)** ［数値］以下の最大の整数を返します。戻り値は［数値］以下の値になります。
Round 169 ページ	**Round(数値,［桁］)** 小数点以下に指定した［桁］が残るように［数値］を JIS 丸めします。［桁］を省略した場合は 0 を指定したものと見なされ、戻り値は整数になります。［桁］に負数を指定することはできません。
Sgn	**Sgn(数値)** ［数値］の符号を求めます。［数値］が正の場合は 1、0 の場合は 0、負の場合は -1 が返されます。

変換	
CCur 161 ページ	**CCur(値)** ［値］に指定した式や値を通貨型に変換します。
CDate 178 ページ	**CDate(値)** ［値］に指定した式や値を日付／時刻型に変換します。
CDbl	**CDbl(値)** ［値］に指定した式や値を倍精度浮動小数点数型に変換します。
CLng	**CLng(値)** ［値］に指定した式や値を長整数型に変換します。
CStr	**CStr(値)** ［値］に指定した式や値をテキスト型に変換します。
Nz 159 ページ	**Nz(値,［Nullの代替値］)** ［値］が Null 値でない場合は［値］をそのまま返し、Null 値の場合は［Null の代替値］を返します。［Null の代替値］は省略可能で、省略した場合は空文字「""」が指定されたものと見なされます。
Val	**Val(文字列)** ［文字列］に含まれる数字を数値に変換します。

文字列操作	
	文字列操作
Format 111 ページ	Format(データ, [書式], [週の最初の曜日], [年の最初の週]) *1,2 [データ] に [書式] を設定して返します。戻り値は文字列です。第3引数と第4引数は [データ] に日付を指定したときに関わる引数で、省略した場合は [週の最初の曜日] は日曜日、[年の最初の週] は1月1日を含む週として計算されます。
Format$	Format$(データ, [書式], [週の最初の曜日], [年の最初の週]) *1,2 使い方は Format 関数と同じです。Format 関数との違いは内部的なデータ型です。レポートウィザードで日付のグループ化を行うとこの関数が使われます。
InStr 180 ページ	InStr([開始位置], 文字列, 検索文字列, [比較モード]) *3 [文字列] から [検索文字列] を検索し、何文字目に見つかったか、最初に見つかった位置を返します。見つからなかった場合は 0 を返します。[開始位置] を省略した場合、[文字列] の1文字目から検索が開始されます。
LCase	LCase(文字列) [文字列] の中の大文字を小文字に変換します。
Left 181 ページ	Left(文字列, 文字数) [文字列] の左端から [文字数] 分の文字列を返します。
Len	Len(文字列) [文字列] の文字数を求めます。
LenB	Len(文字列) [文字列] のバイト数を求めます。
LTrim	LTrim(文字列) [文字列] の先頭からスペースを削除します。
Mid 181 ページ	Mid(文字列, 開始位置, [文字数]) [文字列] の [開始位置] から [文字数] 分の文字列を返します。[文字数] を省略した場合、[開始位置] 以降のすべての文字列を返します。[開始位置] が [文字列] の長さより大きい場合、戻り値は空文字「""」になります。
Replace 179 ページ	Replace(文字列, 検索文字列, 置換文字列, [開始位置], [置換回数], [比較モード]) *3 [文字列] の中の [検索文字列] を [置換文字列] に置き換えます。[検索文字列] がない場合は [文字列] がそのまま返されます。[開始位置] [置換回数] を省略した場合、[文字列] の1文字目から検索が開始され、すべての [検索文字列] が置換されます。
Right	Right(文字列, 文字数) [文字列] の右端から [文字数] 分の文字列を返します。
Rtrim	RTrim(文字列) [文字列] の末尾からスペースを削除します。
StrComp	StrComp(文字列1, 文字列2, [比較モード]) *3 2つの文字列を比較します。等しい場合は 0、[文字列1] が [文字列2] より小さい場合は -1、[文字列1] が [文字列2] より大きい場合は 1 を返します。
StrConv 186 ページ	StrConv(文字列, 変換形式, [国別情報識別子]) *4 [文字列] を [変換形式] で指定した内容に変換します。[国別情報識別子] は日本語を使用している限り指定する必要はありません。
Trim	Trim(文字列) [文字列] の先頭と末尾からスペースを削除します。

*1：週の最初の曜日→ 406 ページ、*2：年の最初の週→ 406 ページ、*3：比較モード→ 407 ページ、*4：変換形式→ 407 ページ

日付／時刻		
Date	**Date()** 現在の日付を返します。	
DateAdd 176 ページ	**DateAdd(単位, 時間, 日時)**　*5 ［日時］に、指定した［単位］の［時間］を加算します。	
DateDiff 175 ページ	**DateDiff(単位, 日時1, 日時2, [週の最初の曜日], [年の最初の週])**　*1,2,5 ［日時1］と［日時2］の間に指定した［単位］の基準日時が何回あるかをカウントします。特に指定しない限り［週の最初の曜日］は日曜日、［年の最初の週］は 1 月 1 日を含む週として計算されます。	
DatePart 177 ページ	**DatePart(単位, 日時, [週の最初の曜日], [年の最初の週])**　*1,2,5 ［日時］から、指定した［単位］の数値を取り出します。特に指定しない限り［週の最初の曜日］は日曜日、［年の最初の週］は 1 月 1 日を含む週として計算されます。	
DateSerial 172 ページ	**DateSerial(年, 月, 日)** ［年］［月］［日］の数値から日付を作成します。指定した［年］［月］［日］をそのまま日付にできない場合は、年月日が繰り上げ／繰り下げされて、正しい日付に自動調整されます。	
Day 174 ページ	**Day(日付)** ［日付］から「日」の数値を返します。	
Hour	**Hour(時刻)** ［時刻］から「時」の数値を返します。	
Minute	**Minute(時刻)** ［時刻］から「分」の数値を返します。	
Month	**Month(日付)** ［日付］から「月」の数値を返します。	
Now	**Now()** 現在の日付と時刻を返します。	
Second	**Second(時刻)** ［時刻］から「秒」の数値を返します。	
Time	**Time()** 現在の時刻を返します。	
TimeSerial	**DateSerial(時, 分, 秒)** ［時］［分］［秒］の数値から時刻を作成します。	
Weekday	**Weekday(日時, [週の最初の曜日])**　*1 ［日時］の曜日が［週の最初の曜日］から数えて何日目にあたるか（曜日番号）を求めます。［週の最初の曜日］を省略した場合は日曜日が最初の曜日と見なされ、戻り値は日曜日が 1、月曜日が 2、火曜日が 3、……、土曜日が 7 となります。	
WeekdayName	**WeekdayName(曜日番号, [モード], [週の最初の曜日])**　*1 ［曜日番号］に対応する曜日名を返します。［曜日番号］には Weekday 関数を指定できます。［モード］に True を指定すると「日、月、火、……」形式、False を指定するか省略すると「日曜日、月曜日、火曜日、……」形式で戻り値が返されます。	
Year	**Year(日付)** ［日付］から「年」の数値を返します。	

*1：週の最初の曜日→ 406 ページ、*2：年の最初の週→ 406 ページ、*5：単位→ 407 ページ

SQL 集合関数	
Avg	**Avg(フィールド)** 指定した［フィールド］の平均値を求めます。Null 値は無視されます。
Count	**Count(フィールド)** 指定した［フィールド］のデータ数を求めます。Null 値は無視されます。引数に「*」（アスタリスク）を指定した場合は総レコード数が求められます。
First	**First(フィールド)** 指定した［フィールド］の中で先頭のレコードの値を求めます。Null 値は無視されます。
Last	**Last(フィールド)** 指定した［フィールド］の中で末尾のレコードの値を求めます。Null 値は無視されます。
Max	**Max(フィールド)** 指定した［フィールド］の最大値を求めます。Null 値は無視されます。
Min	**Min(フィールド)** 指定した［フィールド］の最小値を求めます。Null 値は無視されます。
Sum 245 ページ	**Sum(フィールド)** 指定した［フィールド］の合計値を求めます。Null 値は無視されます。

定義域集計関数	
DAvg	**DAvg(フィールド名, テーブル名, 条件式)** 指定したテーブルから［条件式］が成立するレコードを取り出し、指定したフィールドに含まれる値の平均を求めます。
DCount 162 ページ	**DCount(フィールド名, テーブル名, 条件式)** 指定したテーブルから［条件式］が成立するレコードを取り出し、指定したフィールドに含まれる Null 値を除いた値をカウントします。［フィールド名］に「"*"」を指定するとレコード数が求められます。
DFirst	**DFirst(フィールド名, テーブル名, 条件式)** 指定したテーブルから［条件式］が成立するレコードを取り出し、指定したフィールドの中で先頭の値を求めます。
DLast	**DLast(フィールド名, テーブル名, 条件式)** 指定したテーブルから［条件式］が成立するレコードを取り出し、指定したフィールドの中で末尾の値を求めます。
DMax 225 ページ	**DMax(フィールド名, テーブル名, 条件式)** 指定したテーブルから［条件式］が成立するレコードを取り出し、指定したフィールドに含まれる値の最大値を求めます。
DMin	**DMax(フィールド名, テーブル名, 条件式)** 指定したテーブルから［条件式］が成立するレコードを取り出し、指定したフィールドに含まれる値の最小値を求めます。
DSum 164 ページ	**DSum(フィールド名, テーブル名, 条件式)** 指定したテーブルから［条件式］が成立するレコードを取り出し、指定したフィールドに含まれる値の合計を求めます。

※定義域集計関数の引数の［フィールド名］［テーブル名］は文字列で指定します。［テーブル名］にはクエリも指定できます。

プログラムフロー	
Choose 235 ページ	**Choose(インデックス, 選択肢1, 選択肢2, ……)** [インデックス] の値が 1 の場合は [選択肢1]、2 の場合は [選択肢2] ……、というように [インデックス] に対応する選択肢を返します。
IIf 160 ページ	**IIf(条件式, 真の場合, 偽の場合)** [条件式] が成立する場合は [真の場合] に指定した値を返し、成立しない場合は [偽の場合] に指定した値を返します。
Switch 89 ページ	**Switch(条件式1, 値1, 条件式2, 値2, ……)** [条件式] を評価し、最初に True となる [条件式] に対応する [値] を返します。いずれも True にならない場合は Null 値を返します。

評価	
IsDate	**IsDate(評価対象)** [評価対象] が日付／時刻として認識できる場合に True、それ以外の場合に False を返します。
IsNull 223 ページ	**IsNull(評価対象)** [評価対象] が Null の場合に True、それ以外の場合に False を返します。
IsNumeric	**IsNumeric(評価対象)** [評価対象] が数値として認識できる場合に True、それ以外の場合に False を返します。

その他	
Partition 113 ページ	**Partition(数値, 範囲の先頭, 範囲の最後, 区分のサイズ)** [範囲の先頭] から [範囲の最後] までを [区分のサイズ] に区切った中で、[数値] がどの区分に含まれるかを返します。

□ 引数の設定値

*1　引数 [週の最初の曜日] の設定値

（Format、Format$、DateDiff、DatePart、Weekday、WeekdayName 関数）

設定値	説明
0	NLS API（国別の環境をサポートする仕組み）の設定値
1	日曜日（既定値）
2	月曜日
3	火曜日

設定値	説明
4	水曜日
5	木曜日
6	金曜日
7	土曜日

*2　引数 [年の最初の週] の設定値（Format、Format$、DateDiff、DatePart 関数）

設定値	説明
0	NLS API（国別の環境をサポートする仕組み）の設定値
1	1 月 1 日を含む週（既定値）
2	新しい年の少なくとも 4 日間を含む最初の週
3	全体が新しい年に含まれる最初の週

*3　引数［比較モード］の設定値（InStr、Replace、StrComp関数）

設定値	説明
-1	Option Compare ステートメントの設定にしたがう　※ VBA で使用する設定値です
0	バイナリモード（全角／半角、大文字／小文字、ひらがな／カタカナを区別する）
1	テキストモード（全角／半角、大文字／小文字、ひらがな／カタカナを区別しない）
2	Access の設定にしたがう

*4　引数［変換形式］の設定値（StrConv関数）

設定値	説明
1	アルファベットを大文字に変換する
2	アルファベットを小文字に変換する
3	アルファベットの各単語の先頭を大文字、2 文字目以降を小文字に変換する
4	半角文字を全角文字に変換する
8	全角文字を半角文字に変換する
16	ひらがなをカタカナに変換する
32	カタカナをひらがなに変換する
64	ANSI 文字列を Unicode 文字列に変換する
128	Unicode 文字列を ANSI 文字列に変換する

*5　引数［単位］の設定値（DateAdd、DateDiff、DatePart関数）

設定値	説明	DateDiff 関数の基準日時	DatePart 関数で返される値
yyyy	年	1 月 1 日	「年」を返す（Year 関数と同じ）
q	四半期	1 月 1 日、4 月 1 日、7 月 1 日、10 月 1 日	どの四半期に含まれるかを返す
m	月	毎月 1 日	「月」を返す（Month 関数と同じ）
y	年間通算日	午前 0 時	1 月 1 日から数えた日数を返す
d	日	午前 0 時	「日」を返す（Day 関数と同じ）
w	週日	日時 1 の曜日　（戻り値は週数）	週の開始曜日から数えた日数を返す（Weekday 関数と同じ働き）
ww	週	週の開始曜日	年の第 1 週から数えた週数を返す
h	時	0 分	「時」を返す（Hour 関数と同じ）
n	分	0 秒	「分」を返す（Minute 関数と同じ）
s	秒	（戻り値は秒数）	「秒」を返す（Second 関数と同じ）

※ DateAdd 関数では、"y" と "d" と "w" は同じ結果を返します。
※ DateDiff 関数では、"y" と "d" は同じ結果を返します。

ショートカットキー

Accessで使用できるショートカットキーをまとめました。ショートカットキーは、誰でもすぐに実践できる時短テクニックです。よく使う操作をショートカットキーに置き換えて、Access作業の効率化を図りましょう。

データベースファイルの操作	
新しいデータベースを作成する	Ctrl + N
既存のデータベースを開く	Ctrl + O
Access を終了する	Alt + F4

ナビゲーションウィンドウの操作	
ナビゲーションウィンドウの表示／非表示を切り替える	F11
ナビゲーションウィンドウで選択したオブジェクトを開く	Enter
ナビゲーションウィンドウで選択したオブジェクトのデザインビューを開く	Ctrl + Enter
ナビゲーションウィンドウで選択したオブジェクトを削除する	Delete
ナビゲーションウィンドウで選択したオブジェクトの名前を変更する	F2
ナビゲーションウィンドウで選択したオブジェクトの［印刷］ダイアログボックスを開く	Ctrl + P

開いているオブジェクトの操作	
名前を付けて保存する	F12
上書き保存する	Ctrl + S
［印刷］ダイアログボックスを開く	Ctrl + P
オブジェクトを閉じる	Ctrl + W
開いているオブジェクトを順に切り替える	Ctrl + F6
リボンの表示／非表示を切り替える	Ctrl + F1

フォーム／レポートのデザインビューでの操作	
プロパティシートの表示／非表示を切り替える	F4
フィールドリストの表示／非表示を切り替える	Alt + F8
選択したコントロールをグリッドに沿って移動する（コントロールレイアウトが適用されている場合はレイアウト全体を選択）	↑/↓/→/←
選択したコントロールを、グリッドを無視して少しずつ移動する（コントロールレイアウトが適用されている場合はレイアウト全体を選択）	Ctrl + ↑/↓/→/←
選択したコントロールの高さや幅を少しずつ拡大／縮小する	Shift + ↑/↓/→/←
フォームのデザインビューからフォームビューに切り替える	F5

VBE やマクロの操作	
フォームのデザインビューで選択したコントロールから［ビルダーの選択］ダイアログボックスを表示する	F7
Access と VBE を切り替える	Alt + F11
VBE でカーソルが置かれている Sub プロシージャを実行する	F5
VBE でカーソルが置かれている Sub プロシージャを1行ずつ実行する	F8
VBE でインデントを設定する	Tab
VBE でインデントを解除する	Shift + Tab
VBE で入力候補を表示する	Ctrl + スペース

データシート／フォームビューでのレコードやフィールドの移動	
先頭のレコードに移動する	`Ctrl` + `↑`
最後のレコードに移動する	`Ctrl` + `↓`
新規レコードに移動する	`Ctrl` + `＋`（テンキー）
1画面下のレコードに移動する	`Page Down`
1画面上のレコードに移動する	`Page Up`
レコード番号ボックスに移動する	`Alt` + `F5`
全レコードを選択する	`Ctrl` + `A`
次のフィールドに移動する	`Tab`
前のフィールドに移動する	`Shift` + `Tab`
先頭のフィールドに移動する	`Home`
最後のフィールドに移動する	`End`

データシート／フォームビューでのデータの操作	
編集モード（カーソルが表示される状態）とナビゲーションモード（編集モードを解除した状態）を切り替える	`F2`
入力を取り消す	`Esc`
前のレコードの同じフィールドの値を入力する	`Ctrl` + `'`
現在の日付を入力する	`Ctrl` + `;`
現在の時刻を入力する	`Ctrl` + `:`
既定値を入力する	`Ctrl` + `Alt` + `スペース`
現在のレコードを保存する	`Shift` + `Enter`
現在のレコードを削除する	`Ctrl` + `－`
チェックボックスの値を切り替える	`スペース`
コンボボックスを開く	`Alt` + `↓`
［検索と置換］ダイアログボックスの［検索］タブを表示する	`Ctrl` + `F`
クエリのデータシートビューで［パラメータの入力］ダイアログボックスを表示する	`Shift` + `F9`

サブデータシートの操作	
サブデータシートを展開する	`Ctrl` + `Shift` + `↓`
サブデータシートを折り畳む	`Ctrl` + `Shift` + `↑`

印刷プレビューの操作	
印刷プレビューから［印刷］ダイアログボックスを開く	`P`
印刷プレビューから［ページ設定］ダイアログボックスを開く	`S`
拡大／縮小表示する	`Z`
上下左右にスクロールする	`↑`/`↓`/`→`/`←`
ページの上端を表示する	`Ctrl` + `↑`
ページの下端を表示する	`Ctrl` + `↓`
ページの右端を表示する	`End`
ページの左端を表示する	`Home`
ページの右下隅を表示する	`Ctrl` + `End`
ページの左上隅を表示する	`Ctrl` + `Home`
画面を1画面分下にスクロールする	`Page Down`
画面を1画面分上にスクロールする	`Page Up`
ページ番号ボックスに移動する	`Alt` + `F5`
印刷プレビューから元の画面に戻る	`Esc`

その他操作	
コピーを実行する	`Ctrl` + `C`
切り取りを実行する	`Ctrl` + `X`
貼り付けを実行する	`Ctrl` + `V`
操作を元に戻す	`Ctrl` + `Z`
元に戻した操作をやり直す	`Ctrl` + `Y`
ヘルプを表示する	`F1`
［ズーム］ウィンドウを表示する	`Shift` + `F2`
［式ビルダー］ウィンドウを表示する	`Ctrl` + `F2`

■索引

■索引

■索引

お問い合わせについて

本書に関するご質問については、本書に記載されている内容に関するもののみとさせていただきます。本書の内容と関係のないご質問につきましては、一切お答えできませんので、あらかじめご了承ください。また、電話でのご質問は受け付けておりませんので、必ずFAXか書面にて下記までお送りください。なお、ご質問の際には、必ず以下の項目を明記していただきますよう、お願いいたします。

① お名前
② 返信先の住所またはFAX番号
③ 書名(今すぐ使えるかんたんbiz　Access　効率UPスキル大全)
④ 本書の該当ページ
⑤ ご使用のOSとソフトウェアのバージョン
⑥ ご質問内容

なお、お送りいただいたご質問には、できる限り迅速にお答えできるよう努力いたしておりますが、場合によってはお答えするまでに時間がかかることがあります。また、回答の期日をご指定なさっても、ご希望にお応えできるとは限りません。あらかじめご了承くださいますよう、お願いいたします。

問い合わせ先

〒162-0846
東京都新宿区市谷左内町21-13
株式会社技術評論社　書籍編集部
「今すぐ使えるかんたんbiz
Access　効率UPスキル大全」質問係
FAX番号 03-3513-6167　URL:https://book.giho.jp/116

お問い合わせの例

FAX

① お名前
　技術　太郎
② 返信先の住所またはFAX番号
　03- ××××-××××
③ 書名
　今すぐ使えるかんたんbiz
　Access　効率UPスキル大全
④ 本書の該当ページ
　100ページ
⑤ ご使用のOSとソフトウェアの
　バージョン
　Windows 11
　Access 2021
⑥ ご質問内容
　結果が正しく表示されない

※ご質問の際に記載いただきました個人情報は、回答後速やかに破棄させていただきます。

今すぐ使えるかんたんbiz

Access　効率UPスキル大全

2024年5月10日　初版　第1刷発行

著者…………………… きたみあきこ
発行者………………… 片岡　巌
発行所………………… 株式会社 技術評論社
　　　　　　　　　　　東京都新宿区市谷左内町 21-13
　　　　　　　　　　　電話　03-3513-6150　販売促進部
　　　　　　　　　　　　　　03-3513-6160　書籍編集部
カバーデザイン……… 小口　翔平＋畑中　茜（tobufune）
本文デザイン………… 今住　真由美（ライラック）
DTP…………………… リンクアップ
編集…………………… 青木　宏治
製本・印刷…………… 日経印刷株式会社

定価はカバーに表示してあります。

ISBN978-4-297-14105-9 C3055
Printed in Japan